"十三五"国家重点出版物出版规划项目

航空器飞行理论与实践丛书

航空器空中领航

Aerial Navigation for Aircraft

刘国华　郭　霞　主　编
潜继成　张文良　副主编

国防工业出版社

·北京·

内 容 简 介

本书根据航空器飞行活动特点,围绕飞行过程中的飞行方向、时间和位置3个基本问题,系统阐述了与领航相关的基础知识、航空器在风场中航行的基本规律。重点介绍了推测领航、地标领航和无线电领航3种基本领航方法的原理、实施步骤与误差分析,并详细描述了领航的地面准备工作与空中实施过程,细化了领航的各个环节。最后,介绍了仪表进近着陆的方法和基本知识,以及惯性导航系统、路基无线电导航系统、卫星导航系统、基于性能导航的导航系统等现代化导航系统的特点。

本书主要面向飞行人员,可作为高等院校相关专业教师和学生的指导用书,也可作为相关飞行人员获取职业资格的学习、参考资料。

图书在版编目(CIP)数据

航空器空中领航/刘国华,郭霞主编. -- 北京：
国防工业出版社,2024.6. --(航空器飞行理论与实践丛书/陈军). -- ISBN 978-7-118-12445-3

Ⅰ.V249.3

中国国家版本馆 CIP 数据核字第 2024EY1921 号

※

国防工业出版社出版发行

(北京市海淀区紫竹院南路23号　邮政编码100048)
雅迪云印(天津)科技有限公司印刷
新华书店经售

*

开本 710×1000　1/16　印张 17¼　字数 306 千字
2024 年 6 月第 1 版第 1 次印刷　印数 1—1800 册　定价 148.00 元

(本书如有印装错误,我社负责调换)

国防书店：(010)88540777　　书店传真：(010)88540776
发行业务：(010)88540717　　发行传真：(010)88540762

《航空器空中领航》编写人员名单

主　编：刘国华　郭　霞

副主编：潜继成　张文良

参　编：杜晓凯　郭　昕　于　宙　周　瑰　张　刚
　　　　林君晓　张志雯　王志国

前言

航空产业作为现代化强国建设的巨大引擎,不但能够体现国家经济实力,对于国防安全更是发挥了举足轻重的作用。各类航空器飞行任务的多元化为领航工作提出了更高要求。我国幅员辽阔,基础设施建设发展水平不均衡,这就需要飞行员具备较高的领航技能,不能一味地依赖导航设备。尤其在地标稀少、导航设备缺乏的偏远地区飞行时,具备较高空中领航能力就变得更加重要,因此加强飞行人员空中领航理论学习和技能训练具有重要的实践意义。

空中领航学是研究如何引领航空器从地球表面一点准确、准时地沿预定航线飞到另一预定地点的一门航空实用学科。在广阔的天空中航行,要把航空器引领到预定地点,就必须解决向什么方向飞、什么时候飞到和位置在哪里这3个基本问题。空中领航就是飞行人员在飞行过程中,综合运用各种领航设备,围绕不断解决这3个问题所进行的一系列活动。它需要运用多个学科的相关成果以及航空器在空中航行的规律,以地球作为参照系来研究航空器相对于地球表面的运动及其导航方法。这对于提高飞行人员能力,保证按规定的时刻、地点和要求顺利完成各种飞行任务、保障飞行安全具有十分重要的作用。

早期飞机的领航设备简陋,飞行人员主要是用地图同地面对照判定位置和飞行方向。1910年,英法两国飞行员在飞行竞赛中,参照飞机上简易磁罗盘指示的飞行方向,沿着铁路、公路由伦敦飞到曼彻斯特,这被认为是一次早期且著名的空中领航活动。在第一次世界大战期间,飞行人员利用飞机上的磁罗盘、速度表、高度表与地图相结合,实施空中领航。在第二次世界大战中,由于雷达、无线电等技术的发展,飞行人员开始使用无线电设备实施空中领航。随着现代电子技术、无线电通信技术的发展,空中领航的自动化程度和精确程度越来越高,未来将有更多先进的导航设备和技术运用在领航过程中。

全书共分为6章,根据航空器低空飞行任务和领航特点,主要对领航基础知识、直升机的航行规律、基本领航方法、领航的准备与实施、仪表进近着陆飞行的领航，以及现代导航设备等内容进行阐述，内容紧贴实际，深度广度适宜，突出了实践性和飞行专业的特色。第1章首先介绍了领航的相关知识和航空地图，然后介绍了各航行要素以及常用的相关计算和方法，由张文良编写。第2章介绍了航空器在风场中航行的基本规律，研究了飞行过程中各要素的变化规律和影响因素，由潜继成编写。第3章以空中领航所需要解决的3个问题为主线，分别介绍了推测领航、地标领航和无线电领航3种基本领航方法，详细阐述了利用不同方法领航的原理和具体操作步骤，并在此基础上深入分析了领航误差，由刘国华、郭霞、于宙、张志雯、周瑰共同编写。第4章介绍了飞行前地面领航准备的内容和方法，以及飞行各阶段空中领航实施的具体环节，由刘国华、郭霞共同编写。第5章介绍了仪表进近着陆的分类，并在此基础上详细阐述了直角航线和修正角航线进近的具体实施方法，以及其他常用进近方式的实施，由刘国华、郭霞、杜晓凯、王志国共同编写。第6章介绍了各种先进导航设备的工作原理以及未来导航系统的发展趋势，由郭昕、林君晓、张刚共同编写。在本书的出版过程中，王琛和赵路参与了文字校对工作，向童欣参与了插图校对工作，在此表示感谢。

  本书根据航空飞行专业需求，认真梳理多项教学研究成果，在多年飞行理论教学和实践训练的基础上撰写而成。本书参阅了相关图书、资料，在此对相关作者表示衷心的感谢。

  由于编者水平有限，书中难免存在不足之处，敬请广大读者批评指正。

编者

2023年2月

目录

第1章 领航基础知识 ... 1

1.1 地球的有关知识 ... 1
- 1.1.1 地球的基本特征 ... 1
- 1.1.2 地理坐标 ... 3
- 1.1.3 磁差 ... 5

1.2 时刻和时间 ... 9
- 1.2.1 时间的度量 ... 9
- 1.2.2 时刻的种类 ... 10
- 1.2.3 日出、日没和天亮、天黑时刻 ... 11
- 1.2.4 地方时、区时、世界时的换算 ... 12
- 1.2.5 日界线 ... 12

1.3 航空地图及其使用 ... 13
- 1.3.1 地图投影 ... 13
- 1.3.2 地图比例尺 ... 22
- 1.3.3 地物、地貌在地图上的表示方法 ... 22
- 1.3.4 航空地图的分类与选择 ... 28

1.4 方向、距离和航线 ... 30
- 1.4.1 方向和距离 ... 30
- 1.4.2 航线 ... 33

1.5 基本航行元素及其计算 ... 39
- 1.5.1 航向 ... 40
- 1.5.2 高度 ... 43

  1.5.3 空速 …………………………………………………………… 48
  1.5.4 时间与速度、距离的换算 …………………………………… 50

第 2 章 直升机的航行规律 ……………………………………………… 55

 2.1 直升机在风场中的航行 ……………………………………………… 55
  2.1.1 风场 …………………………………………………………… 55
  2.1.2 直升机在常定风场中的航行 ………………………………… 57
 2.2 航行速度三角形 ……………………………………………………… 59
  2.2.1 航行速度三角形的组成 ……………………………………… 60
  2.2.2 偏流、地速与空速、风速和风角的关系 …………………… 63
  2.2.3 空中计算地速和偏流 ………………………………………… 70
 2.3 影响偏流、地速变化的因素 ………………………………………… 72
  2.3.1 空速变化对偏流、地速的影响 ……………………………… 72
  2.3.2 风速变化对偏流、地速的影响 ……………………………… 72
  2.3.3 风向变化对偏流、地速的影响 ……………………………… 73
  2.3.4 航向变化对偏流、地速的影响 ……………………………… 74
  2.3.5 风角变化对偏流、地速的影响 ……………………………… 74

第 3 章 基本领航方法 …………………………………………………… 77

 3.1 推测领航 ……………………………………………………………… 77
  3.1.1 推算应飞航向 ………………………………………………… 78
  3.1.2 推算预达时刻 ………………………………………………… 83
  3.1.3 推算直升机位置 ……………………………………………… 84
  3.1.4 推算位置误差和提高推算位置准确性的措施 ……………… 89
 3.2 地标领航 ……………………………………………………………… 90
  3.2.1 地标的分类及特征 …………………………………………… 90
  3.2.2 辨认地标 ……………………………………………………… 92
  3.2.3 地标定位 ……………………………………………………… 96
  3.2.4 联合定位 ……………………………………………………… 98
  3.2.5 地标定位的应用 ……………………………………………… 100
  3.2.6 各种因素对地标领航的影响 ………………………………… 102
 3.3 无线电领航 …………………………………………………………… 103
  3.3.1 无线电领航元素 ……………………………………………… 104

3.3.2　利用无线电罗盘领航 …………………………………………… 109

第 4 章　领航准备与实施 ……………………………………………………… 128

4.1　飞行前领航准备 ……………………………………………………… 128
　　4.1.1　内场领航准备 …………………………………………………… 128
　　4.1.2　外场领航准备 …………………………………………………… 136

4.2　空中领航实施 ………………………………………………………… 137
　　4.2.1　空中领航的一般实施程序 ……………………………………… 137
　　4.2.2　空中地图作业 …………………………………………………… 157
　　4.2.3　空中领航记录表的填写 ………………………………………… 157

第 5 章　仪表进近着陆飞行的领航 …………………………………………… 160

5.1　概述 …………………………………………………………………… 160
　　5.1.1　仪表进近着陆航线的组成及保护区的设定 …………………… 160
　　5.1.2　仪表进近着陆的分类 …………………………………………… 164
　　5.1.3　仪表进近着陆的有关标准 ……………………………………… 165

5.2　沿直角航线做起始进近 ……………………………………………… 167
　　5.2.1　直角航线程序的构成 …………………………………………… 168
　　5.2.2　直角航线程序公布的数据 ……………………………………… 168
　　5.2.3　直角航线程序结合机型的计算数据 …………………………… 170
　　5.2.4　加入直角航线的方法 …………………………………………… 172
　　5.2.5　风对沿直角航线做起始进近的影响及修正 …………………… 174
　　5.2.6　等待航线 ………………………………………………………… 177

5.3　沿修正角航线做起始进近 …………………………………………… 178
　　5.3.1　修正角航线的构成 ……………………………………………… 178
　　5.3.2　修正角航线的无风数据 ………………………………………… 178
　　5.3.3　修正角航线的加入 ……………………………………………… 181
　　5.3.4　修正角航线对风的修正 ………………………………………… 182

5.4　入航转弯方向偏差的判断与修正 …………………………………… 185
　　5.4.1　最后 90°转弯的开始时机 ……………………………………… 185
　　5.4.2　最后 90°转弯的检查 …………………………………………… 185
　　5.4.3　最后 90°转弯过程中偏差的判断与修正 ……………………… 186

5.5　非精密进近程序的五边进近 ………………………………………… 187

5.5.1　五边进近航迹的控制 ………………………… 187
　　5.5.2　五边进近高度的控制 ………………………… 189
　　5.5.3　中断进近复飞 ………………………………… 190
5.6　精密进近程序的五边进近 …………………………… 191
　　5.6.1　按 ILS 做最后进近 …………………………… 191
　　5.6.2　按 PAR 做最后进近 ………………………… 195
5.7　仪表进近着陆的准备与实施 ………………………… 196
　　5.7.1　准备内容 ……………………………………… 196
　　5.7.2　仪表进近的实施 ……………………………… 196
　　5.7.3　仪表离场和等待 ……………………………… 197

第6章　现代导航设备 …………………………………… 204

6.1　惯性导航系统 ………………………………………… 204
　　6.1.1　惯性导航的基本原理 ………………………… 204
　　6.1.2　惯性导航系统的组成 ………………………… 207
6.2　路基无线电导航系统 ………………………………… 208
　　6.2.1　路基无线电导航系统概述 …………………… 208
　　6.2.2　无线电罗盘测向系统 ………………………… 214
　　6.2.3　甚高频全向信标 ……………………………… 215
　　6.2.4　测距仪 ………………………………………… 216
　　6.2.5　VOR/DME 与 DME/DME 导航原理 ………… 218
　　6.2.6　仪表着陆系统 ………………………………… 218
　　6.2.7　微波着陆系统 ………………………………… 224
　　6.2.8　雷达着陆系统 ………………………………… 230
6.3　卫星导航系统 ………………………………………… 232
　　6.3.1　卫星导航的基本原理 ………………………… 232
　　6.3.2　全球定位系统 ………………………………… 233
　　6.3.3　全球导航卫星系统 …………………………… 236
　　6.3.4　北斗卫星导航系统 …………………………… 237
　　6.3.5　Galileo 卫星导航系统 ………………………… 241
6.4　基于性能的导航 ……………………………………… 242
　　6.4.1　概述 …………………………………………… 242
　　6.4.2　区域导航系统 ………………………………… 244

   6.4.3　RNP 导航 …………………………………………………… 246
   6.4.4　水平导航 …………………………………………………… 248
   6.4.5　垂直导航 …………………………………………………… 250
 6.5　未来飞机导航系统 ……………………………………………… 254

附录 A　**太阳表** ……………………………………………………… 255

附录 B　**大圆圈航线和等角航线相关公式的推导** ……………… 257

 B.1　大圆圈航线的航线角、航线距离和航线中途点
   地理坐标计算公式的推导 …………………………………… 257
   B.1.1　计算航线角 ………………………………………………… 258
   B.1.2　计算航线距离 ……………………………………………… 258
   B.1.3　计算航线中途点的地理坐标 ……………………………… 258
 B.2　等角航线的航线角、航线距离和航线中途点地理坐标
   计算公式的推导 ……………………………………………… 259
   B.2.1　计算航线角 ………………………………………………… 259
   B.2.2　计算航线距离 ……………………………………………… 260
   B.2.3　计算航线中途点的地理坐标 ……………………………… 261

参考文献 ………………………………………………………………… 263

第1章 领航基础知识

直升机空中领航学主要研究直升机相对于地面的运动情况,是以地球为参照系的。在阐述空中领航原理和方法之前,首先要了解地球、航空地图、航线、航行基本元素等基础知识。

1.1 地球的有关知识

1.1.1 地球的基本特征

地球是太阳系的八大行星之一。从人造卫星对地球拍摄的照片上可以看出,地球是个扁球体。它的赤道半径最长,两极半径最短。人们为了解决测量和计算的问题,用地球椭球来代表地球的形状和大小。地球椭球是由一个假想的和地球长、短半径相似且形状极为接近的椭圆,绕其短轴旋转而形成的旋转椭球。为了说明它的形状和大小(图1.1),设它的长半径为 a,短半径为 b,则有

$$\frac{x^2}{a^2} + \frac{y^2}{a^2} + \frac{z^2}{b^2} = 1 \tag{1.1}$$

表示地球椭球的元素还有以下几个。

(1) 扁率:

$$f = \frac{a-b}{a} \tag{1.2}$$

(2) 第一偏心率:

$$e^2 = \frac{a^2 - b^2}{a^2} \tag{1.3}$$

(3) 第二偏心率:

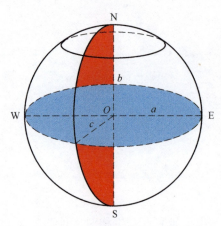

图 1.1 地球椭球的形状和大小

$$e'^2 = \frac{a^2 - b^2}{b^2} \tag{1.4}$$

扁率反映了椭球的扁平程度;偏心率是平面椭圆的焦点离开中心的距离与椭圆半径之比,也反映了椭球的扁平程度。

这些地球椭球的基本元素,由于推求它的年代不同、所用的方法不同以及测定的地区不同,其值是不一致的。我国目前采用的是克拉索夫斯基地球椭球,其基本元素的数值为:$a = 6378245\text{m}$;$b = 6356863\text{m}$;$f = 0.003352329$;$e^2 = 0.0066934216$;$e'^2 = 0.0067385254$。

由于地球椭球的扁率很小,有时为了便于领航计算,也可以把地球看成正球体。若令正球体与地球椭球的体积相等,R 为正球体的半径,则有

$$\frac{4}{3}\pi R^3 = \frac{4}{3}\pi a^2 b$$

$$R = \sqrt[3]{a^2 b} \tag{1.5}$$

将 a、b 的值代入式(1.5),即求得 $R \approx 6371\text{km}$(图 1.2)。

地球本身绕着一条假想的轴线,在太空中由西向东不停地旋转,这种运动称为自转。地球自转的轴称为地轴。地轴两端同地球表面相交的两点称为地极,位于北半球的称为北极,位于南半球的称为南极。地球自转的方向是从西向东,速度可以看作均匀的。地球自转一周的时间大约是一天。由于自转,形成了地球上昼夜的交替。

地球除自转外,还沿着椭圆形的轨道沿逆时针方向绕着太阳运动,这种运动称为公转。公转一周的周期是365d5h48min46s。平年一年定为365d,每隔4年

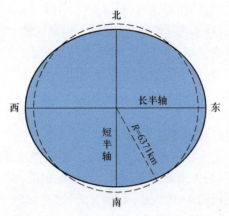

图 1.2　地球的形状和大小示意图

是一闰年,定为 366d。

如图 1.3 所示,公转的轨道平面和地轴是斜交的,无论地球转到什么位置,它们中间始终保持 66°34′的交角。由于地轴的倾斜,就形成了地球上四季寒暑和昼夜长短的变化。

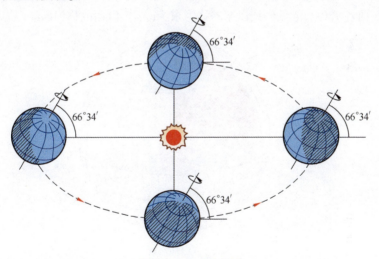

图 1.3　地球的公转

1.1.2　地理坐标

直升机的运动就是其在地球表面上位置的变化,因此领航中必须有一种在地球表面上表示位置的方法。

地面上的许多已知点,如城镇、岛屿,都可以用来说明位置。例如,可以说直升机在北京市上空,或在某雷达站正南 50km。但是这种方法在飞越海洋、沙漠、森林等地区的时候很难使用。数学上,平面上任意一点的位置,可以用平面直角坐标中的纵、横两个坐标值来表示。在地球表面上说明位置则可用两个坐标值来表示,即经度和纬度。

经度和纬度称为地理坐标。

1.1.2.1 经线、经度和纬线、纬度

设想在地球表面用一些假想的通过地心的圆圈把地球切成两半,切面同地球表面相交的圆圈,称为大圆圈。平面包含地轴的圆圈,也就是通过地球两极的大圆圈,称为经圈,它长约 $4×10^4$ km。经圈有无数个。每个经圈都被两极分成两半,每一半或一段称为经线,又称为子午线。1884 年,国际经度会议决定,以通过英国伦敦格林尼治天文台原址子午仪中心的经线作为起始经线,又称为本初子午线。它相当于平面直角坐标中的纵坐标轴。其他经线都称为地方经线,或地方子午线。经线表示准确的南北方向。地球上任意一点都有一条经线通过。经线同起始经线的关系用它们的坐标表示,即经度(λ)。某经线的经度,就是这条经线的平面同起始经线平面的夹角,如图 1.4 所示。它的度量是以起始经线为 $0°$,向东、西各 $180°$。起始经线以东的称为东经(λ_E),以西的称为西经(λ_W)。

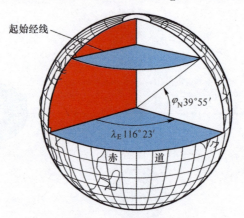

图 1.4 地理坐标

通过地球中心与地轴垂直的平面,把地球恰好分为南、北两半,这个平面称为赤道平面。赤道平面与地球表面交成的大圆圈称为赤道,它长约 $4×10^4$ km,相当于平面直角坐标系中的横坐标轴。同赤道平行的小圆圈称为纬圈。离赤道越远,纬圈越小。纬圈的一段称为纬线。纬线表示准确的东西方向。地球上任意一点都有一条纬线通过。纬圈跟赤道的关系用它们的坐标表示,即纬度(φ)。

某纬圈的纬度,是指地球椭球面上某点与地心的连线同赤道平面的夹角如图1.4所示。它的度量是以赤道为 0°,向南、北到两极各 90°。赤道以南称为南纬(φ_S)、以北称为北纬(φ_N)。根据纬度的不同,人们把南、北半球各分成 3 个区域:0°~30°为低纬度区域;30°~60°为中纬度区域;60°~90°为高纬度区域。纬圈的半径随纬度的升高而减小。

1.1.2.2 地理坐标的应用

地图上,一般都绘有经纬线网,并注有相应的经纬度数值。例如,在比例尺为 1∶100 万航空图上,经线和纬线是每隔 30′绘制一条,每隔 1°注有度数,而且在注有度数的两条经线和两条纬线之间,1 分还标有一短划,5 分标有一长划。在我国境内,经度是由西向东增加的,如咸阳的经度是东经 108°43′,徐州在咸阳以东,它的经度是东经 117°12′。纬度是由南向北增加的,如咸阳的纬度是北纬 34°21′,延安在咸阳以北,它的纬度是北纬 36°36′。

利用地图上的经纬线网,可以根据经纬度找出某一地点,也可以根据已知地点查出它的经纬度。

按地理坐标查地点:按已知的经度和纬度查地点,应先根据经纬度的概略数值,找出该地点在地图上所处的经纬线方格;然后再根据经纬度的精确数值,分别画出经线和纬线,两线的交点就是所要查的地点。例如,某点的地理坐标是"φ_N 34°33′,λ_E 110°14′",按经纬度在地图上可以确定该点是潼关。

查某地点的地理坐标:用直尺边压住某地点的中心,依次使直尺与纬线和经线平行,在直尺边与有刻度的经线和纬线交点处,就可以读出该地点的纬度和经度,如北京的经纬度是"φ_N 39°55′,λ_E 116°23′"。

1.1.3 磁差

1.1.3.1 地球的磁性

悬挂着的磁针,在远离磁性物质时,总是南极(S 极)指南、北极(N 极)指北。这说明地球存在着磁场,磁场存在磁极,而且两个磁极分别靠近两个地理极。靠近地理北极的称为北磁极,靠近地理南极的称为南磁极,如图 1.5 所示。地球磁场会对置于其中的磁性物体(如磁针)产生作用力,称为地磁力。同一磁体所受的地磁力,在地球磁极附近最强,在地磁赤道上最弱。地磁力对水平面常是倾斜的,为了分析问题方便,可以把它分成两个分力。一个是地磁水平分力,它使磁针指向磁经线(地磁水平分力的方向线)的方向;另一个是地磁垂直分力,它使磁针倾斜。稳定的自由磁针在地磁水平分力的作用下,指示磁经线的方向,所以地磁水平分力也称为指北力。地磁垂直分力只能使磁针倾斜,所以支点同重心重合的磁针常常是倾斜的,磁针的轴线同水平面交成的角度称为磁倾角,简称磁倾(θ),如图 1.6 所示。

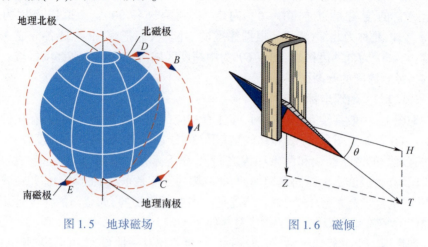

图 1.5　地球磁场　　　　　　　图 1.6　磁倾

地磁力和磁倾是随地区而变化的,因此地磁水平分力和地磁垂直分力也随地区而变化。在地磁赤道上,地磁垂直分力为零,地磁水平力比较强;在靠近地球磁极的地区,地磁垂直分力很强,地磁水平分力很弱。所以,地球上各点的磁倾也常不相同。在赤道附近的有些地方磁针是水平的,磁倾等于 0°。地表上磁倾为 0°的各点连线称为地磁赤道。在地磁赤道以北,磁针的北端向下倾斜;在地磁赤道以南,磁针的南端向下倾斜。随着磁纬度的增高,磁倾也越来越大,在地球磁极附近的地区磁倾最大,可达 90°。所以在靠近地球磁极的地区,磁针难以准确地指示南北方向。

地磁水平分力、磁倾和磁差可以表明某地地球磁场的情况,故称为地磁三要素。

1.1.3.2　磁差

在地理坐标中,经圈的一段称为经线,它表示真正的南北方向,故又称为真经线。由于地球的磁极同地极不在同一个位置,以及地球上局部磁场的影响,磁经线常常和真经线不一致。磁经线北端偏离真经线北端的角度称为磁差(Magnetic Variation)或磁偏角,用 ΔM 表示,如图 1.7 所示。

地球上各地点的磁差常不相同。磁经线北端 N_M 偏在真经线北端 N_T 的东边,称为正磁差;磁经线北端偏在真经线北端的西边,称为负磁差,如图 1.7 所示。磁差最小值是 0°,最大绝对值可以达到 180°。某地点的磁差可以从航空地图或磁差图上查得。

在航空图上,根据等磁差线可以查出任意一地点的磁差。等磁差线是将磁

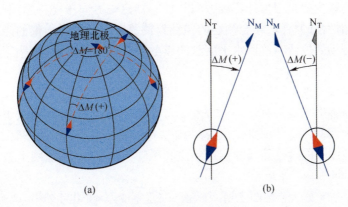

图 1.7 磁差及其正负

差相等的各点连接起来的紫红色虚线,并注明磁差的数值,如图 1.8 所示。其中 $\Delta M = 0°$ 的等磁差线称为无偏线。等磁差线仅说明各地区的磁差情况,不是磁经线。

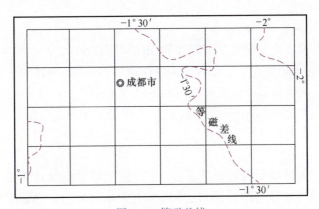

图 1.8 等磁差线

磁场的变化可以导致直升机航向偏差,从而影响飞行的精确性和安全性。为了消除这种变化带来的影响,飞行中采用磁差数据来校正磁航向。磁差数据的应用对于直升机导航至关重要,它不仅影响着飞行安全,还对飞行效率和性能产生重大影响。磁差数据的正确获取、处理和应用是飞行导航的基础,它确保了直升机能够按照计划顺利飞行,并为飞行员提供准确的领航数据,使得直升机能够在复杂多变的地球磁场中准确飞行。

磁差测量主要是根据外磁场方向与传感器磁轴方向正交特性,利用磁通门传感器方向性强的特点,结合测绘的经纬仪测算磁差。将磁力仪的磁通门传感器置于零磁场的位置时读取水平度盘的读数,经过一系列计算可获得磁差的测量值。

磁差不仅随地点不同而不同,而且还随着日期的变化而变化。

地球基本磁场自身有着一种缓慢而有规律的长期变化,这导致了磁差的变化。磁差长期变化每年的平均值,称为磁差年变率。因此,在计算磁差时,应根据记载在地图上的等磁差线的测定年份和磁差年变率,对从地图上查得的磁差进行修正,即

$$磁差 = 地图上所查磁差 + 磁差年变率 \times 变化年份$$

例如,在 1970 年出版的 1∶100 万比例尺航空地图上查得北京地区的磁差为 $-5°30′$,其磁差年变率为 $-1′30″$,所以北京地区 2009 年的磁差应为

$$\Delta M = -5°30′ + (-1′30″) \times (2009 - 1970) \approx -6°29′$$

我国东部、东北部和沿海地区磁差为负;西北部和南海地区南部磁差为正。无偏线穿过我国西北和南海中部地区。我国的磁差范围,从新疆到黑龙江逐渐由 $4°$ 变化到 $-12°$。

1.1.3.3 磁差的影响因素

地球基本磁场自身缓慢而有规律的变化周期有 60 年、400 年、800 年甚至百万年以上,称为长期变化。它在若干年内仅向某一方向不断地发生变迁,地磁极也随之变化。这使得磁差也会随着时间的变化而变化。磁差年变率一般较小,如我国境内在 1970—1980 年最大不超过 2′,但是长年累月也会积少成多。磁差的变化对领航准确性的影响比较大,为提高领航的准确性,在计算磁差时应当注意修正。

地磁异常区域地下的岩石或矿体,往往使个别地区的地磁要素同周围地区的正常数值存在显著的差别,这种现象称为地磁异常。地磁异常地区的范围一般只有几十千米,但也有为数极少的地区地磁异常范围较大,前者称为局部地磁异常,后者称为区域地磁异常。在地磁异常地区上空飞行,磁针的指示会出现很大的误差,这种误差随着飞行高度的增加而逐渐减小。高度在 1500~2000m 以上,局部地磁异常对磁针就不会有很大的影响,在 5000m 以上,则可以完全避免它的影响。但是,区域地磁异常的影响即使在 10000~12000m 以上也仍然存在,需要飞得更高才能避免。航空地图上一般都有关于地磁异常的记载。

地磁要素在全球范围内突然发生的急剧而不规则的扰动称为磁暴。磁暴是

由于太阳上黑子增多,出现耀斑时,抛射出大量的带电粒子流而引起的。太阳黑子最多的时期,磁暴最强烈。发生磁暴的时候,磁针常常出现不规则的摆动,有时可达 10°~20°。在两极附近,扰动最强,随着纬度的降低,扰动逐渐减弱。磁暴持续的时间通常为数小时,也有为数很少的磁暴可达数日。

1.2 时刻和时间

时间和空间一样,都是物质存在的基本形式。直升机的运动是在一定的时间内进行的,其位置随时间在不断变化。因此,要解决各种领航问题必须懂得有关时间的知识。

平常说的时间包含有"时刻"和"时间间隔"两个概念。所谓时刻,即某一瞬间的早晚;时间间隔(也称为时段),是指两个时刻之间的间隔长度。换句话说,"时刻"是指某个事件何时发生,"时间间隔"是指某一事件持续多久。习惯上也把时间间隔称为时间。例如,直升机到达天津的时刻是 15 时 35 分(记作15∶35′或1535);从北京飞到上海的时间是 1 小时 24 分(记作 1∶24 或 1.24′)。

1.2.1 时间的度量

地球不停地由西向东旋转,在地球上的观测者看来,太阳每天由东向西运动着,大约经过一昼夜又回到原来的位置。人们看到的太阳每日有规律地由东向西运动,称为周日视运动。

同一经线连续两次对正太阳中心的时间称为一个真太阳日。由于地球公转的速度不均匀和地轴同公转轨道平面的相对倾斜,真太阳日的长短每天都不一样。一年中最长和最短的真太阳日约差 51s,真太阳日长短不一,用它来计时很不方便。为了弥补这一缺陷,天文学家假想了一个太阳,称为平太阳。平太阳在天赤道平面内,地球以均匀的速度沿着圆形轨道绕着它公转。公转的周期也是一年。同一经线连续两次对正平太阳中心的时间称为一个平太阳日。平太阳日的任何一天都一样长,它可以看成一年中真太阳日的平均值。

既然同一经线连续两次对正平太阳中心的时间是 24h,也就是说,地球对平太阳自转一周(360°)的时间是 24h,而地球自转的速度又是均匀的,那么,时间与转过经度的关系如表 1.1 所列。

表1.1 时间与转过经度的关系

转过的经度	时间	转过的经度	时间
360°	24h	15′	1min
15°	1h	1′	4s
1°	4min	15″	1s

1.2.2 时刻的种类

时刻是根据某一经线和太阳的相关位置来测定的。由于不同的使用目的，需要以不同的经线作为测定时刻的基准，因而时刻可以分为地方时、区时和世界时。此外，还有法定时和夏令时等。

1.2.2.1 地方时

人们习惯把太阳当顶(当地经线对正太阳)的时刻说成是正午12时，于是，正背着太阳的时刻就必然是午夜24时。这样确定的时刻，称为该地的地方时($T_地$)。

各条经线对正太阳(经线所在平面同太阳中心重合)有先有后，所以经度不同的地方，地方时也不一样。两地方时的差数，正好等于地球转过其经度差所需的时间。地球是由西向东自转的，因而同一天内西边的时刻总是比东边的早，或者说西边的时刻都比东边的小。如位于东经120°的杭州正对太阳，地方时是12时，那么，位于东经91°的拉萨，地方时一定还不到12时，而是12时减去地球转过经度差29°所需的时间(1h56min)，即10时04分。

1.2.2.2 区时与法定时

如果每个地方都采用它们各自的地方时，一定会引起很大的不便。例如，从北京到天津，要想让时钟指出正确的地方时，就必须在途中不停地拨表，为了避免这种麻烦，1884年国际经度会议决定采用时区制度。以经线为界，把地球表面分成24个时区，每个时区的范围是经度15°。以0°经线为中央线，从西经7.5°至东经7.5°划为中时区，或称为零时区。在中时区以东，依次划分为东一区至东十一区，余7.5°为东十二区；在中时区以西，依次划分为西一区至西十一区，余7.5°为西十二区。东十二区和西十二区合为一个时区。除东十二区和西十二区外，各个时区都以本区中央经线的地方时作为全区共同使用的时刻，称为区时($T_区$)。例如，北京处在东八区，东经120°经线是其中央经线，因此，北京所在时区的区时是采用东经120°的地方时。东十二区和西十二区则以经度180°的地方时作为共同使用的时刻。

相邻两个时区的中央经线,经度相差15°,因此,它们的区时正好相差1h。两个时区之间,中间隔几个时区,它们之间的区时就相差几小时。由于时区范围线是中央经线向左右分别加减7.5°,即东西方向跨越15°,以东八区为例,其时区范围是东经112.5°至东经127.5°,用该地的经度除以15°,当余数小于7.5°时,商数即为该地所在的时区数;当余数大于7.5°时,商数加1即为该地区所在的时区数。例如,已知某地位于东经145°,用145/15,商数为9,余数为10(大于7.5°),商数加1即为该地区的时区数,所以该地位于东10区。假如某地位于西经65°,用65/15,商数为4,余数为5(小于7.5°),商数即为该地所在的时区数,所以该地位于西4区。地球自西向东旋转,各个区的中央经线对正太阳的先后顺序是东边早于西边,因此区时的特征是"东早西晚",西边时区的区时总比东边的早(小)。例如,北京(东八区)的区时要比东京(东九区)的区时少1h;北京的区时要比华盛顿(西五区)的区时多13h。当北京时间是2月2日6时,东京时间便是2月2日7时,而华盛顿时间却是2月1日17时。

区时是理论上的标准时,全球共分为24个时区,但在实际中按照经线为界划分区时的方法适用于海上。在陆地上时,常常会出现1个国家或1个省份同时跨越2个或更多时区,为了照顾到行政上的方便,常将1个国家或1个省份划在一起,所以时区并不严格按南北直线来划分,而是参照各国和行政区域的分界线或自然界限来划分。许多国家为了自身的便利,在制定自己国家的标准时间时,会根据具体情况,对理论上的标准时进行一定的调整,称为法令时,它与理论上的区时不完全一致。例如,英国、法国、荷兰,虽然地理位置位于零时区,但规定采用东一时区的区时作为标准时间;新加坡、马来西亚采用东7.5时区的区时为标准。中国幅员辽阔,从西到东横跨东五区、东六区、东七区、东八区和东九区,但为了让全国统一,把北京所在的东八区的区时作为标准时间,即北京时为法令时。

1.2.2.3 世界时

世界各国使用着不同的区时,而国际通信和科学记录却需要共同的时刻标准,为此国际上规定以零时区的区时作为国际统一时刻称为世界时 $T_{世}$ 或格林尼治平太阳时。天文上用的各种表格多是根据世界时设计的。两极地区由于经常通过时区界线,所以也采用世界时。不难理解,各时区的区时同世界时所差的小时数,正好和它的时区号码数相同。

1.2.3 日出、日没和天亮、天黑时刻

早晨,太阳从东边升起,其上边缘同地平线相切的时刻为日出时刻;傍晚,太

阳上边缘沉没于地平线的时刻为日没时刻。太阳中心升到地平线下 6°的瞬间，就是天亮时刻；太阳中心沉没于地平线下 6°的瞬间，即是天黑时刻，如图 1.9 所示。

日出时刻、日没时刻、天亮时刻、天黑时刻可以从附录 A 中查出。

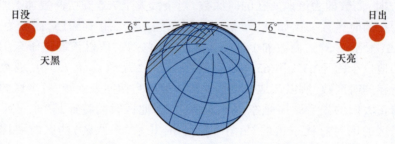

图 1.9　日出、日没时刻和天亮、天黑时刻

1.2.4　地方时、区时、世界时的换算

由于同一天内西边的时刻总比东边的早(小)，任何两种时刻之差等于地球转过其基准经线的经度差所需的时间，所以，地方时、区时、世界时相互换算的方法如下。

(1) 找出两种时刻的基准经线(地方时以该地经线为基准；区时以该时区中央经线为基准；世界时以起始经线为基准)，求出它们的经度差。

(2) 将经度差换算成相应的时刻差。

(3) 如所求时刻的基准经线在东，则加时刻差；在西，则减时刻差。

例如，北京市位于 $\lambda_E 120°$，西安市位于 $\lambda_E 108°55'$，若北京时为 9 时，则可以求得西安市的地方时为 8 时 15 分 40 秒，世界时为 1 时。

1.2.5　日界线

地球上各地采用的时刻不同，引起了日期的差异。例如，设想东经 180°是 9 月 23 日正午 12 时，按照区时换算，东经 90°应该是 9 月 23 日早晨 6 时，而 0°经度的居民正在 9 月 22 日的午夜(24 时)酣睡，西经 90°的居民正在渡过 9 月 22 日的傍晚 18 时，西经 180°则应该是 9 月 22 日正午 12 时。但是西经 180°和东经 180°实际上是同一条经线。因此，在这条经线东边的日期，就比它西边少了 1 天。如果以其他经线来推算，也会得到相同的结果。

为使计算日期不至于发生差错，国际经度会议规定以 180°的经线为日界线，又称为国际日期变更线。飞机或海船从西向东通过日界线(从东十二区进入西十二区)时,日期要减 1 天;从东向西通过日界线(从西十二区进入东十二区)时,日期则要加 1 天。例如,某飞机 9 月 23 日 12 时向东飞越日界线,飞过后时刻应改为 9 月 22 日 12 时;如 9 月 22 日 12 时向西越过日界线,则飞过后时刻应改为 9 月 23 日 12 时。

为照顾 180°经线附近一些地区和国家的居民生活方便起见,日界线避免通过陆地。因此,它不是一条直线而是一条折线。

1.3 航空地图及其使用

地图是依照特定的比例,使用特定的符号、颜色和文字,运用一定的投影方法,综合绘制的表现地球表面地物地貌的平面图。其中,地物地貌既包括自然形成的,也包括人工建造的。地图构成三要素为地图比例尺、地图符号和地图投影。

1.3.1 地图投影

通过地图投影,可以将地球表面这一球面转画在地图平面上如图 1.10 所示。在将球面展成平面时总会发生变形,有些地方被拉伸,有些地方被压缩。航线地图作业中,对方向和距离的准确性要求较高,所以在选择航空地图(简称航图)时应尽可能满足符合这方面条件的地图投影方式。

1.3.1.1 地图失真

在将地球表面(球面)绘制到平面上时,改变了原来的形状和大小,这种因拉伸或压缩造成的变形称为地图失真。

地球表面上的无限小线段投影到平面上,其长度的伸长或缩短称为长度失真;地球表面上的任意两无限小线段投影到平面上,其夹角的增大或减小称为角度失真;地球表面上的无限小圆投影到平面上,其面积的扩大或缩小称为面积失真。由于地图投影引起的失真,在量角度、量距离和计算面积时会带来一定的误差。

1.3.1.2 几种常用的航空地图投影

领航上对航空地图有各种各样的要求。为了便于量角度和距离,要求航图尽可能没有角度失真和长度失真。为了便于用直尺画航线,要求航线在航图上是直线。了解常用航图的投影原理、失真情况以及航线在航图上的形状,有利于正确选择所需要的航图类型。

1) 等角正圆柱投影图

等角正圆柱投影图是 1569 年由荷兰制图学家墨卡托(Mercator)创制的,因此也称为墨卡托投影图。

(1) 投影特点。

设想以圆柱面切于地球仪的赤道上,从地球仪的中心将经、纬线投影到圆柱上,在等角的前提下,使各点沿经线方向拉伸的倍数与沿纬线方向拉伸的倍数相同。具体按照等角正圆柱投影方程式,用计算机计算后绘制而成,如图 1.11 所示。

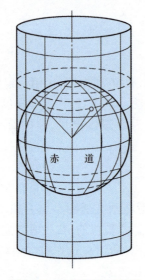

图 1.10　地图投影示意图

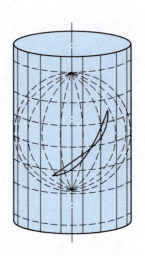

图 1.11　等角正圆柱投影

(2) 主要特征。

在等角正圆柱投影图上,经线是等间隔的平行直线;纬线是同经线垂直的直线,但是纬度差相等的各纬线,离赤道越远间隔越大。

(3) 失真情况。

在等角正圆柱投影图上,没有角度失真,长度和面积失真随纬度增高而增大。地球仪上的许多半径相等的无限小圆,投影到地图上变成半径不等的小圆,越接近两极半径越大。这种投影图既不等距也不等积。

(4) 图上等角航线和大圆圈航线的形状。

在等角正圆柱投影图上,由于经线互相平行,所以图上的等角航线是一条同各经线交角都相等的直线。地球表面两点之间的大圆圈线(构成大圆圈航线)凸向两极,其在北半球的凸向北极,在南半球的凸向南极,曲线的拐点是大圆圈线跨越赤道时同赤道的交点。

在等角正圆柱投影图上,大圆圈航线在北半球偏在等角航线的北边,在南半球偏在等角航线的南边;在图上好像大圆圈航线比等角航线长(大圆圈航线画成曲线,等角航线画成直线),但在实际上仍然是大圆圈航线比等角航线代表的地面距离短。

在等角正圆柱投影图上没有角度失真,图上的等角航线是直线,便于在图上用图解法计算飞机位置,适用于海上领航;也可以作为绘制较长距离的等角航线的辅助地图。

2) 等角正割圆锥投影图

等角正割圆锥投影图由德国著名科学家兰伯特(Lambert)首创,所以又称为兰伯特投影图。

(1) 投影特点。

设想将圆锥割于地球仪的两条纬线上,使圆锥轴与地轴重合,从地球仪中心将经、纬线网投影到圆锥面上。实际上,按照等角正割圆锥投影方程式,用计算机计算后绘制。

在等角正割圆锥投影图上,两条割纬线上没有失真,称为双标准纬线;两条割纬线之间的区域有所收敛,两条割纬线之外的区域有所扩大;在等角的前提下,图上任意一点沿经线、纬线方向缩短或拉伸的倍数相等,如图1.12所示。

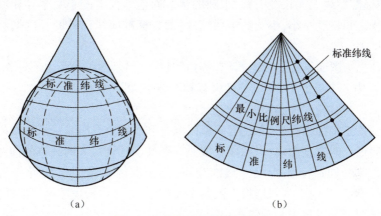

图 1.12 等角正割圆锥投影图
(a)侧视图;(b)部分剖面图。

(2) 主要特征。

在等角正割圆锥投影图上,经线是收敛于极点的直线,各经线之间的夹角同它们的经度差成正比;纬线是以极点为圆心的同心圆弧,两条标准纬线之间有一条最小比例尺纬线,纬度差相等的各纬线之间的距离近于相等,距最小比例尺纬线越远的纬线间隔越大,距最小比例尺纬线越近的纬线间隔越小;经线和纬线成正交。

为了减小失真,采用数个圆锥分带投影的方法:纬度每相差 4°为一个投影带。在拼接地图时,各投影带之间将产生裂隙,如图 1.13 所示。

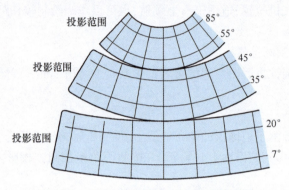

图 1.13　等角正割圆锥投影的三个投影带

(3) 失真情况。

地球仪上许多无限小圆投影到等角正割圆锥投影图上,变成半径不等的小圆;两条标准纬线上无长度失真,小圆的半径同地球仪上的小圆半径相等;两条标准纬线之间长度缩小,小圆的半径缩短;两条标准纬线以外的长度增长,小圆的半径扩大。

这种投影图属于正形投影,具有等角的特点,但是既不等距也不等积。由于每相差 4°为一个投影带,所以长度失真相对较小,可以忽略不计。

(4) 等角航线和大圆圈航线的形状。

在等角正割圆锥投影图上,等角航线除去和经线重合时是一条直线外,其余均是凹向极点的螺旋曲线;大圆圈航线是一条凸向比例尺大的一方的曲线,曲线的拐点是曲线同最小比例尺纬线的交点,近距离内大圆圈航线近似直线,如图 1.14 所示。等角正割圆锥投影图是主要航图之一,中国民航高空航线图和中低空航线图都是等角正割圆锥投影图。

3) 高斯-克吕格投影图

高斯-克吕格(Gauss-Kruger)投影图(简称高斯投影图)是由德国数学家高斯在 19 世纪首创,后经克吕格改进而成。

(1) 投影特点。

将地球仪表面从 0°经线起每隔 6°划分为一个投影带,用一个直径等于地轴

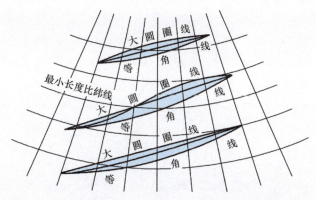

图 1.14　等角正割圆锥投影图上的等角航线和大圆圈航线

的横圆柱套在地球仪上,依次和每个投影带的中央经线相切,从地心将投影带上的经、纬线投影到圆柱面上,再展开就得到分带投影的平面图形。按照高斯投影方程式,根据这一设想用计算机计算绘制成图,如图 1.15 所示。

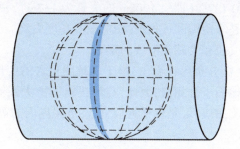

图 1.15　高斯投影示意图

(2) 主要特征。

在高斯投影图上,每个投影带的中央经线和赤道都是直线,这些中央经线都与赤道成正交;以中央经线为轴,其他经线成东西对称并且凹向中央经线;以赤道为轴,其他纬线成南北对称并且凹向两极。

为了便于表明某地点的位置和求其坐标,在图 1.16 上加画出以中央经线为纵轴(X 轴)、赤道为横轴(Y 轴)的高斯平面直角坐标系。

(3) 失真情况。

在高斯投影图上,地球仪上的无限小圆变成半径不等的小圆;中央经线上没有长度失真,离中央经线越远长度失真越大。因受精度要求,高斯投影限制了投影带宽。采用 6°和 3°分带,并要求 6°带的中央经线也是 3°带的中央经线,如

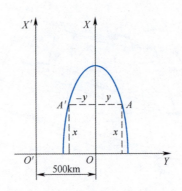

图 1.16 高斯投影图的平面直角坐标系

图 1.17 所示。每个投影带的边缘经线,在与赤道相交的地方的长度失真最大。以 6°带为例,每个投影带的边缘经线距中央经线仅 3°(已知 sec3° = 1.00137),长度的相对失真只有 0.137%(即每 100km 的失真为 137m),领航上可以当作等距使用。这种投影图是等角横圆柱投影,图上没有角度失真。

(4) 图上等角航线和大圆圈航线的形状。

从图 1.17 的坐标分布可以看出,由于每幅图包含的实地范围很小,图上所表现的情况同实际地面十分相似;因此,高斯投影图上大圆圈航线近似于直线;等角航线虽然是螺旋曲线,但是也很近似直线;近距离内的等角航线和大圆圈航线都可以看成直线。

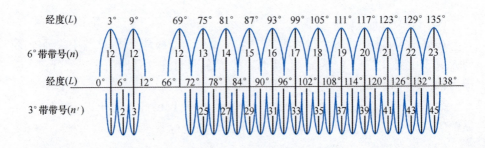

图 1.17 高斯投影图坐标的起算

航空上常用的几种投影图比较如表 1.2 所列。

表 1.2 航空上常用的几种投影图的比较

名称	等角正圆柱投影图（墨卡托投影图）	横墨卡托投影图	高斯-克吕格投影图	等角斜圆柱投影图	极地球心方位投影图	极地球面方位投影图	等距方位投影图（以切点在极点为例）	等角正割圆锥投影图（以切点在极点为例）	改良多圆锥投影图（国际投影图）
投影示意图									
经线	平行等距的直线	中央经线和同中央经线的经度差90°的经线是直线，其他经线是曲线	中央经线是直线，其他经线是回向中央经线的曲线	圆柱面同地球仪相切的大圆航线附近接近直线	从极点向外辐射的直线	从极点向外辐射的直线	从极点向外辐射的直线	向极点收敛的直线	不平行的直线
纬线	平行的直线，离赤道越远，纬距越大	赤道是直线，其他纬线是曲线	凹向两极的曲线	曲线	以极点为中心的同心圆；离极点越远，纬距越大	以极点为中心的同心圆；离极点越远，纬距越大	以极点为中心的同心圆，纬距相等	以极点为中心的同心圆，纬距近似相等	不同心的圆弧，圆心都在中央经线上

续表

名称	等角正圆柱投影图（墨卡托投影）	横墨卡托投影图	高斯-克吕格投影图	等角斜圆柱投影图	极地球心方位投影图	极地球面方位投影图	等距方位投影图（以切点在极点为例）	等角正割圆锥投影图（以切点在极点为例）	改良多圆锥投影图（国际投影图）
经纬线网的形状									
性质	等角	等角	等角	等角	任意	等角	等距	等角	任意
无失真区	赤道或圆柱面同地球仪相割的纬线	中央经线	圆柱面同地球仪相切的大圆圈航线	极地	极地	极地	极地	标准纬线	中央经线左右各2°的经线及边缘经线（百万分之一）
比例尺	不同纬度上的比例尺不一致	距中央经线的距离不同，比例尺也不一致	接近一致	接近一致	不同经度上的比例尺不一致	不同经度上的比例尺不一致	不同经度上的比例尺不一致	接近一致	接近一致

续表

名称	等角正圆柱投影图（墨卡托投影）	横墨卡托投影图	高斯-克吕格投影图	等角斜圆柱投影图	极地球心方位投影图	极地球面方位投影图	等距方位投影图（以切点在极点为例）	等角正割圆锥投影（以切点在极点为例）	改良多圆锥投影图（国际投影图）
大圆圈航线	凹向两极的曲线	凹向中央经线的曲线	近似直线	近似直线	直线	近似直线	近似直线	凸向比例尺大的方向的曲线，近距离内近似直线	近似直线
等角航线	直线	曲线	曲线	曲线	曲线	曲线	曲线	曲线	曲线
领航上的用途	海上领航用图，画等角航线的辅助地图	极地领航用图	协同地面军队作战及研究目标用图	固定航线图	极地领航用图，画大圆圈航线的辅助地图	极地领航用图	可以此原理制作以重要城市或军基地为切点的地图	作为主要航空地图之一	作为主要航空地图之一

1.3.2 地图比例尺

地图上某线段的长度($D_图$)与相应实地长度($D_地$)之比称为地图比例尺,即

$$地图比例尺 = \frac{D_图}{D_地} \tag{1.6}$$

为了应用方便,地图比例尺的分子通常都化为1,于是分母就表示地面长度缩小的数值。每张地图的比例尺,一般绘注在南图廓的下方,常见的有下面3种表示形式。

1.3.2.1 数字比例尺

用分式或比例式的形式表示的比例尺称为数字比例尺。例如,百万分之一比例尺,可以写作 1∶100 万(1∶1000000)或 $\frac{1}{1000000}$。

由式(1.6)可得

$$D_地 = D_图 \times 地图比例尺分母 \tag{1.7}$$

那么将数字比例尺的分母消去5个0,就得到图上长1cm代表的地面实际距离的千米数。例如,在1∶100万比例尺的航图上,1cm代表实地距离10km;在1∶50万比例尺的航图上,1cm则代表实地距离5km。在1∶100万比例尺地图上,量得南京长江大桥长0.67cm,可以计算出该桥实际长度为6.7km。

1.3.2.2 文字说明比例尺

用文字将图上单位线段长度和实地距离的对应关系直接注明在地图上,用这种表示方式的比例尺称为文字说明比例尺。例如,我国部分1∶100万航空地图上在图廓正下方就注有"1cm 相当于10km"的文字说明比例尺。

1.3.2.3 线段比例尺

线段比例尺是用注明实地长度的线段来表示的。图1.18所示为我国2016年出版的1∶50万航空地图的线段比例尺。

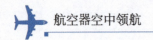

图1.18 线段比例尺

1.3.3 地物、地貌在地图上的表示方法

地物和地貌统称为地形。它们在地图上通过不同的符号来表示。

1.3.3.1 地物在地图上的表示方法

地面上的河流、湖泊、森林、沙漠等自然物体,以及居民点、铁路、公路、运河、桥梁、机场等人工建筑的物体,统称为地物。地物是实施领航的重要依据。

在地图上表示地物的符号称为地物符号。各种地物符号,通常注在图廓外面。为便于判读,多数地物符号是参照地物的平面形状绘制的,有些是参照地物的侧面形状绘制的,少数是按有关意义绘制的,由全国的《地形图图式》统一规定。根据其表示地物的不同特点可分为依比例尺、半依比例尺和不依比例尺3类。

（1）依比例尺表示的符号。在图上为真形符号,它们是按实地平面轮廓依比例缩绘的,可以从图上量取实地的长度、宽度和面积,如真形居民地、湖泊、森林等。

（2）半依比例尺表示的符号。在图上为线状符号,它们的长度是依比例尺缩小的,宽度则不能按比例缩小。其准确位置有的在符号的中心线上,如道路、小河、通信线路等；有的在符号的底线上,如长城、城墙等。

（3）不依比例尺表示的符号。在图上为记号性符号,因其实地面积较小不能按比例缩绘,必须采用放大的特定记号来表示,故只能表示地物的位置,看不出真实的形状和大小。其准确位置在符号主点上,如庙宇、宝塔、纪念碑的准确位置在底部中心；圈形居民点、三角点的主点位置为几何图形符号的几何中心。

在不同比例尺上,表示同一地物的符号,也不完全相同。例如,村镇在大比例尺地图上常按真形描绘,而在小比例尺地图上则用小圆圈表示。

此外,图上还有一些起说明作用的符号和大量的注记。

说明符号是用来说明情况的,如表示江河流向的箭头等；配置符号主要是用来表示某些地域的地形特征,如海岸土质等,符号不表示地物的真实位置。

注记是指地图上起说明作用的各种文字和数字,故有"地图语言"之称。凡是不能用符号表达的内容,都用文字或数字注记,如地理名称、特殊情况等用文字注记；标高、河宽、水深、桥梁长宽及载重量等用数字注记。

在航空地图上,突出了各种航空资料的注记和描绘。例如,我国部分1∶100万航空地图,就详细地描绘和注记了机场位置、等级、名称、标高、跑道长度和小于180°的着陆方向,以及机场中心15km半径范围内的高大障碍物,及其顶端的相对高；固定导航设备的位置,并注明是"NDB"（导航台）或"VOR"（伏尔-甚高频全向信标台）；轰炸、射击靶场；空中禁区、限制区、危险区和空中走廊等。

1.3.3.2 地貌在地图上的表示方法

地球表面各种起伏的形态称为地貌。在航空地图上,地貌主要是用标高点法、等高线法和分层设色法等,并配置地貌符号和名称注记的方法来表示。

1）标高点法

为了计算和比较地面上各点的高低,我国规定按青岛验潮站1985年所观测的黄海平均海平面作为计算高度的基准面,某地点到这一基准面的垂直距离称为该地的海拔或高程,领航上称为标高 h。高于海平面时,标高为正;低于海平面时,标高为负。两地标高之差称为标高差 Δh,如图 1.19 所示。

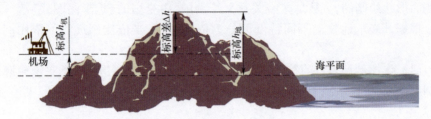

图 1.19　标高和标高差

领航上的标高差通常是以起飞机场平面 $h_机$ 为基准的,某地 $h_地$ 高于机场平面,标高差为正,反之为负。由图 1.19 可知:

$$\Delta h = h_地 - h_机$$

例如,某机场标高为 408m,附近山顶的标高为 3015m,则它的标高差为 2607m。

为便于直观准确地在地图上查阅各地的标高,尤其是山地山峰的标高,一般每 $100cm^2$ 范围内,在平原地区标注 10~15 个标高点,在丘陵、山区标注 15~20 个标高点。通常用圆点加数字标注,如"●1618",圆点表示最高峰的位置,其标高为+1618m;孤立山峰用黑三角加数字标注,如"▲549",黑三角中心表示最高峰的位置,其标高为+549m。

为了帮助飞行人员确定飞行区域的最大标高,将每一经纬线方格内(1∶50 万的航空地图每 30′为一格,1∶100 万的航空地图每 1°为一格,1∶200 万的航空地图每 2°为一格)的最大标高,用红色数字注记;将每幅地图上的最大标高,用较大的红色数字注记,并加上红色矩形框。例如,从 1∶100 万的西安地图上,可以查出户县所在的经纬线方格内最大标高是+2133m;这幅地图的最大标高是静峪脑,其标高是+3015m。

2) 等高线法

等高线是连接地面上标高相等各点的闭合曲线。如图 1.20 所示,假设以高度不同的 1、2、3 这 3 个水平截面割切图中所示的高地,在各平面与高地表面相割的地方,可以得到不同的闭合曲线 AA'、BB'、CC',这些曲线就是等高线。把这些等高线垂直投影到平面上,就得到用等高线表示的地图。地图上等高线的单位,我国一般以米为单位。每隔一定的高度差,标记有该等高线的标高数值,如 300m、500m 等。相邻两等高线的高度差称为等高距,各等高线间的等高距可以从地图中或地图图廓外面印上的等高线高程表中查出。图 1.21 就是印在我国部分 1∶100 万航空地图上的高程表,从图中可以看出:标高在 600m 以下时,等高距为 100m;标高在 600～2000m 时,等高距为 200m;标高在 2000～4000m 时,等高距为 250m;标高在 4000m 以上时,等高距为 500m。

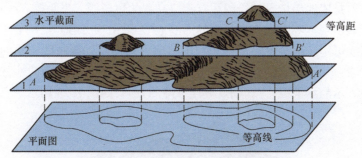

图 1.20　等高线表示地貌的原理

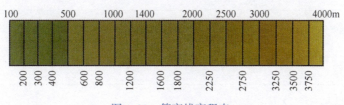

图 1.21　等高线高程表

等高线按其作用不同,可以分为基本等高线、加粗等高线、半距等高线和辅助等高线 4 种,如图 1.22 所示。

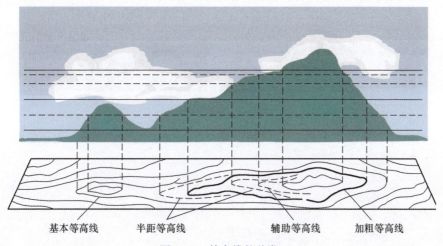

图 1.22　等高线的种类

基本等高线是按规定的等高距在地图上描绘的细实线,用以显示地形的基本形态。加粗等高线是将从零米算起的每隔一定条数的基本等高线加粗而成的粗实线,其作用是便于计算高程。半距等高线是按 1/2 等高距描绘的长虚线。辅助等高线是依地形情况加绘的注有相应高程的短虚线。半距等高线和辅助等高线用来显示基本等高线不能显示的局部地形,除山顶、凹地外,一般不闭合。

等高线可用来识别各种地形和判定某地点的标高。等高线密集的地方,表示坡度陡峻;稀疏的地方,表示坡度平缓。在斜坡方向不易判别的地方,通常绘有用短线表示的示坡线,方向朝着坡度下降的方向,如图 1.23 所示。

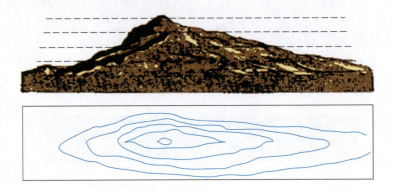

图 1.23　陡坡和缓坡

最小的闭合等高线,表示山顶或凹地,等高线的内圈比外圈高的是山顶,示坡线向外;反之是凹地,示坡线向里,如图 1.24 所示。

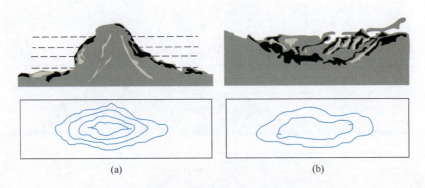

图 1.24　山顶和凹地的等高线
(a)山顶;(b)凹地。

以山顶为准,等高线向外凸出的部分表示山背(也称为小山脊或小支岭);等高线向里凹入的部分表示山谷。当山谷成为河流时,又称为河谷,如图 1.25 所示。

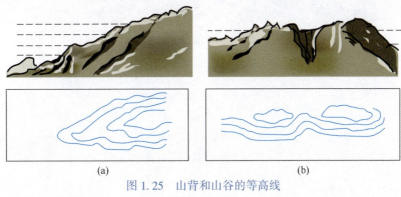

图 1.25　山背和山谷的等高线
(a)山背;(b)山谷。

鞍部是相连两山顶间形似鞍状的部分。在地图上,鞍部通常是由一对表示山背的等高线和一对表示山谷的等高线形成的,如图 1.26 所示。

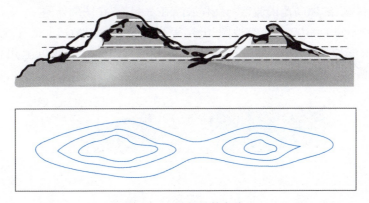

图 1.26　鞍部的等高线

山脊是由相连各山的山顶、鞍部连接而成,并向一定方向延伸的棱线。在地图上山脊是由较多的表示山顶、鞍部的等高线连贯起来的,如图 1.27 所示。山脊的最高棱线,叫山脊线。

利用等高线可以判定某地点的标高。首先在判定地点附近找到标高注记;然后根据等高距推算。如判定点在等高线上,该等高线的标高数值就是该地点的准确标高。如在等高线间,可根据它距两等高线的距离来估算。如在山顶,可根据最近一条等高线的标高半个等高距来计算该地点的概略标高。

图 1.27　山脊的等高线

3）分层设色法

等高线表示地形虽然详尽、准确，但看起来还不够明显。为了弥补它的不足，在等高线（或等深线）的基础上，按高度（或深度）划分一些层级，在其间着上不同的颜色，以表示陆地的高低（或海洋的深浅），这种方法称为分层设色法。不同色层代表的标高范围通常与高程表绘在一起，注在图廓外侧。

我国部分 1∶100 万航空地图，分层等高线为 0m、1000m、3000m、5000m，地貌色层由三原色叠加成绿、黄、褐 3 个色相 5 个色调，雪线以上用白色，如图 1.28 所示。根据图上某地点的颜色，可查出该地点的近似标高。

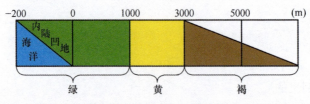

图 1.28　分层设色显示地貌

综合利用上述几种方法来表示地貌，并加上一些必要的注记，不但能全面说明地面起伏情况，而且形象逼真，为空中对照地面识别地貌提供了可靠的依据。目前，世界上航空地图的绘制大都采用这些方法。

1.3.4　航空地图的分类与选择

1.3.4.1　航空地图的分类

从功能作用上分，航空地图可分为通用航空地图和专用航空地图两大类。通用航空地图是航空飞行的基本用图，它记载了领航所需的有关资料，是领航的重要工具之一。飞行前确定航线、飞行中判定直升机位置和飞行方向都离不开它。专用航空地图包括航路航线图、区域图、仪表进离场图、机场障碍物图和仪表进近图等。主要用于固定航线飞行、院校飞行训练等。

从比例尺的大小分,航空地图可分为大比例尺地图和小比例尺地图。比例尺分母小的,比值大称为大比例尺地图;比例尺分母大的比值小,称为小比例尺地图。地图比例尺的大小是相对而言的。例如,对 1∶100 万比例尺的地图来说是大比例尺地图,但是对 1∶25 万比例尺的地图来说,则是小比例尺地图。领航上通常使用 1∶50 万或者 1∶100 万比例尺的地图作为航行基本地图,习惯于把比 1∶50 万更大的地图称为大比例尺地图,把比 1∶100 万比例尺更小的地图称为小比例尺地图。图幅大小相同的两张地图互相比较,比例尺大的地图所表现的地面范围较小,但地物地貌描绘得比较详细;比例尺小的地图所表现的地面范围较大,但地物地貌描绘得比较简略,有的次要地物被舍弃,有的地貌被综合省略掉了。

1.3.4.2 航空地图的选择

航空地图主要是用来判定直升机位置和确定飞行方向,以及在地图上进行作业求出领航所需的数据。因此,选择地图应当从是否有利于解决上述问题来考虑,主要有以下几个方面。

(1) 地图的准确性。地图的准确性,是指地图上地貌地物位置标绘的准确程度。它主要决定于制图时所用的原始资料是否准确。经过详细勘测的地区,所标绘的位置就比较准确,未经详细勘测的地区,位置误差就较大。这些情况,每幅地图边缘都有注明,选用时必须注意。

(2) 地图比例尺。选择地图比例尺,应当考虑地图的用途,以及飞行中使用地图是否方便。我国普通航空地图、航路图都采用 1∶50 万~1∶200 万比例尺;机场区域图采用 1∶20 万~1∶25 万比例尺。领航上通常使用 1∶50 万或者 1∶100 万比例尺的地图作为航行基本地图。远距离领航,多采用 1∶100 万或更小比例尺的地图。高空飞行可以采用比例尺较小的地图;低空、低速飞行可以采用比例尺较大的地图。

(3) 地图投影选用哪种投影图,主要应考虑变形情况,有时还要考虑到方便在地图上进行作业。从变形的情况看,绝大部分航空地图是等角的,而且面积变形对领航几乎没有影响,因而主要选用长度变形较小的投影图,如在中纬度地区可以选用双标准纬线等角圆锥投影图。

(4) 出版年月。地面上的地貌地物,随着国家经济建设的发展和自然条件的变迁,也在不断发展变化着。航空地图的绘制工作虽然在不断改进和发展,但总赶不上变化着的实际情况。因此,在选用地图时,要注意地图的绘制日期和出版年月,选用最新出版的地图并在使用过程中不断积累资料进行修正。

1.4 方向、距离和航线

为了正确实施空中领航，飞行前必须在航空地图上画出航线，量出方向和距离，解决飞行方向和飞行时间的问题。

1.4.1 方向和距离

1.4.1.1 方向

方向表示某一直线在水平面上的指向。在地球表面，方向常用东、西、南、北表示。任意地点的南、北方向就是当地经线的方向，东、西方向就是当地纬线的方向。为了将方向表示得准确些，有些还加上东南、西南、东南东等。但在领航中，这种表示方法既不精确又不适用。因此，都用方位角来表示方向。

方位角(bearing angle, BA)是从观测者所在位置的经线北端沿顺时针方向量到某方向线(观测者所在位置至目标的连线，也称方位线)的水平角度，简称方位。范围是 0°~360°。如图 1.29 所示，北(N)是 0°，东(E)是 90°，南(S)是 180°，西(W)是 270°。观测者在直升机上，直升机纵轴前方所对的方位角是 319°，导航台的方位角是 80°；但如果观测者在导航台位置，从导航台观测直升机的方位角则是 260°。

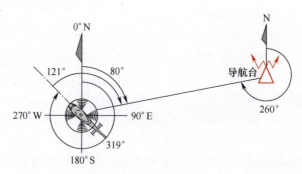

图 1.29 方向和方位角

从方向和方位角的定义可以看出，如果直升机在原地旋转，虽然其纵轴所对的方向会随时改变，但对于导航台的观测者来说，其方位却不变；反之，如直升机沿着其纵轴所对方向向前滑行一段距离，那么虽然直升机纵轴所对的方向未变，但对于导航台的观测者来说，其方位却改变了，如图 1.30 所示。

由于经线有真、磁之分，方位角也就有真、磁之别。从真经线北端沿顺时针

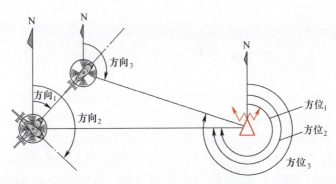

图 1.30 方向和方位角的变化

方向量到方位线的角度称为真方位角(BA_T);从磁经线北端沿顺时针方向量到方位线的角度称为磁方位角(BA_M)。由于存在着磁差,磁方位角往往不等于真方位角。进行磁方位角同真方位角的换算时,需要修正当地的磁差,如图 1.31 所示。

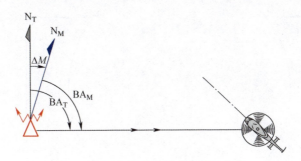

图 1.31 真方位角与磁方位角的关系

$$BA_T = BA_M + \Delta M \tag{1.8}$$
$$BA_M = BA_T - \Delta M \tag{1.9}$$

在直升机上观测地面或空中目标时,常以直升机纵轴前端延长线同观测线在水平面上的夹角来表示目标的方向,这一角度称为相对方位角(relative bearing angle,RBA),其范围是 0°~360°。在图 1.29 中,导航台的相对方位角是 121°。

1.4.1.2 距离

距离是沿地球表面两点之间连线的长度,它可以用不同的单位来计量。我国采用的距离计量单位是公制单位,即千米、米、分米、厘米和毫米;有些国家采用英制单位,即哩(英里)、呎(英尺)、吋(英寸)、浬(海里)。具体换算关系如下：

1 哩 = 1 英里(mile) = 1.609km = 5280 呎；

1 呎 = 1 英尺 = 0.3048m = 12 吋；

1 吋 = 1 英寸 = 2.54cm；

1 浬 = 1 海里(n mile) = 1.150 英里(mile) = 1.852km；

760 毫米汞柱(mmHg) = 29.92 英寸汞柱(inHg) = 1013.25hPa。

因航空器和所用计算工具的需要，书中保留了部分英制单位。

不同的距离计量单位可在 H-4 型领航计算尺上换算。计算尺由活动尺、固定尺和游标组成，如图 1.32 所示。固定尺上刻有一条圆弧刻度，称为第一尺；活动尺上从外到里刻有许多条圆弧刻度，其中最外一条圆弧刻度，称为第二尺。利用第一尺和第二尺可以进行距离单位换算。在第二尺上刻有"▲""哩""浬"的指标，它们是按照公里、哩、浬之间的关系刻制的。

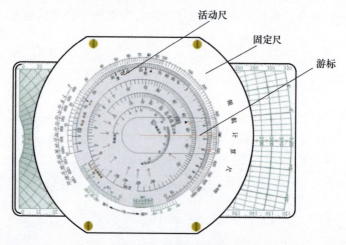

图 1.32　领航计算尺

换算时，只要将第一尺上某一单位指标(如公里)对正第二尺上的数值，其余单位指标(如哩、浬)即对正第二尺上相应的换算数值，如图 1.33 所示。

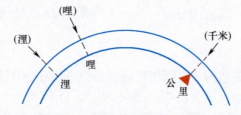

图 1.33　公里、哩、浬之间的换算

例如,距离为 500 公里,对尺可得 500 公里=310 哩=270 浬。

在计算尺第二尺上还刻有呎、米/秒的刻度,是按照米与呎的关系刻制的,供米与呎换算,如图 1.34 所示。

图 1.34 米和呎的换算

换算时,只要将第二尺上的"米/秒"对正任意以米为单位的数值,在"呎"刻度所对处即为相应的呎数值。

例如,距离为 800 呎,对尺可得 800 呎=243m。

1.4.2 航线

直升机从某一地点(起点)飞到另一地点(终点)的预定航行路线,称为航线。它的方向和距离分别用航线角(course angle,CA)和航线距离(D)来表示,如图 1.35 所示。

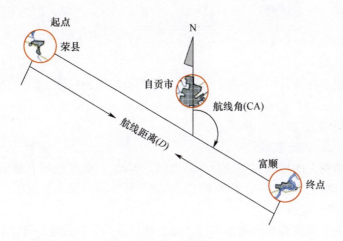

图 1.35 航线

航线角是指从经线北端沿顺时针方向转到航线去向的角度,范围是 0°～360°。从真经线北端沿顺时针方向转到航线去向的角度称为真航线角(ture course angle,CA_T);从磁经线北端沿顺时针方向转到航线去向的角度称为磁航

33

线角(magnetic course angle,CA_M)。航线距离(D)是指沿航线的地面距离。

飞行前根据任务要求,要在地图上画出航线,确定出航线距离和航线角,这是进行领航准备时最基本的工作之一。

1.4.2.1 画航线

航线通常是由航线起点、转弯点和终点连接而成。这些点统称为航线基本点。为便于领航,这些点通常选在明显的地标或导航设备上空。

画航线时,首先根据地理坐标或明显地标找准基本点,为了醒目起见,用直径为10~15mm的红色圆圈把它们圈出来,然后用蓝色的线段将航线起点、转弯点和航线终点按顺序连接起来。连接时,线段均不应画入红圈内,以免影响看清各基本点的特征,如图1.36所示。

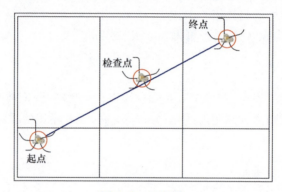

图1.36 画航线

为了便于在飞行中检查航行诸元,根据各边航线的长短,通常在航线中段附近(航线上或两侧)选择明显的易于辨认的地标,作为检查点,并且用同样大小的红色圆圈圈出,如图1.36所示。

1.4.2.2 确定航线角

画在地图上的航线在实地是看不见的。因此,只有在地图上量出真航线角,才能判明航线的方向,并获得在飞行中确定飞行方向的基本数据。

1) 目测航线角

在地图上目测真航线角是飞行人员必须具备的一项技能。要求迅速求出真航线角,如紧急出航,空中临时改变航线时,都需要用到。在测量真航线角时结合目测,还可以防止发生重大的差错。

目测真航线角,一般都以地图上的基本方向为基础,再结合小角度的目测来进行。首先,把地图上的经纬线网看成平面直角坐标系,经线两端的方向分别是0°和180°;纬线两端的方向分别是90°和270°;然后,以航线起点假想为直角坐标的原点,判定航线的去向在哪个范围内,再结合小角度目测出航线角。如图 1.37 所示,从 A 点到 B 点的航线角在 90°~180°范围内,比 90°还大 30°,故航线角约为 120°;从 A 点到 C 点的航线角在 180°~270°范围内,比 270°还小 20°,故航线角约为 250°。

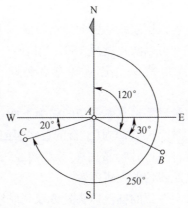

图 1.37 目测航线角

2) 用向量尺量真航线角

在地图上量真航线角,是用 X-7 型向量尺上的活动圆盘进行的。在活动圆盘上刻有 0°~360°的刻度及与中央标线平行的刻度线,如图 1.38 所示。

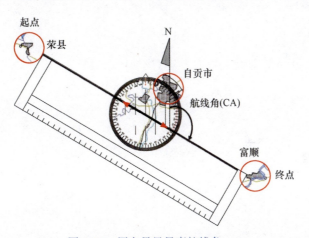

图 1.38 用向量尺量真航线角

将 X-7 型向量尺的上沿或其平行线压住航线,转动活动圆盘,使其上的平行线标线与经线平行或重合,然后沿航线去向方向从向量尺的上沿红色箭头处,读出真航线角的数值。由于航图上的经线是不平行的,因而以各经线为基准量出的真航线角都不相等。因此,在航线较短时应以靠近航线中间的经线为基准量真航线角,这样量出的真航线角是平均值;在航线较长时,真航线角的变化超过1°以上时,就应分段量取真航线角,并且各段都应以靠近航线中间的经线为基准。

量真航线角时:应首先根据航线的去向概略目测一下真航线角的大小;然后再用向量尺精确度量,这样可以防止读反180°。在图1.35中,直升机从起点飞往转弯点,量出的真航线角是54°;若从转弯点到起点,则量出的真航线角是234°。

为了便于记忆,用向量尺测量真航线角归纳为下面4个步骤。

(1) 压:将向量尺的量距尺(或与其平行的直线)压住航线。

(2) 转:转动量角器,使量角器上的平行标线与经线平行或重合。

(3) 判:目测判断真航线角的大概度数。

(4) 读:在与航线去向一致的红色箭头处读取真航线角。

3) 真、磁航线角的换算

飞行中,通常是按磁针指示南北的特性来确定飞行方向的,即以磁经线为基准。所以,在地图上量出真航线角后,应修正该地区的磁差,换算成磁航线角。如图1.39所示,真航线角(CA_T)与磁航线角(CA_M)之间相差一个磁差(ΔM),它们的关系为

$$CA_M = CA_T - \Delta M \tag{1.10}$$

例如,已知某航线的CA_T为120°,该地区的ΔM为-6°,则CA_M为

$$CA_M = 120° - (-6°) = 126°$$

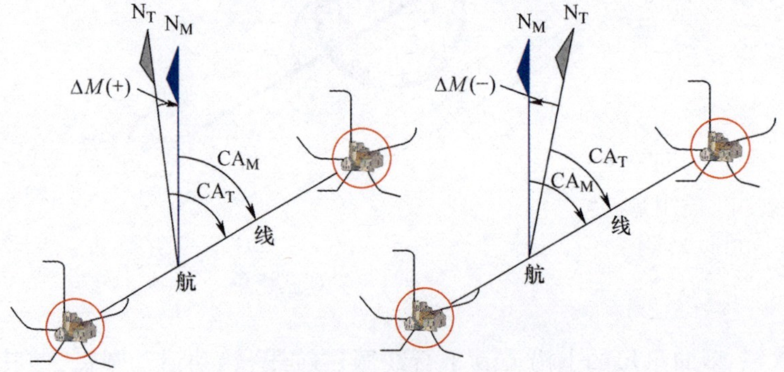

图1.39 真航线角和磁航线角的关系

由于航线角的范围是 0°～360°，若算出的磁航线角大于 360°时，应减去 360°；若算出的磁航线角为负值时，应加上 360°，把结果变为属于 0°～360°范围内的数值。

例如，已知 $CA_T = 350°$，$\Delta M = -20°$，则可求出 CA_M 为

$$CA_M = 350° - (-20°) - 360° = 10°$$

该航线的线角关系如图 1.40 所示。

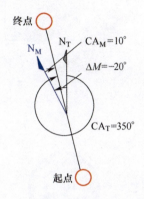

图 1.40　图示真航线角、磁航线角

1.4.2.3　确定航线距离

在地图上确定航线距离，常用目测和向量尺量取的方法求出。

1) 目测航线距离

良好的目测距离技能，不仅可以作应急之用，还可以防止在地图上量距离时可能出现的较大差错。对于 10～20km 以内的距离进行目测，在飞行中使用较多，更应多练习。目测距离的方法，一般是把两点之间的长度同地图上已经知道距离的线段做比较。例如，与已经量过并标出距离的某段航线做比较，与纬度差 1°的经线长(约 111km)做比较。也可以预先量出自己手指各关节长或拳宽所代表的千米数，如图 1.41 所示；或熟记 1cm、2cm、3cm……线段的长度进行目测。

2) 用向量尺量航线距离

目前常用的向量尺是 X-7 型向量尺，它有一主尺、两副尺。其中主尺由量距尺和活动圆盘组成。量距尺实际上就是普通的厘米直尺。为了量读距离方便，把尺上的厘米刻度，按 1∶100 万的地图比例尺，换算成实地距离的千米数值后标注在尺上。量距离时，只需使尺上的 0 刻度压住航线的一端点，从航线另一端点所对的刻度处，即可读出航线距离，如图 1.42 所示。

1.4.2.4　航线分类

地球表面两点之间可以画出许多条连线。用作航线的通常是大圆圈航线或

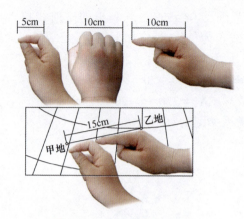

图 1.41　目测不同的厘米长

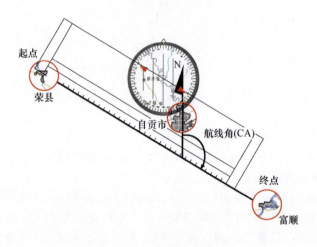

图 1.42　用向量尺量航线距离

等角航线。

1）大圆圈航线

通过起点和终点的大圆圈线被当作航线时，称为大圆圈航线，如图 1.43 所示。由于地球表面各点的经线常不平行，所以除了沿赤道和沿经线飞行外，沿其他方向的大圆圈航线飞行时，需要经常改变航线角，给领航带来一些不便。但大圆圈航线是地球表面上两点间最短的距离，所以在远程航行时，一般选用大圆圈航线。

大圆圈航线的航线角（CA）、航线距离（D）以及途中所经各点的地理坐标（φ 或 λ），可以用公式计算（公式及公式的推证见附录）。

2) 等角航线

在地球表面上,同各经线交角都相等的曲线,称为等角线。通过起点和终点的等角线被当作航线时,称为等角航线,如图 1.43 所示。

由于地球上的经线汇聚于两极,所以,除了以经线和纬线作为航线外,将等角航线延长,不可能首尾衔接形成闭合曲线,而是成为一条螺旋形的曲线盘向两极,并无限接近两极,但永远不能达到极点。

等角航线航线角固定不变,但距离都比大圆圈航线长,因此在航线不长、纬度不太高的地区航行时,一般都选用等角航线。

等角航线的航线角(CA)、航线距离(D)以及途中所经各点的地理坐标(φ 或 λ),同样可以用公式计算。

大圆圈航线和等角航线相关公式的推导见附录 B。

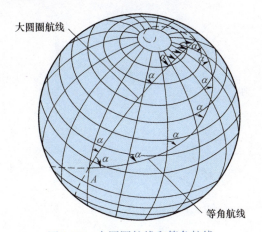

图 1.43 大圆圈航线和等角航线

两种航线都有各自的优、缺点。大圆圈航线的距离虽然比较短,但在飞行中需要经常改变航线角;等角航线距离相对较长,却可以不改变航线角一直飞到目的地。因此,应根据不同情况进行选择。通常在两者距离差很小时选用等角航线;距离差较大时选用大圆圈航线,或将大圆圈航线分成数段,每段按等角航线飞行。

1.5 基本航行元素及其计算

实施空中领航,必须准确地掌握直升机的航向、高度和空速等基本航行元素，但直升机上的罗盘、高度表和空速表都存在着误差，必须加以修正。本节将说明航向、高度和空速的基本概念，介绍基本航行仪表存在的误差与修正方法，以及其他一些基本领航计算。

1.5.1 航向

1.5.1.1 航向和航向线

直升机纵轴前端延长线在水平面上的投影称为航向线。从经线北端沿顺时针方向量到航向线的角度称为航向(heading,用 H 表示)，它表示的是直升机在水平面内相对空气运动的方向，如图 1.44 所示。直升机转弯时，航向线随之转动，航向不断变化。当直升机向右转弯时航向增大，向左转弯时航向减小，其范围是 0°～360°。

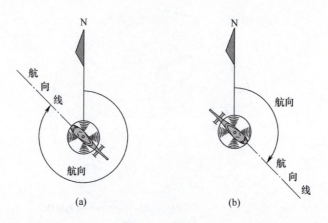

图 1.44 航向

1.5.1.2 航向的种类及其换算

由于度量航向的基准经线不同，因而同一条航向线可用 3 种航向来表示。

(1) 真航向(true heading,TH)：从真经线北端沿顺时针方向量到航向线的角度称为真航向。

(2) 磁航向(magnetic heading,MH)：从磁经线北端沿顺时针方向量到航向线的角度称为磁航向。

(3) 罗差(ΔC)和罗航向(compass heading,CH)：由于受直升机上的钢铁部件和电气设备所形成的直升机磁场的影响，磁罗盘的磁针(磁条)将会偏离磁经线的方向，使磁罗盘产生罗差，即磁罗盘磁针偏离磁经线的角度。如图 1.45 所示，以磁经线北端为基准，磁针偏在磁经线北端以东，罗差为正值，偏西时罗差为负值。

直升机上的磁罗盘都是用磁条制成的,由于罗差的存在,因而它指示的航向都是罗航向。飞行前,飞行员应把磁航向换算成罗航向,以便于空中保持航向。

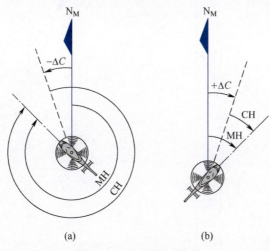

图 1.45 罗差和罗航向

不同的直升机、不同的航向、不同的罗盘,其罗差是不一样的。每架直升机上的各个磁罗盘都会因磁罗盘安装的位置不同,所受到直升机磁场的影响也不相同。所以,各个磁罗盘的罗差也不一样。各个磁罗盘在某个航向的罗差,应从各自的罗差表上查得。图 1.46 是某磁罗盘的罗差表,从罗差表上可查出航向 270°的罗差是−2°、航向 30°的罗差是+3°。

1.5.1.3 航向换算

飞行中,为了确定直升机位置和掌握飞行方向,需要把罗航向换算成磁航向或真航向。为了使直升机沿航线飞行,在求出了应飞的磁航向后,又需要按相应的罗航向来保持。因此,航向换算是领航中重要的计算项目之一,应加强练习,熟练掌握。

从图 1-45(b)中可以看出,罗航向和磁航向的关系为

$$MH = CH + \Delta C \tag{1.11}$$

进行真航向、磁航向换算时,要修正当地的磁差。从图 1.47(b)中可以看出,真航向和磁航向的关系为

$$TH = MH + \Delta M \tag{1.12}$$

将式(1.11)代入式(1.12),即可得真航向与罗航向的关系式:

$$TH = CH + \Delta C + \Delta M \tag{1.13}$$

$$CH = TH - \Delta C - \Delta M \tag{1.14}$$

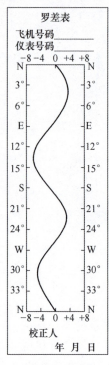

图 1.46 罗差表

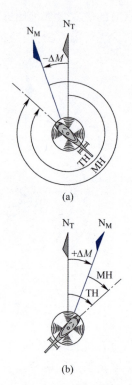

图 1.47 真航向和磁航向的关系

真航向、磁航向、罗航向三者的关系如图 1.48 所示。

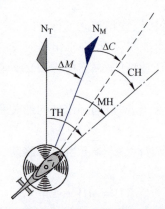

图 1.48 真航向、磁航向、罗航向三者的关系(一)

图 1.49 可以帮助记忆罗航向、磁航向和真航向之间的关系:由罗航向求磁

航向,应加上罗差;由磁航向求真航向,应加上磁差;由真航向求罗航向,应减去磁差和罗差。

图1.49　真航向、磁航向、罗航向三者的关系(二)

必须指出,以上讲的3种航向(真航向、磁航向和罗航向)都是表示一架直升机的同一方向,只是由于基准线不同,有磁差、罗差的存在,所以度数才不一样。

1.5.2　高度

直升机到某一基准水平面的垂直距离称为飞行高度,简称高度(H),通常是以米(m)或英尺(ft)为单位。飞行中,准确地掌握飞行高度,是实施飞行任务的重要条件,而且是保证飞行安全的重要因素。

1.5.2.1　高度的种类及其关系

从高度的定义可知,测量高度必须有一个基准面。选用的基准面不同,测定的数值也就不一样。飞行中,根据不同的需要,测量高度时常选择以下几种基准面,故有不同的高度名称,如图1.50所示。

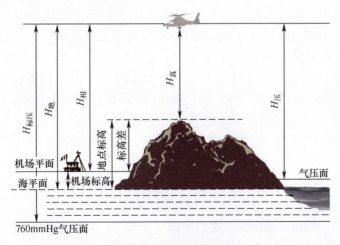

图1.50　高度的种类

真高($H_{真}$):以直升机正下方地面为基准的高度。

相对高($H_{相}$):以机场平面为基准的高度。

绝对高($H_{绝}$):以海平面为基准的高度。

气压高($H_{压}$):以某一气压面为基准的高度。其中以760mmHg气压面为基准的高度称为标准气压高($H_{标压}$)。

从图1.50中可以看出,各高度间的关系为

$$H_{绝} = H_{相} + h_{机} \tag{1.15}$$

$$H_{绝} = H_{真} + h_{地} \tag{1.16}$$

$$H_{相} = H_{真} + \Delta h \tag{1.17}$$

$$H_{标压} = H_{相} + (760 - p_0) \times 11 \tag{1.18}$$

式中:$h_{机}$为机场标高;$h_{地}$为地点标高;Δh为标高差;p_0为机场平面气压。

在海平面附近,高度每上升11m,气压下降1mmHg。这样,只要知道某一种高度,就可以换算成其他高度。

飞行中,各种高度是同时存在的。直升机水平飞行时,相对高和绝对高保持不变,真高却随着地形起伏而变化。

气压高则是用来测定各种高度的一种手段。例如,选择机场平面的气压面作为测量高度的基准面,这时气压高就是相对高;如选择测高的基准气压面与海平面一致,这时气压高就是绝对高;如选择测高的气压面与直升机正下方的地平面一致,气压高就等于真高。标准大气条件下的760mmHg气压面与海平面气压面一致,在这种情况下,标准气压高等于绝对高;在非标准大气条件下海平面上的气压(简称海压($p_{海}$)常不等于760mmHg,但差值不大。因此,在一般的高度计算中,是把标准气压高与绝对高视为相等来做高度换算的。

一般说来,直升机在起飞、降落时,应掌握相对高;测量领航所需的某些数据、搜索或巡线,以及飞行中保证飞行安全应掌握真高;从不同机场起飞的直升机在预定点会合时,为统一调度、保证安全,则需掌握标准气压高,以760mmHg气压面作为统一的测高基准面。

直升机测定飞行高度,常采用两种方式:一种是用气压随高度变化的原理测定高度;另一种是用无线电反射的原理来测定高度。按前一种原理制造的高度表称为气压高度表;按后一种原理制造的高度表称为无线电高度表。这里着重介绍气压式高度表。

1.5.2.2 气压高度表的误差及修正

前面讲到的绝对高、相对高、真高等,其基准面都可以用通过该基准面的气压来表示,所以,这些高度都可概括地称为气压高或称为实际高度。

气压高度表指示的高度称为表高($H_{表}$),基准面气压为760mmHg的表高称

为标准表高($H_{标表}$)。由于气压式高度表是按标准大气条件下,气压随高度的升高而降低的规律制成的,它所指示的是标准大气条件下以所定气压面为基准的高度。而实际的大气条件很少与标准大气条件相符,因此,高度表指示的高度常常不等于气压高或实际高,从而产生误差。为了保证领航的正确实施和飞行安全,往往需要掌握实际高度。为此,就需要研究高度表各种误差的产生原因和规律,找出修正误差的方法。

表高与气压高之间的误差,主要有仪表误差、气温误差和气压误差3种。

1) 仪表误差

仪表误差是由于高度表制造不精确,或使用中某些部件磨损变形造成的,这种纯机械性的误差称为仪表误差($\Delta H_{表}$)。高度表多指时仪表误差为负值,少指时为正值。

每个高度表的仪表误差都不一样,由仪表员在定期检验时测定,并绘成高度误差表。根据高度表的指示可以从误差表中查出相应的仪表误差。

修正了仪表误差的表高称为修正表高($H_{修}$),修正了仪表误差后的标准表高称为标准修正表高($H_{标修}$)。修正表高也可视作没有仪表误差时,高度表应该指示的数值。用公式表示为

$$H_{修} = H_{表} + \Delta H_{表} \qquad (1.19)$$

例如,表高2600m,根据表高在误差表上查出的仪表误差是+50m,则修正表高为2650m。

2) 气温误差

如前所述,气压式高度表是按照标准大气条件设计的。当760mmHg气压面上的气温不是+15℃,或气温垂直递减率不是6.5℃/km时,直升机所在高度上的空中实际气温t_H就与标准条件下的空中气温$t_{H标}$不一致,这样修正表高就不等于气压高。这种由于空中实际气温不等于该高度的标准气温,而引起的高度表指示的修正表高不等于实际高的误差,称为气温误差($\Delta H_{温}$)。

当高度表基准气压定为760mmHg,如仪表误差为零,那么指示的高度应为标准修正表高,与其相对应的实际高则为标准气压高。

(1) 如果实际空中气温与标准大气条件下的空中气温相同(如$H_{标压}$=2000m,即$t_H=t_{H标}$=+2℃),这时实际气压垂直递减率与标准大气条件下的气压垂直递减率相同,直升机上升到2000m,气压便下降到596.18mm,高度表也指示2000m。说明标准修正表高同标准气压高一致,没有气温误差。

(2) 如果实际空中气温低于标准大气条件下的空中气温(如$H_{标压}$=2000m,即t_H<+2℃),这时由于空气柱的平均密度比标准条件下的密度大,同样高的空气柱比较重,气压垂直递减率就比较大,所以直升机还没有上升到2000m,气压

便下降到596.18mm,高度表就指示2000m。说明表指的高度大于实际高度,即标准修正表高大于标准气压高。

(3) 如果实际空中气温高于标准大气条件下的空中气温(如 $H_{标压}=2000\text{m}$,即 $t_H>+2℃$),这时由于空气柱的平均密度比标准条件下的密度小,气压垂直递减率就比较小,这样直升机已经上升到2000m,气压尚未降到596.18mmHg,当然高度表指示也到不了2000m,如要使高度表指示2000m,直升机还必须再上升一定的高度,待气压降到596.18mmHg才行。说明表指的高度小于实际高度,即标准修正表高小于标准气压高。由此可见,只要气温改变了,即使表高相同,气压高也不一样。气温偏高(与标准气温比较),实际高也高(与高度表指示的表高比较);气温偏低,实际高也低。

气压式高度表没有专门修正气温误差的机构。飞行中,主要用计算尺进行计算修正。修正表高经修正气温误差以后,得出的就是气压高。

H-4型领航计算尺修正气温误差所依据的公式为

$$\frac{H_{压}}{H_{修}} = \frac{\dfrac{273+t_H}{288}}{1-0.0000226H_{标修}} \tag{1.20}$$

3) 气压误差

当高度表上所定的基准气压($p_{基}$)同直升机正下方地面的实际气压($p_{地}$)不一致时,气压高就不等于真高,由此引起的误差,称为气压误差($\Delta H_{压}$)。气压误差等于直升机正下方地面到基准气压面之间的高度差。

由于在760mmHg气压面附近,平均高度每升高11m,气压降低1mmHg,所以,在已知地面气压的情况下,气压误差可用下式求出,即

$$\Delta H_{压} = (p_{基} - p_{地}) \times 11 \tag{1.21}$$

在式(1.21)中,地面气压低于基准气压时,气压误差为正,反之为负。

气压高修正了气压误差后,就得出真高,可表示为

$$H_{真} = H_{压} - \Delta H_{压} \tag{1.22}$$

气压误差是用高度表的旋钮来修正的。转动旋钮,在气压窗内定上当地气压,按修正表高算出的气压高就等于真高。

例如,不同机场飞行时,着陆前要询问着陆机场的场面气压,重新定入高度表,以修正由于基准气压与着陆机场气压不一致而引起的气压误差。

4) 表高与气压高的换算

飞行中,一般都用高度表的旋钮来修正气压误差。因此,在进行表高与气压高的换算时,只需修正仪表误差和气温误差。计算步骤如下:

(1) 修正仪表误差,求出修正表高。例如,表高为1360m,在高度误差表上

查得仪表误差为-10m,则根据式(1.19),可求得修正表高为

$$H_{修} = 1360 + (-10) = 1350m$$

(2) 修正气温误差,求出气压高。修正气温误差是在H-4型领航计算尺上进行的。它的尺型是根据式(1.20)刻制的。

计算时,将尺固定上"$H_{用}$"空中温度对正活动尺上"$H_{用}$"标准修正表高,固定尺上右边修正表高刻度在活动尺上所对的就是所求的气压高。H-4型计算尺修正气温误差如图1.51所示。

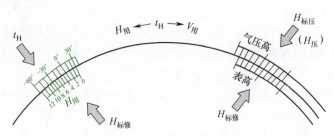

图1.51 用H-4型领航计算尺修正气温误差

例如,$H_{标修}=4000m$,$t_H=-38℃$,求$H_{标压}$为多少?

解:用H-4型领航计算尺求得$H_{标压}=3600m$。

从刻制领航计算尺的高度修正尺所依据的式(1.20)可知,对尺时,空中气温所对的应当是标准修正表高。而实际飞行中,高度表的基准气压常常不是760mmHg,如果计算时用修正表高(或气压高)代替标准修正表高,计算的结果就会有误差。但是,当直升机飞行时所定的基准气压与760mmHg相差不大时,由于引起的误差很小,为使计算方便,作这样的代替是可以的。如果是在高原地区飞行,由于机场场面气压与760mmHg相差较大,则必须使用$H_{标修}$(或$H_{标压}$)对尺。求出修正表高以后,应查出仪表误差,进而求出真高。

气压高度表具有指示不受地形起伏影响的特点,在飞行中,都用它来保持高度。但是用它求真高时,修正误差的计算比较麻烦,而且由于地面的气压不能确知,计算过程又没有考虑气温垂直递减率的变化,计算出的真高也很难十分准确。为了弥补这一不足,直升机上都装有指示直升机真高的无线电高度表。

1.5.2.3 气压高度表的使用

飞行高度不仅是领航计算的一个重要条件,同时也是维护正常飞行秩序,保证飞行安全的重要因素。

1) 场内飞行

场内飞行应保持场压高。起飞前应调整气压高度表,使指针指零,然后检查气压刻度,如与当时通报的场面气压不一致,应松开密封螺帽进行调整,调好后

确实拧紧密封螺帽,飞行中高度表即指示场压高。空中严禁松开密封螺帽。如果空中松开螺帽调整场面气压刻度,高度表不仅不能指示着陆机场的相对高度,而且,由于破坏了高度表的密封性,还会使高度表出现少指误差。

2) 场外飞行

(1) 场压法:场外飞行应保持标准气压高,起飞降落前采用场压高。起飞前仍定本场场压,场压高600m时,将气压刻度调整到760mmHg(1013mbar),这时高度表就指标准气压高。接近着陆机场时,将气压刻度调到着陆机场场压,以保证着陆时高度表指零。

(2) 修正海平面气压法:某些机场通报海平面修正气压,其使用方法如下。

① 起飞前,把高度表指针拨到机场标高,气压刻度窗定上修正海平面气压。

② 着陆前,将气压刻度窗定上计算的修正海平面气压,落地时高度表指示机场标高。例如,建立航线时,若机场标高为2544m,航线高度为400m,则高度表指示的高度应为2944m。

3) 使用气压高度表注意事项

(1) 空速管套和静压孔堵头应取下。

(2) 空速管转换开关位置应正确。

(3) 空速管加温使用按规定。

(4) 使用座舱静压时所产生的气压仪表误差及修正方法要明确。

(5) 每次飞行必须校正场压,误差3mbar[①](2mmHg)以上应按规定重新调整。

(6) 在空中严禁松开密封螺帽。

(7) 仪表飞行下降阶段和进场时,要参照无线电高度表。

(8) 起飞后发现定错场压后,要会正确处置。

1.5.3 空速

直升机相对于空气运动的速率,称为空速(airspeed,AS),常以 km/h 为单位。它是领航计算的一个重要条件,也是飞行员操纵直升机保持飞行状态的一个重要依据。

飞行中,空速的大小是用空速表来测定的。它是按照标准大气条件下,根据空气的不可压缩性和相对气流的动压随空速变化的规律来测定空速的。

1.5.3.1 表速与真空速

空速表指示的空速数值称为表速(basic airspeed,BAS);直升机相对于空气

---

① 1mbar=100Pa。

运动的真实速度称为真空速,简称真速(ture airspeed,TAS)。由于各种原因,表速常同真速不一致,领航上需要的是真速。因此,要分析它产生误差的原因,找出修正的方法。空速表存在的误差主要有仪表误差和空气密度误差。

1) 仪表误差

空速表的机件制作不精确,在使用中还会磨损变形,由这些纯机械因素造成的误差,称为仪表误差($\Delta v_{表}$)。空速表少指时,规定仪表误差为正值;多指时为负值。其数值可从空速误差表中查出。

表速修正仪表误差以后得到的数据称为修正表速(calibrate airspeed,CAS),即

$$CAS = BAS + \Delta v_{表} \tag{1.23}$$

由于仪表误差的数值不大,在实际飞行中,常把表速当成修正表速。

2) 密度误差

空速表的刻度是根据标准大气条件下动压同空速的关系刻制而成的。只有在飞行高度上的空气密度(ρ_H)等于海平面标准空气密度($\rho_{标} = 1.225\text{kg/m}^3$)时,修正表速才等于真速。但飞行高度上的实际空气密度同标准大气条件的空气密度往往不一致,因此,修正表速常常不等于真速。由此而引起的误差称为空气密度误差,简称密度误差($\Delta v_{密}$)。

如果保持真空速不变,当飞行高度上的空气密度小于海平面标准密度时,空速表测出的实际动压($q_{实}$)小于制表时的标准动压($q_{标}$),那么表速将小于真空速;反之,大于真空速。

由于空气密度与气压成正比,与气温成反比。因此,密度误差同气压和气温有关。而气压、气温又同飞行高度有关。因此,当真空速一定、高度升高时,一方面气压降低,使空气密度减小,动压减小,使修正表速(设仪表误差为零)减小;另一方面气温也降低,使空气密度增大,动压增大,又会使修正表速增大。但是,在一般情况下,在高度升高时,气压降低对空气密度的影响,要比气温降低的影响显著得多。所以,修正表速总是小于真速。高度越高,修正表速同真速相差越大。只有在严寒的冬天,飞行高度又很低时,气温对空气密度的影响才会大于气压的影响,修正表速才会大于真速。

需要强调的是,标准空气密度指的是海平面标准密度(1.225kg/m^3),并不是标准大气条件下各层高度的标准密度。随着高度升高,各层高度的标准密度都越来越小,都小于1.225kg/m^3。所以,即使在标准大气条件下飞行,修正表速也是要小于真空速的。

由于一般的空速表没有专门的装置修正密度误差。因此,主要是用计算尺进行计算来修正密度误差的。H-4型领航计算尺修正密度误差所依据的公式为

$$\frac{\text{TAS}}{\text{CAS}} = \frac{\sqrt{\dfrac{273+t_H}{288}}}{\sqrt{(1-0.0000226H_{标修})^{5.256}}} \tag{1.24}$$

1.5.3.2 表速与真空速的换算

飞行中,飞行员需要根据表速操纵直升机以保持飞行状态;而领航上,又常需知道直升机的真速。因此,常需进行两者之间的换算。换算时,应修正仪表误差和密度误差。

1) 修正仪表误差,求出修正表速

例如,空速表指示155km/h,在空速误差表上查得相应的仪表误差为-3km/h,则由式(1.23),可求得修正表速为

$$\text{CAS} = 155 + (-3) = 152 \text{km/h}$$

2) 修正密度误差,求出真空速

修正密度误差也在H-4型领航计算尺上进行的。尺型是根据式(1.24)刻制的。

计算时,将固定尺上"$v_用$"空中温度对正活动尺上"$v_用$"标准修正表高,活动尺上右边修正表速刻度在固定尺上所对的数值就是所求的真速。计算尺型如图1.52所示。

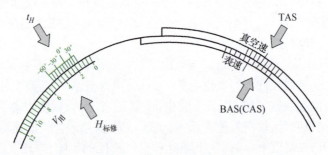

图1.52 用H-4型领航计算尺修正空气密度误差

应当指出,用计算尺进行表高、气压高的换算和表速、真速的换算时,尺上标有"$H_用$"和"$V_用$"字样的刻度,分别与其相对应,不能混用。

1.5.4 时间与速度、距离的换算

飞行中,飞行距离和直升机位置是相对于某一时间而言的,都随着飞行时间的增长而变化。因此,飞行员应掌握时间的概念,学会时间与速度、距离三者之间的换算方法。飞行过程中,要确定直升机到达预定地点的时刻,需要根据飞行

速度和距离求出飞行时间;要推算直升机某一时刻的位置,需要根据速度和时间计算飞行距离;要确保直升机准时到达预定地点,则需要根据未飞距离和规定的飞行时间求出飞行速度。

时间、速度、距离三者的相互关系用下式表示:

$$v = \frac{D}{t} \tag{1.25}$$

按照式(1.25),计算的方法通常有两种,即心算法和尺算法。

1.5.4.1 心算法

常用的心算法有以下3种。

1) 按每分钟的飞行距离进行心算

不同速度每分钟的飞行距离,预先可以算出。平时记住所飞机型常用速度每分钟的飞行距离(表1.3),即可迅速进行心算。

表1.3 以不同速度每分钟飞过的距离

速度/(km/h)	100	120	140	160	180	200	220	240
每分钟距离/km	1.7	2	2.3	2.7	3	3.3	3.7	4

2) 以6min作为基础,1min为调整进行心算

因为6min是1h的1/10,所以速度数值的1/10就是6min的飞行距离。例如,速度是180km/h,6min的飞行距离就是18km。如果时间是6min的整数倍,就可以迅速地心算出距离。但是,飞行时间不一定恰好是6min的整数倍,所以,还应以本机型常用速度每分钟的飞行距离作为调整值。

3) 把时间看成1h的分数倍进行心算

30min是1h的1/2,20min是1h的1/3,15min是1h的1/4,12min是1h的1/5,10min是1h的1/6。所以,当飞行时间恰好是1h的几分之一,或飞行距离恰好是速度数值的几分之一时,就可以用这种方法进行心算。

1.5.4.2 用领航计算尺进行换算

用心算法只能求近似值,在需要较精确的计算结果时,就必须用计算尺来计算。用领航计算尺做时间、速度、距离的换算是在第一尺(代表速度和距离)和第二尺(代表时间)上进行的。两组刻度根据比例式的原理,按常用对数的数值刻制而成。计算时,根据所选时间单位的不同,可用三角指标和圆指标两种方法进行。

1) 用"▲"指标换算

根据式(1.25),可将速度、距离、时间写为下式:

$$\frac{D(\text{km})}{t(\text{min})} = \frac{v(\text{km/h})}{60(\text{min})} \tag{1.26}$$

将式(1.26)移到计算尺上,即得到换算尺型,如图 1.53 所示。为了便于计算,在第二尺上的时间刻度 60 处,刻有"▲"指标。将它对正第一尺上直升机速度的数值,第二尺上任意时间刻度在第一尺上所对的数值,即为该时间内所飞过的距离。这样知道任意两个数值,就可以求出另一个数值。用这个尺型换算时,速度的单位是 km/h,距离的单位是 km,时间的单位是 min。

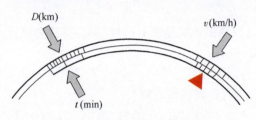

图 1.53 用"▲"指标换算的尺型

例 1.1 已知 $v=200{\rm km/h}, D=50{\rm km}$,求 t 为多少?

解:对尺时,首先将第二尺上的"▲"指标对正第一尺上的速度数值 200;然后从第一尺上的 50 刻度向下看,即可在第二尺上读出时间为 15min。

例 1.2 已知 $v=180{\rm km/h}, t=9{\rm min}$,求 D 为多少?

解:对尺时,首先将第二尺上的"▲"指标对正第一尺上的速度数值 180;然后从第二尺上的 9 刻度向上看,即可在第一尺上可读出 $D=27{\rm km}$。

例 1.3 已知 $t=9{\rm min}, D=30{\rm km}$,求 v 为多少?

解:对尺时,首先将第二尺上的 9 刻度对正第一尺上的距离数值 30,然后从第二尺上的"▲"向上看,即可在第一尺上可读出 $v=200{\rm km/h}$。

由于尺的刻度有限,不可能把计算中可能用到的数值全部刻上。因此,当遇到需要计算的数值大于或小于尺上的刻度时,可根据比例式的性质,只要将固定尺或活动尺的刻度按同一倍数扩大或缩小,即可进行计算。

例 1.4 已知 $v=190{\rm km/h}, D=13{\rm km}$,求 t 为多少?

解:当用"▲"指标对第一尺上的 190 时,从 13 向下看没有时间刻度。此时可将距离扩大 10 倍,得到 $10D=130$,这样从第一尺上的 130(代表 13)向下看,就可在第二尺上读出 $10t=41{\rm min}$,缩小 1/10 以后,就是所求的飞行时间 4.1min,即 4min06s。

在上例的计算中,可以看出,当距离小于速度数值的 1/10 或飞行时间小于 6min 时,用"▲"指标进行时间、距离、速度的换算比较麻烦,而且在进行扩大或缩小倍数时易出错;同时,在领航上,有时要求飞行时间精确到秒,而用"▲"指标进行换算,一般精确到分。在这些情况下,一般都用圆指标进行换算。

2) 用"🛑"指标换算

(1) "🛑"指标换算尺型(一)。

用🛑指标换算时,可将式(1.25)变换为

$$\frac{D(\text{km})}{t(\text{s})} = \frac{v(\text{km})}{3600(\text{s})} \qquad (1.27)$$

将式(1.27)变为

$$\frac{D(\text{km})}{t(\text{s})} = \frac{\dfrac{v(\text{km/h})}{100}}{36(\text{s})} \qquad (1.28)$$

将式(1.28)两边的分子同乘以100,可得

$$\frac{100D(\text{km})}{t(\text{s})} = \frac{v(\text{km/h})}{36(\text{s})} \qquad (1.29)$$

根据式(1.29),将"🛑"指标刻在第二尺上的36处,得出的用"🛑"指标计算的尺型(一)如图1.54所示。

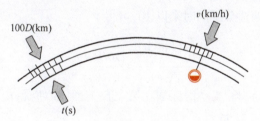

图 1.54 用"🛑"指标换算尺型(一)

例如,已知 $v=200$km/h, $t=10$s,求 D 为多少?

解:对尺时,将第二尺的"🛑"指标对正第一尺上的200,从第二尺上的10向上看,可在第一尺上读出 $100D=55$km,缩小 1/100 以后,就是所求的 D 为0.55km。

换算尺型(一)即为"🛑"指标对速度缩小 1/100 可得距离的数值(单位为m)。

(2) "🛑"指标换算尺型(二)。

将距离的单位改为m,式(1.25)变为

$$\frac{\dfrac{D}{10}(\text{m})}{t(\text{s})} = \frac{v(\text{km/h})}{36(\text{s})} \qquad (1.30)$$

根据式(1.30),将"🛑"指标刻在第二尺上的36处,得出的用"🛑"指标计算的尺型(二)如图1.55所示。

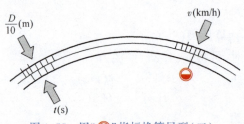

图 1.55 用"🚫"指标换算尺型(二)

例如,已知 $v=200\text{km/h}$, $t=10\text{s}$, 求 D 为多少?

解:对尺时,将第二尺的"🚫"指标对正第一尺上的 200,从第二尺上的 10 向上看,可在第一尺上读出 $\dfrac{D}{10} = 55\text{m}$,扩大 10 倍以后,就是所求的 D 为 550m。

换算尺型(二)即为"🚫"指标对速度扩大 10 倍可得距离的数值(单位为 m)。

换算尺型(一)和换算尺型(二)适用于飞行时间较短(1min 以内)的情况。

(3) "🚫"指标换算尺型(三)。

将式(1.25)两边分子同时乘以 10,可得

$$\frac{\frac{v}{10}(\text{km/h})}{36(\text{s})} = \frac{10D(\text{km})}{t(\text{s})} \tag{1.31}$$

根据式(1.31),将"🚫"指标刻在第二尺上的 36 处,得出的用"🚫"指标计算的尺型(三)如图 1.56 所示。

例如,已知 $v=200\text{km/h}$, $t=4\text{min}30\text{s}$, 求 D 为多少?

解:对尺时,将第二尺的"🚫"指标对正第一尺上的 20,从第二尺上的 4′30″ 向上看,可在第一尺上读出 $10D = 150\text{km}$,缩小 1/10 以后,就是所求的 D 为 15km。

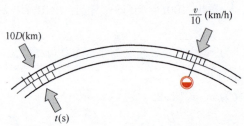

图 1.56 用"🚫"指标换算尺型(三)

换算尺型(三)即为"🚫"对 1/10 的速度数值缩小 1/10 可得距离的数值(单位为 m)。这种尺型最适合在飞行时间为 1~7min 时使用。

第 2 章 直升机的航行规律

在一望无际的天空，直升机航行要解决领航的 3 个基本问题，首先必须研究和掌握直升机在空中航行的规律。

围绕地球表面的空气总是在运动着。在河里划船，船的行进会受水的影响。同样，直升机在空中航行，也会受流动的空气——风的影响。因此，只有深刻认识风对直升机航行的影响，找出其规律性，才能根据它去解决领航的基本问题。

2.1 直升机在风场中的航行

2.1.1 风场

气象学中规定，风的三维空间分布称为空间风场；风的水平分布称为水平风场，简称风场。领航上通常所讲的风，是指水平风场，即空气对地面的水平运动。空气做水平运动时，既有方向也有速率。

空气相对地面水平运动的方向称为风向(wind direction, WD)。气象部门测报的风向是指风的来向，称为气象风向(magnetic wind direction, WD_m)。它是从经线北端沿顺时针方向转到风的来向的角度，范围为 0°～360°。领航上为了便于计算，风向是指风的去向，称为航行风向(navigational wind direction, WD_n)，它是从经线北端沿顺时针方向转到风的去向的角度，范围是 0°～360°。

实施领航时，常需要把气象风向换算成航行风向。它们的范围都为 0°～360°，若是以相同的经线为基准，航行风向和气象风向正好相差 180°，如图 2.1 所示。二者之间的换算关系为

$$WD_n = WD_m \pm 180° \tag{2.1}$$

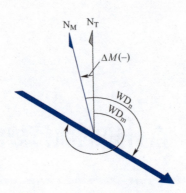

图 2.1 气象风向和航行风向

由于经线有真经线和磁经线之分,所以气象风向和航行风向也有真、磁之分。习惯上,气象风向常以真经线为基准,航行风向常以磁经线为基准。因此,实施领航时,把气象风向换算成航行风向,还应修正一个磁差。它们的关系为

$$WD_n = WD_m \pm 180° - \Delta M \tag{2.2}$$

例如,以真经线为基准的气象风向是 224°,磁差为 -6°,则磁航行风向为

$$WD_n = 224° - 180° - (-6°) = 50°$$

空气相对地面运动的速率,称为风速(wind speed,WS)。气象部门测报的风速称为气象风速(magnetic wind speed,WS_m),常以 m/s 为单位,而领航计算用的风速,即航行风速(navigational wind speed,WS_n)常以 km/h 为单位,因此,风速也常需要进行单位换算。由于 1m/s 相当于 3.6km/h,所以风速单位的换算关系,用公式表示为

$$WS_n = WS_m \times 3.6 \tag{2.3}$$

例如,气象风速为 15m/s,则航行风速为 $WS_n = 15 \times 3.6 = 54$km/h。

为了心算方便,式(2.3)可变为

$$WS_n = WS_m \times 4 - WS_m \times 0.4 \tag{2.4}$$

也就是说,将 m/s 为单位的风速数值乘以 4,再减去所得乘积的 1/10,便是以 km/h 为单位的数值。

气象风速与航行风速的换算也可利用计算尺来进行,由式(2.3)可得

$$\frac{WS_m(m/s)}{10} = \frac{WS_n(km/h)}{36} \tag{2.5}$$

将式(2.5)移到计算尺上,便得到换算尺型。

根据计算尺第一尺与第二尺刻数成正比例的规律,换算时,将第二尺上的 10 对正第一尺上的气象风速数值"m/s",从"⊖"指标所对的第一尺处,即为航

行风速的数值(km/h),如图 2.2 所示。

图 2.2　用计算尺进行风速计算(一)

另外,式(2.5)还可改写为

$$\frac{WS_m(m/s) \times 3.6}{60} = \frac{WS_n(km/h)}{60}$$

即

$$\frac{WS_m(m/s)}{16.667} = \frac{WS_n(km/h)}{60} \tag{2.6}$$

在第二尺 16.667 处刻上"米/秒"红色标记,60 处刻上"▲",即得到气象风速与航行风速(也就是速度单位 m/s 与 km/h)的换算尺形,如图 2.3 所示。

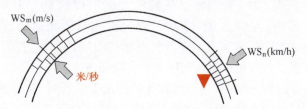

图 2.3　用计算尺进行风速计算(二)

飞行中应当注意的是,空中风向、风速随季节、时间、地区和高度的不同而改变,风场也经常在变化。

当风向、风速为常量时,称风场为常定风场。下面主要研究直升机在常定风场中航行的情形。

2.1.2　直升机在常定风场中的航行

2.1.2.1　无风情况下直升机对地面的运动

众所周知,如果在不流动的静水里划船,船头对向哪里,船就能划到哪里。假如空中没有风,那么,直升机对地面的运动同在静水里划船一样,机头对向哪里,也就能飞到哪里。如图 2.4 所示,直升机以 80°的航向,200km/h 的空速飞离 O 地上空,1h 后,到达 O 地的 80°方向上,距 O 地 200km 的 A 地上空。由此可见,直升机对空气运动的同时,它还相对于地面运动,图中的实线表示直升机在空气中运动路线,粗虚线 OA 是直升机对地面移动的轨迹,也就是直升机在地面的投影点移动的轨迹。

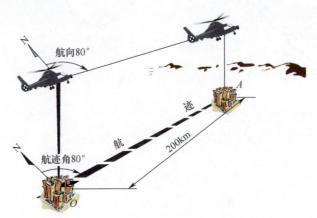

图 2.4 直升机在无风情况下的航行

直升机在地面的投影点移动的轨迹称为航迹线,简称航迹。航迹的方向用航迹角(track angle, TA)来表示。从经线北端沿顺时针方向量到航迹去向的角度称为航迹角,范围是 0°～360°。直升机相对地面运动的速率,称为地速(ground speed, GS)。地速表示直升机在单位时间内所经过的地面距离。航迹角和地速表明了直升机相对地面运动的方向和速度。

从图 2.4 可以得出结论:直升机在无风情况下航行时,航迹角等于航向,地速等于空速,直升机对地面的运动同直升机对空气的运动完全一致。

2.1.2.2 有风情况下直升机对地面的运动

事实上,空中总是有风的。有风情况下直升机相对地面的运动,是要着重研究的问题。

在日常生活中,看到气球、云朵会随风飘移,高速运动的子弹受到侧风的影响也会产生偏差。这些都说明,凡是处于空中的自由物体,不论它的大小、形状、重量如何,其本身有无速度,都将按风的速度向下风方向飘移。

直升机在空中航行时,也是处于空中的自由物体,同样受到风的影响要向下风方向飘移。也就是说,一方面直升机依靠自身的动力相对于空气运动,另一方面又被空气带着一起相对于地面飘移。直升机随风飘移的方向是风的去向,随风飘移的速度等于风速,随风飘移的距离等于风速与飞行时间的乘积。

顺风航行时,直升机随风飘移的方向与飞行方向一致,所以航迹角等于航向,地速等于空速加上风速,即

$$TA_M = MH$$
$$GS = AS + WS$$

逆风航行时,直升机随风飘移的方向正好与飞行方向相反,航迹角仍等于航向,而地速则等于空速减去风速,即

$$TA_M = MA$$
$$GS = AS - WS$$

侧风航行时,尽管直升机的航向和空速保持不变,但由于风的影响,直升机对地面运动的方向和速度却改变了。如图 2.5 所示,直升机仍以 80° 的航向,200km/h 的空速飞离 O 地上空,如果空中航行风向是 150°,风速是 40km/h,那么,直升机在相对空气运动的同时,将会被空气带着向 150° 方向飘移,1h 后将到达 A 地的下风方向,即 A 地的 150° 方向,距 A 地 40km 的 B 地上空。

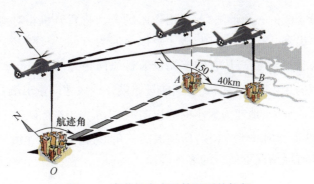

图 2.5　直升机在有风情况下的航行

这里有两点必须着重指明:一是在飞行过程中,直升机自始至终随风飘移,直升机并不是先由 O 地上空飞到 A 地上空,再飘移到 B 地上空,而是沿 OB 线运动的,OB 就是直升机的航迹;二是直升机沿 OB 线运动时,仍保持原来 80° 航向,机头所对的方向并没有改变,空速也没有改变,也就是说,风并不会影响直升机的航向和空速。

综上所述,有风情况下航行,直升机相对地面的运动与直升机相对空气的运动是不一致的,航迹角常不等于航向,地速常不等于空速。也就是说,直升机相对地面的运动是由直升机相对空气的运动和空气相对地面的运动叠加而成的。

2.2　航行速度三角形

为了揭示直升机在有风情况下航行的客观规律,进一步弄清航迹、地速同航

向、空速的关系，还需用向量的概念做深入分析。

2.2.1 航行速度三角形的组成

2.2.1.1 航行速度三角形的构成原理

直升机相对空气的运动，可以用航向为方向、空速为大小的向量来表示，这一向量称为空速向量($\overrightarrow{AS}$)。空气相对地面的运动，可以用风向为方向、风速为大小的向量来表示，这一向量称为风速向量($\overrightarrow{WS}$)。直升机相对地面的运动，可以用航迹角为方向、地速为大小的向量来表示，这一向量称为地速向量($\overrightarrow{GS}$)。

由于直升机相对地面的运动，是直升机相对空气和空气相对地面这两种运动同时进行的结果。因此，地速向量就是空速向量和风速向量的合成向量。

根据向量合成的三角形法则，可用作图的方法将直升机相对地面的运动情形直观地表示出来。在图2.6中，从 A 点以航向为方向、空速为大小，按某一比例作出空速向量($\overrightarrow{AS}$)；再从它的末端以航行风向为方向、风速为大小，按同一比例作出风速向量($\overrightarrow{WS}$)；那么，空速向量始端 A 同风速向量末端 C 的连线 AC，就是以航迹角为方向、地速为大小的地速向量($\overrightarrow{GS}$)。这个由空速向量($\overrightarrow{AS}$)、风速向量($\overrightarrow{WS}$)、地速向量($\overrightarrow{GS}$)所构成的三角形，称为航行速度三角形。它反映了直升机在有风情况下航行的客观规律。

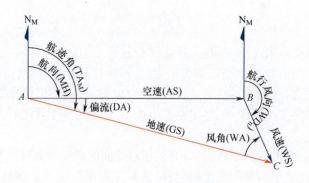

图2.6　航行速度三角形

根据航行速度三角形的构成原理，可以画出各种风向情况下的航行速度三角形。图2.7是8种典型的不同侧风情况下的航行速度三角形。

2.2.1.2 航行速度三角形的构成要素

从图2.6中可以看出，在航行速度三角形中，地速向量同空速向量的夹角，

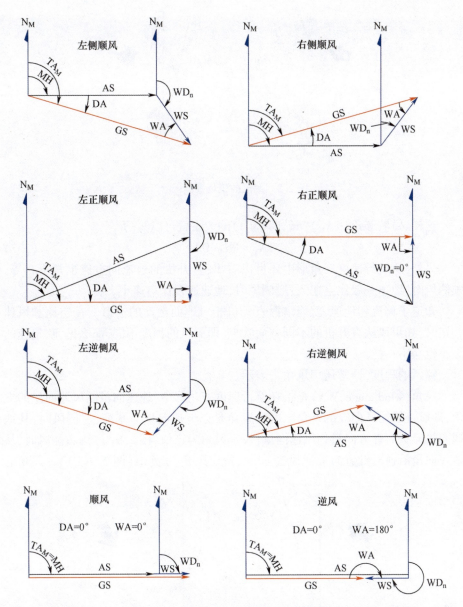

图 2.7　不同侧风情况下的航行速度三角形

即航迹线同航向线的夹角,称为偏流角简称偏流(drift angle,DA)。偏流是由侧风影响产生的。左侧风时,航迹线偏在航向线的右边,规定偏流为正值(图 2.8(a));右侧风时,航迹线偏在航向线的左边,规定偏流为负值(图 2.8(b))。

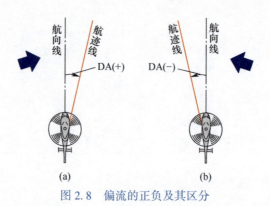

图 2.8　偏流的正负及其区分

这样,磁航迹角(TA_M)与航向(MH)的关系就可以写为

$$TA_M = MH + DA \tag{2.7}$$

另外,从航行速度三角形中还可以看出,直升机的地速同空速也常不相等。顺侧风时,地速一般比空速大;逆侧风时,地速通常比空速小。

知道了偏流和地速,就能掌握直升机相对地面运动的情形。在空速和风速一定时,如果风从直升机的不同方向吹来,即侧风的程度不同,那么偏流、地速的大小也会不一样。

侧风的程度,通常还用风角来表示。

风角(wind angle, WA)是指在航行速度三角形中,地速向量同风速向量的夹角,即航迹线同风向线的夹角。度量风角是以地速向量为基准,左侧风时,从地速向量沿顺时针方向量到风速向量,规定风角为正值(图2.9(a));右侧风时,从地速向量沿逆时针方向量到风速向量,规定风角为负值(图2.9(b))。风角的

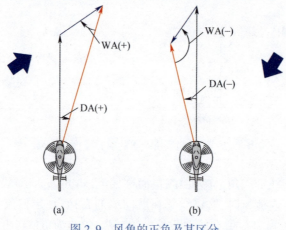

图 2.9　风角的正负及其区分

范围是 0°～±180°。

从图 2.10 中可以看出，风角同风向、航迹角的关系为

$$WA = WD_n - TA_M \qquad (2.8)$$

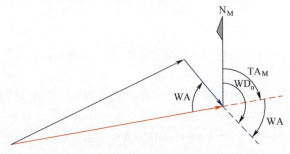

图 2.10 风角同风向和航迹角的关系

顺风时，WA＝0°；逆风时，WA＝±180°；顺侧风时，0°＜|WA|＜90°；逆侧风时，90°＜|WA|＜180°；正侧风时，WA＝±90°。

综上所述，航行速度三角形由 8 个要素构成：磁航向（MH）、空速（AS）、风向（WD）、风速（WS）、磁航迹角（TA_M）、地速（GS）、偏流（DA）、风角（WA）。

2.2.2 偏流、地速与空速、风速和风角的关系

从航行速度三角形的构成可知，偏流、地速的大小是由空速、风速、航向、风向 4 个因素决定的。为了分析偏流、地速与这 4 个因素的关系，可以认为风角的大小变化（即侧风程度的变化）主要是由风向或航向的改变引起的。这样，偏流、地速与空速、风速、航向、风向的关系就可以用偏流、地速与空速、风速、风角的关系来表示，如图 2.11 所示。

在图 2.11 所示的航行速度三角形中，应用正弦定理，可得

$$\frac{\sin DA}{WS} = \frac{\sin WA}{AS} \qquad (2.9)$$

将式（2.9）变为

$$\sin DA = \frac{WS}{AS} \sin WA \qquad (2.10)$$

因为 DA 一般比较小，而小角度的正弦函数值近似等于弧度值，可以认为 $\sin DA \approx DA$，则

$$DA = \frac{WS}{AS} \sin WA \qquad (2.11)$$

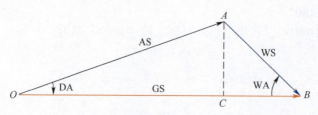

图 2.11 偏流、地速与空速、风速、风角的关系

在图 2.11 中,自空速向量末端作 AC 垂直于 OB,再把空速向量和风速向量投影到地速向量上,可得

$$GS = AS \cdot \cos DA + WS \cdot \cos WA$$

由于偏流通常在 15° 以内,$\cos DA \approx 1$,因此在应用中可以认为

$$GS = AS + WS \cdot \cos WA \tag{2.12}$$

式(2.11)、式(2.12)表明了偏流、地速与空速、风速和风角之间的关系,这两个关系式也是求偏流、地速的数学公式。用式(2.11)计算时,注意弧度与度之间的单位变换。当偏流较小时,根据数学求解法也可用心算的方法概略计算偏流、地速。

2.2.2.1 已知空速向量、风速向量求偏流、地速

例如,已知磁航向 290°,真空速 160km/h,磁航行风向 230°,风速 20km/h,求偏流和地速。

1) 数学解法

(1) 计算风角。

风角等于航行风向同航迹角之差,在不知道航迹角的情况下,可以用航向代替航迹角求出近似风角,即

$$WA = WD_n - MH = 230° - 290° = -60°$$

(2) 计算偏流。

在式(2.11)中,DA 的单位为 rad,使用时还应把 rad 换算成°,由于 1rad = 57.3°,为计算方便,可近似用 60° 代替,则

$$DA = 60° \times \frac{WS}{AS} \sin WA = 60° \times \frac{20}{160} \times \sin(-60°) \approx -6°$$

(3) 计算地速。

地速可用下式计算,即

$$GS = AS + WS \cdot \cos WA = 160 + 20 \times \cos(-60°) = 170 \text{km/h}$$

2) 图解法

根据航行速度三角形的组成原理,可以用图解的方法求得偏流和地速,如图2.12所示。

(1) 取单位长度。

(2) 从任意点 A 画出磁经线,按磁航向画出航向线,再根据空速的大小按照比例在航向线上截取一段长度 AB,即得空速向量;再从空速向量的末端画出磁经线,根据风向、风速,按上述方法,用同一比例作出风速向量;把空速向量始端 A 同风速向量末端 C 连接起来,即得地速向量;△ABC 就是上述条件下的航行速度三角形。

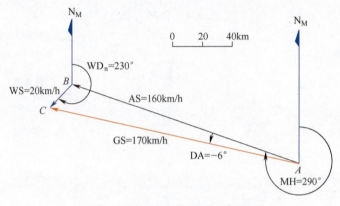

图 2.12　图解航行速度三角形

(3) 从航行速度三角形中,量得 DA = -6°,GS = 170km/h。

注意:图解航行速度三角形时,应注意统一基准经线、统一比例尺和统一速度单位。

3) 计风仪解法

为了能够迅速图解航行速度三角形,制作了专门的领航工具——计风仪。

计风仪由滑板和方位盘组成(图 2.13)。滑板可以在方位盘中上下移动,上面刻着速度圆弧和偏流线,并注有速度和偏流的数值。正中央的一条偏流线是计风仪的中心线。方位盘分内、外两圈,内圈可以移动,上面刻有 0°~360° 的方位刻度,它的圆心是计风仪的中心;外圈上有一个三角形指标,位于外圈的 0° 刻度上。

(1) 定空速、标风点(画风速向量)。

移动滑板,使计风仪中心压住所需的那条空速圆弧($AS = 160km/h$);再转内圈,使它等于风向($WD_n = 230°$)的刻度对正外面的三角形指标。从计风仪的中心向上沿中央标线，按速度的刻度画出与风速（$WS_n = 20$ km/h）相应长度的风速向量。也可以只标出风速向量的末端（称为风点），以代替画直线。

（2）定空速向量。

转动内圈，使外圈黑色三角形"▼"指标对正磁航向（$MH = 290°$）的刻度。

（3）读偏流和地速。

在风点所对正的偏流线上读出偏流（$DA = -6°$），在它所对的速度圆弧上读出地速（$GS = 170$ km/h）。

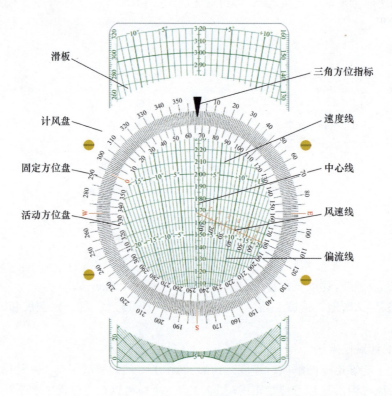

图2.13　计风仪

经过上述解算，在计风仪上就构成了一个航行速度三角形，这个三角形的3个顶点是速度零点（各偏流线延长后的交点）、中心点、风点。从速度零点到中心点的线段表示空速向量；速度零点到风点的线段表示地速向量；中心点到风点的线段表示风速向量。计风仪内圈方位盘上0°与180°的连线代表磁经线。

2.2.2.2 已知偏流、地速求风

飞行中,如果知道了同一航向上的偏流和地速,或者不同航向上的两个偏流或两个地速,就可以按照航行速度三角形的原理,用计风仪求出风向和风速。

1) 用同一航向上的偏流、地速求风

(1) 原理。

在航行速度三角形中,风速向量是空速向量末端到地速向量末端——风点的连线。因此,知道了空速向量和地速向量就不难求出风速向量。

飞行中,空速向量随时可以知道,若测出同一航向上的偏流、地速,就可以根据偏流画出航迹线,根据地速确定地速向量的末端,即风点的位置。把空速向量末端同风点连接起来,就是所求的风速向量,如图 2.14 所示。

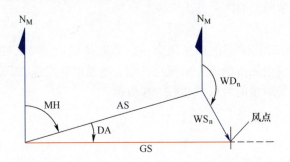

图 2.14 用同一航向上的偏流、地速求风

(2) 方法(计风仪解法)。

例如,直升机的磁航向是 290°,真空速是 160km/h,测出的偏流是 -6°,地速是 170km/h,用计风仪求风时,如图 2.15 所示,具体步骤如下。

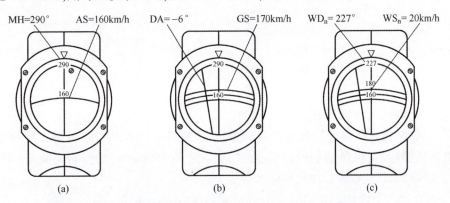

图 2.15 用同一航向上的偏流、地速求风(计风仪解法)

① 在方位盘中心定好真空速(160km/h),把磁航向(290°)对正三角形指标"▼"(图2.15(a))。

② 根据偏流(-6°)、地速(170km/h),在相应的偏流线上标出风点(图2.15(b))。

③ 转动内圈方位盘,使风点压住中心线,从三角指标所对内圈刻度上读出风向是227°,利用中心线的速度刻度可以读出风速是20km/h(图2.15(c))。

如果测偏流和地速时的航向和空速保持的不一致,就应以测偏流时的航向和真空速画出航迹线,再把方位盘定在测地速时的航向和真空速上,然后按地速的大小画出地速弧线。由于风点既落在航迹线上,又落在地速弧线上,所以它们的交点就是所求的风点。

2) 按不同航向上的两个偏流求风

(1) 原理。

由航行速度三角形可知,由于风点一定在航迹线上,所以,在风不变的条件下,根据不同航向上测得的两个偏流及其相应的航向和空速,即可画出两条航迹线,其交点必定是所求的风点,如图2.16所示。

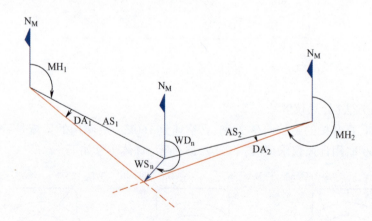

图2.16　用不同航向上的两偏流求风的原理

(2) 方法(计风仪解法)。

例如,直升机保持的真空速是160km/h,磁航向是40°时,测得偏流是+6°;直升机转弯后,保持的磁航向是320°,真空速是160km/h,测得的偏流是-4°。用计风仪求风时(图2.17),具体步骤如下。

① 将方位盘中心定好第一个真空速(160km/h),根据第一个磁航向(40°)上的偏流(+6°)画出第一条航迹线(图2.17(a))。

第 2 章　直升机的航行规律

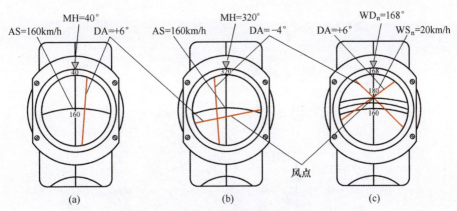

图 2.17　用不同航向上的两偏流求风(计风仪解法)

② 将方位盘中心定好第二个真空速(160km/h),根据第二个磁航向(320°)上的偏流(-4°)画出第二条航迹线(图 2.17(b))。

③ 两条航迹线的交点即为风点,从风点可读出风向为 168°,风速为 20km/h(图 2.17(c))。

如果两航向上的真空速相同,在计风仪上只需定一次空速。如果两个航向上的真空速不同,就要定测偏流时各自的真空速;否则求出的风速向量就有误差。

3) 按不同航向上的两地速求风

(1) 原理。

由航行速度三角形可知,由于风点一定落在航迹线上。所以,在风不变的条件下,根据不同航向上测得的两个地速及其相应的航向和空速,即可画出两条地速弧线,其靠近空速末端的交点必定是风点,如图 2.18 所示。

(2) 方法(计风仪解法)。

例如,直升机保持真空速 160km/h,当磁航向为 43°时,地速为 170km/h,当磁航向为 139°时,地速仍为 170km/h,求风向、风速。具体步骤如下。

① 活动方位盘中心对空速 160km/h,三角指标对第一个磁航向 43°,沿地速线 170km/h 画一弧线(图 2.19(a))。

② 再将三角指标对第二个磁航向 139°,沿地速线 170km/h 画另一弧线,两弧线相交点为风点(图 2.19(b))。

③ 转动方位盘,使风点压住中心线,此时,从三角指标处读出风向是 91°,从中心点沿中心线读出风速是 15km/h(图 2.19(c))。

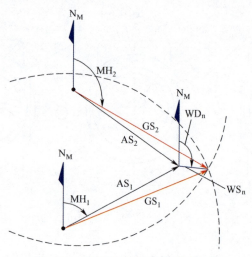

图 2.18 用不同航向上的两地速求风

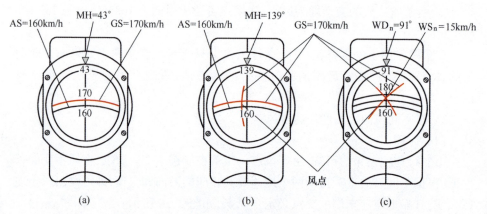

图 2.19 用不同航向上的两地速求风(计风仪解法)

2.2.3 空中计算地速和偏流

前面讨论过利用偏流、地速求风的问题,但是在空中,偏流和地速一般是由飞行人员测算得到的。下面介绍几种在直升机上常用的计算地速、偏流的方法。

2.2.3.1 计算地速

1) 利用两地标计算地速

飞行中,分别辨认出两个地标,通过第一个地标时打开秒表,通过第二个地标时停表,这一时间就是此段的飞行时间,量出两个地标间的距离,用计算尺得出的速度便是地速。

2）利用检查段计算地速

把起点到检查点（或转弯点到检查点）称为检查段，飞行中，通过起点时开表，到检查点时关表，得到飞行时间，在地图上查出两地的距离，用计算尺便可求出地速。这是飞行中比较常用的求地速方法。

3）利用无线电方位线计算地速

飞行中，记下两次通过无线电方位线的时间，量取它们之间的距离，便可以用计算尺求出地速。

4）利用爬高方法计算地速

直升机在通过起点时，有时高度低于航线高度，需要继续爬高，而爬高速度一般小于平飞速度，为了修正这样的误差，往往在计算中仍假设爬高速度等于平飞速度。因此，计算时必须把检查段的距离增长一段 Δs，这样才能求得准确的地速，那么，就应在已飞距离上加上一段"补偿距离"来修正误差。"补偿距离"可以按以下公式进行计算，即

$$\Delta D = (\mathrm{AS}_{平} - \mathrm{AS}_{升})t_{升} \tag{2.13}$$

$$\mathrm{GS}_{实} = \frac{D + \Delta D}{t} \tag{2.14}$$

由于上升过程中各高度的风不同，以及计算平均上升真空速不很准确，因而，这样求出的地速不如平飞时求出的地速准确。一般只在上升高度不很高的情况下才采用。最好在改平飞后重新确定两个位置点，再次求地速，这样才能比较准确。

2.2.3.2 计算（测）偏流

由于直升机上的领航设备比较简单，除以导航台为起点做背台飞行，用无线电罗盘可以直接测出偏流外，偏流的来源主要是由飞行人员在空中计算而来。

1）利用航迹角计算偏流

飞行中，先后确定两个实测位置，它们的连线就是航迹线，量（算）出航迹角，利用记录的平均航向，根据公式航迹角减航向，就可以算出偏流。

2）利用偏航角计算偏流

飞行中，准确通过起点，保持航向等于航线角飞行，经过一段时间后，辨认出地标，确定第二个位置，画出航迹线，量出航迹角，用航迹角减去航线角，得出偏航角，此种情况下，偏航角就等于偏流。

直升机速度小，受风影响大。为了使实测风尽量与实际相符，求得准确的空中风的资料才能准确航行。所以，飞行人员测算地速、偏流时应力求准确。

2.3 影响偏流、地速变化的因素

飞行中,当航向和空速、风向和风速一定时,偏流和地速也是一定的。但是,实际飞行中,不仅风向、风速会发生变化,直升机的航向和空速也常会有一些变化,而它们其中任何因素发生变化,都要影响偏流、地速的变化。因此,研究航向、空速、风向和风速变化时,偏流、地速变化的情形十分必要。为了说明问题方便,在研究其中某一因素变化时,都假设其他 3 个因素不变。

2.3.1 空速变化对偏流、地速的影响

有风情况下,假定风向、风速和航向不变,从图 2.20 可以看出,当真空速增大时,地速增大,偏流角度减小;真空速减小时,地速减小,偏流角度增大;当真空速变化时,地速变化量与侧风程度无关,其大小近似等于真空速的变化量;而偏流的变化量则同侧风程度有关,在空速改变量相同的条件下,正侧风,即 WA = ±90°时,ΔDA 最大;顺(逆)风,即 WA = 0°(或±180°)时,ΔDA = 0,但真空速变化引起的偏流变化量一般较小。

飞行中,飞行员应注意保持好真空速。如果真空速变化,地速将产生相应的变化,使到达预定点的时刻提前或延迟,飞行员应及时检查和测定地速,对预达时刻进行修正。

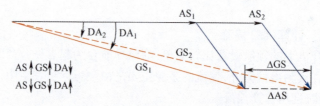

图 2.20 空速变化对偏流、地速的影响

2.3.2 风速变化对偏流、地速的影响

飞行中,如果改变飞行高度、飞越不同地区或飞行时间较长时,风向、风速可能发生变化。直升机在空中保持一定的航向、真空速飞行,如果风向不变而风速发生变化时,偏流、地速也会发生变化。

从图 2.21 可以看出,当风速增大,风为顺侧风时,偏流、地速都增大;风为逆侧风时,偏流增大,地速减小。风速变化相同的情况下,风为接近顺(逆)风时,

偏流变化较小,地速变化较大,风速变化对地速影响较大,对偏流几乎没有影响;风为接近正侧风时,偏流变化较大,地速变化较小,风速变化对偏流影响较大,而对地速几乎不会产生影响。

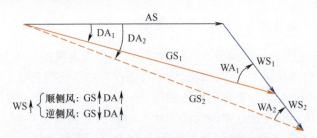

图 2.21　风速变化对偏流、地速的影响

飞行中,当直升机需要改变飞行高度、飞过不同地区或穿越锋线时,飞行员应注意风速的改变。当接近顺(逆)风飞行时,应注意检查和修正地速;当接近正侧风飞行时,应注意检查和修正航迹,防止直升机偏离预定航线而不能准确到达目的地。

2.3.3　风向变化对偏流、地速的影响

直升机在空中保持一定的航向、真空速飞行,如果风速不变而风向发生变化时,将引起风角的改变,偏流、地速将发生变化。当风角为正,即左侧风时,地速随风向增大而减小,偏流的变化看风角的大小而有规律地变化;当风角为负,即右侧风时,地速随风向的增大而增大,偏流的变化同样看风角的大小而有规律地变化。从图 2.22 可以看出,接近顺(逆)风时,风向的变化主要引起偏流的变化,地速变化很小;接近正侧风,风向的变化主要引起地速的变化,偏流的变化很小。

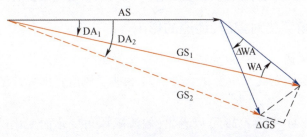

图 2.22　风向变化对偏流、地速的影响

飞行中,当直升机改变飞行高度、飞越不同地区或穿越锋线时,飞行员应注

意风向变化对偏流、地速的影响;当接近顺(逆)风飞行时,应重点检查和修正航迹,防止偏离预定航线;当接近正侧风飞行时,应重点检查地速,修正预达时刻,使直升机准时到达目的地。

2.3.4 航向变化对偏流、地速的影响

飞行中由于飞行员操纵不当或仪表误差,将使直升机的航向发生变化。如果真空速、风向和风速不改变,偏流、地速将随航向的变化而变化。从图 2.23 可以看出,航向变化与风向变化引起的偏流、地速的变化情形是相同的,所以航向变化时偏流、地速的变化规律同风向变化所引起的变化规律一致。但需要注意的是,航向变化时,不仅引起偏流的变化,还将直接引起航迹的改变。所以,航迹角变化量就等于航向变化量与偏流变化量之和。

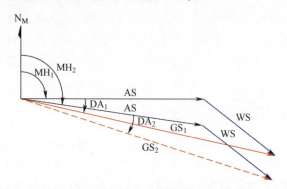

图 2.23 航向变化对偏流、地速的影响

在飞行中,如果航向变化量较小(不超过 20°),那么偏流变化量将很小,可认为偏流不变,即航迹角变化量就等于航向变化量,航向改变多少航迹角就改变多少;反过来,如果飞行中需要改变航迹,则飞行员可通过改变航向来实现。

2.3.5 风角变化对偏流、地速的影响

当空速、风速一定时,航向或风向有一个发生变化都会引起风角的变化,从而使偏流、地速也随之发生变化。图 2.24 表明了风角变化所引起偏流、地速变化的情形。

结合图 2.24 和图 2.25 可以看出,偏流随风角变化而变化的情形有以下几种。

(1) 当风角为正时,表示左侧风,偏流为正;当风角为负时,表示右侧风,偏流为负。

第 2 章　直升机的航行规律

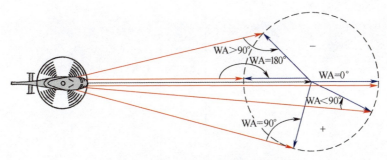

图 2.24　偏流、地速随风角变化的情形

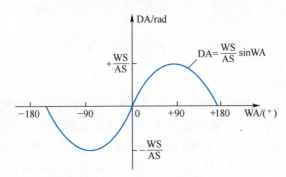

图 2.25　风角与偏流的关系曲线

（2）当风角为 0°时，表示顺风，偏流等于 0°；当风角为 180°时，表示逆风，偏流等于 0°；当风角为 ±90°时，表示正侧风，偏流的绝对值最大。

（3）当风角由 0°向 +90°方向变化时，偏流为正值，并随风角的变化而增大；当风角由 +90°向 +180°方向变化时，偏流为正值，随风角的增大反而减小。

（4）当风角由 0°向 -90°方向变化时，偏流为负值，随着风角绝对值的增大，偏流的绝对值也在增大；当风角由 -90°向 -180°方向变化时，偏流仍为负值，但在此区间内，偏流绝对值随风角绝对值的增大反而减小。

从图 2.25 和图 2.26 可以看出，地速随风角的变化而变化的情形有以下几种。

（1）当风角为 0°时，GS = AS + WS；当风角为 ±90°时，GS ≈ AS；当风角为 ±180°时，GS = AS - WS。

（2）当风角由 0°向 ±90°方向变化时，随着风角绝对值的增大，地速逐渐减小，但大于空速。

（3）当风角由 ±90°向 ±180°方向变化时，随着风角绝对值的增大，地速仍然

75

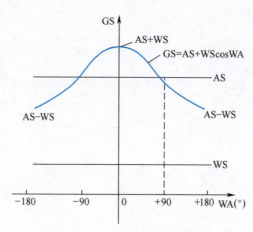

图 2.26　风角与地速的关系曲线

逐渐减小,这时地速小于空速。

  以上定量分析了航向、空速、风向、风速、风角变化时对偏流、地速的影响。在飞行中,只要任意一个因素发生变化,都要考虑到偏流、地速的变化,并要想到直升机有可能偏在航线的某一侧,到达预定地点的时刻可能会提前或延迟。为了使直升机准确地到达目的地,在飞行过程中,就应求(测)准风的资料,并保持好航向和空速。

第 3 章 基本领航方法

不同条件下的直升机航行,要解决领航的 3 个基本问题,达到预定的领航目的,飞行人员必须掌握相应的领航方法。随着现代航空科学的发展,领航方法已从基本的地标领航、推测领航、无线电领航发展到雷达领航、多普勒领航、惯性领航、自动导航系统领航、全球定位系统(GPS)领航等。但不管领航手段怎样先进,都要遵循基本的领航原理和方法。本章着重介绍推测领航、地标领航和无线电领航等几种常用领航方法。

3.1 推测领航

根据航行仪表测得的参数,运用直升机航行的客观规律,推算直升机位置、应飞航向和预达时刻,从而引领直升机航行的方法,称为推测领航。

空中航行时,在大部分时间内,由于天气、昼夜、地区等条件的限制,很难直接依靠地标判定航行方向和直升机位置等。因此,要引领直升机沿航线飞往预定地点,就必须利用直升机对地面运动的客观规律,使用推算的方法来解决领航的 3 个基本问题。

飞行过程中,飞行人员在掌握飞行高度上风向和风速的前提下,再结合其他条件,通过人工推算便可预测出直升机未来的概略方向和位置。这就在很大程度上提高了空中领航工作的主动性和预见性。因此,这种推算方法是最基本、最重要的领航方法之一,也是使用其他各种领航设备和方法的基础。但是,由于它需要准确地推算起点、风向和风速,而且推算本身存在着随飞过距离增长而增大的积累误差,所以在航行中,只有将它与其他方法结合使用,才能更有效地解决领航的基本问题,从而达到准确实施领航的目的。

3.1.1 推算应飞航向

使直升机的航迹与航线一致所应采取的航向,称为应飞航向。本书中的应飞航向通常是指应飞磁航向($MH_应$)要使直升机沿航线准确地飞往预定地点,必须知道应飞航向。因此,推算应飞航向是每次航行时必不可少的领航工作。

3.1.1.1 推算应飞航向的原理

从风对直升机航行影响的客观规律可知,直升机在侧风情况下航行时,航迹角和航向不相等,航迹线和航向线不一致。因此,如果直升机准确通过起点,将直升机的航向线对正预定地点,即保持航向等于航线角飞行,直升机必定将向航线的下风方向偏离,不能到达预定地点。

要想使直升机航迹与航线一致,就必须根据风对直升机航行影响的规律,以航线为基准,将直升机的航向线向迎风方向修正一个角度,使修正的角度正好等于修正后航向(应飞航向)上的偏流,这时机头虽然没有对正预定地点,但是在侧风影响下,直升机却能沿着航线向预定地点飞去,如图3.1所示。

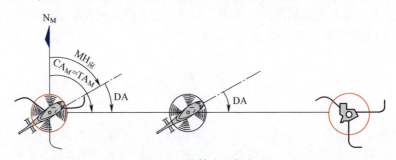

图 3.1 推算应飞航向

根据上述原理,便可推导出计算应飞航向的公式,即

$$TA_M = MH_应 + DA$$
$$MH_应 = TA_M - DA \tag{3.1}$$

要使直升机的航迹与航线一致,应使航迹角等于航线角,因为计算时的航线角经常是磁航线角,所以算出的是应飞磁航向,即

$$MH_应 = CA_M - DA \tag{3.2}$$

式(3.2)中的航线角可从地图作业中查出,偏流可在空中实际测量,也可以根据已知的空中风用计算尺得出。

需要强调的是,式(3.2)中求应飞航向所用的偏流必须是应飞航向上的偏流。因为航向不同,偏流也不同,所以,只有用应飞航向上的偏流计算应飞航向,飞行中保持这一航向飞行时,航迹角(等于应飞航向与该航向上的偏流之和)才能与航线角相等,航迹才能与航线一致。

若偏流为正,说明为左侧风,应向左修正,则应飞航向小于航线角;若偏流为负,说明为右侧风,应向右修正,则应飞航向大于航线角。

3.1.1.2 推算应飞航向的方法

推算应飞航向的方法通常有以下 4 种。

1) 图解法

根据航行速度三角形的构成原理,可用图解的方法计算偏流、地速和应飞航向。

例如,假设某航线的 $CA_M = 81°$,已知 $AS = 200 \text{km/h}$,$WD_n = 116°$,$WS_n = 36 \text{km/h}$。求 DA、GS 和 $MH_\text{应}$。

解:如图 3.2 所示,具体步骤如下。

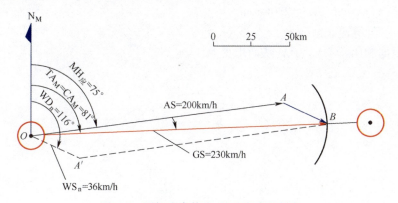

图 3.2　图解法求偏流、地速和应飞航向

(1) 取单位长度。

(2) 从任意点 O 画出磁经线,按 $CA_M = 81°$ 画出航线。

(3) 自 O 点按 $WD_n = 116°$,$WS_n = 36 \text{km/h}$,根据比例作出风速向量 $\overrightarrow{OA'}$。

(4) 以风速向量的末端为圆心,以 $AS = 200 \text{km/h}$ 按同一比例所得长度为半径作圆弧,同航线交于 B 点。

(5) 作 OA 平行且等于 $\overrightarrow{A'B}$,即为空速向量,连接 A、B 两点即为风速向量,$\overrightarrow{OB}$ 是沿航线飞行时的地速向量。△OAB 就是上述条件下的航行速度三角形。

(6) 量得 $DA = +6°$,$GS = 230 \text{km/h}$,$MH_\text{应} = 75°$。

2) 数学解法

在航行速度三角形中,根据正弦定理,可得

$$\frac{\sin DA}{WS} = \frac{\sin WA}{AS} = \frac{\sin(WA+DA)}{GS} \qquad (3.3)$$

(1) 计算风角。

风角等于航行风向同航迹角之差,推算应飞航向的目的,是使航迹角同航线角一致。因此,计算风角时,可以用航线角代替航迹角,即

$$WA = WD_n - CA_M$$

根据上例,求得 $WA = 35°$。

(2) 用计算尺计算偏流、地速。

在计算尺上刻有正弦尺。根据式(3.3)即可进行尺算。如图 3.3 所示,将风角对正空速,从风速向下看,就是偏流角。偏流角的正负和风角的正负相同。求出偏流后,再从风角与偏流之和的刻度向上看,读出的就是地速。根据上例条件可求得 $DA = +6°$,$GS = 230 \text{km/h}$。

(3) 计算应飞航向。

根据 $MH_应 = CA_M - DA$,从而求得 $MH_应 = 75°$。

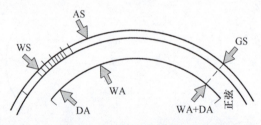

图 3.3 用计算尺求偏流、地速

3) 心算法

心算应飞航向的关键是首先心算出偏流。心算偏流通常按下述两步进行。

(1) 心算出最大偏流(DA_{max})。

从偏流公式 $DA \approx 57.3° \dfrac{WS}{AS} \sin WA$ 可知,当 $WA = \pm 90°$ 时,偏流的绝对值最大,则

$$DA_{max} \approx \frac{57.3°}{AS} WS_n = \frac{57.3° \times 3.6}{AS} WS_m \qquad (3.4)$$

以不同的 AS 代入式(3.4),便可得到 AS 不同时的 DA_{max} 与 WS_m 值的关系,如表 3.1 所列。

表 3.1 AS 不同时的 DA_{max} 与 WS_m 值的关系

AS/(km/h)	100	120	140	160	180
DA_{max}	$2WS_m$	$1.7WS_m$	$1.5WS_m$	$1.3WS_m$	$1.1WS_m$

飞行人员应结合所飞机型常用的空速,列出 DA_{max} 与 WS_m 值的关系表,并且熟记,以备心算 DA 时采用。

(2) 按风角心算出偏流。

由于 $DA = DA_{max} \cdot \sin WA$,因此算出 DA_{max} 以后,再心算出 WA 的正弦值,便可求出 DA 值。

心算出偏流后,就可以根据偏流心算出应飞航向。

4) 计风仪求法

例如,设某航线的 $CA_M = 81°$,已知 $AS = 160km/h$,$WD_n = 116°$,$WS_n = 25km/h$。求 DA、GS 和 $MH_{应}$。

计算步骤如图 3.4 所示。

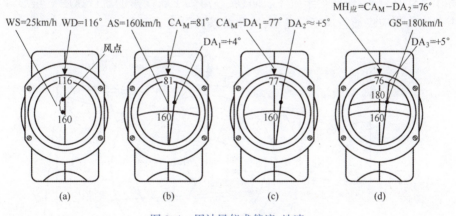

图 3.4 用计风仪求偏流、地速

(1) 定空速。将真空速 160km/h 的圆弧对正方位盘的中心点(图 3.4(a))。

(2) 标风点。转动方位盘,将风向 116°对正"▼"指标,根据风速 25km/h 在中心线上标出风点(图 3.4(a))。

(3) 求偏流、地速,推算应飞航向。首先,用"▼"指标对正 $CA_M = 81°$,从风点处读得一个近似于应飞航向上的偏流($DA_1 \approx 4°$),如图 3.4(b)所示;其次,用磁航线角和第一个偏流的差值 $CA_M - DA_1 = 77°$对正"▼"指标,读出近似于应飞航向上的偏流($DA_2 \approx 5°$),如图3.4(c)所示;最后,用磁航线角和第二个偏流的差值$CA_M - DA_2 = 76°$对正"▼"指标,读出偏流($DA_3 \approx +5°$),如图3-4(a)所示。此时,偏流已基本不变,该偏流便可视为应飞航向上的偏流,从"▼"指标所对处便可读出应飞航向$MH_应 = 76°$,从风点处即可以读出$GS = 180km/h$,如图3-4(d)所示。

为什么要这样计算呢？从应飞航向的定义可知,计算应飞航向的关键是找到应飞航向上的偏流。根据计风仪的构造原理,必须在"▼"处对正应飞航向的数值,才能求得这样的偏流。然而,在应飞航向未知的情况下,这是做不到的。但是,由于应飞航向在数值上与航线角很相近(只差一个偏流,一般情况下偏流都很小),所以,可先在"▼"处对正航线角,求得一个近似的应飞航向上偏流(如例中的$DA_1 = +4°$),并以此偏流求得一个近似的应飞航向;然后再在"▼"处对正此近似的应飞航向,求得更近似的应飞航向上的偏流(如例中的$DA_2 = +5°$),经过1~2次"定、读、算",便可求得准确的应飞航向上的偏流及应飞航向。与此同时,还可以求得预计的地速。经过这样的解算,在计风仪上构成的是一个空速等于预计真空速、航向等于应飞航向、航迹角等于航线角的航行速度三角形,该三角形称为应飞航行速度三角形,线角关系如图3.5所示。

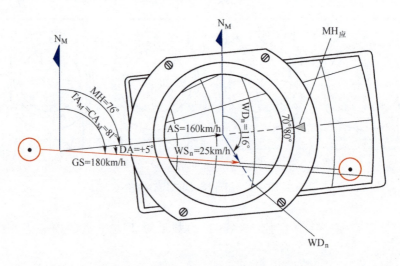

图3.5 计风仪上的应飞航行速度三角形

值得指出的是,根据航行速度三角形的原理,在风一定的情况下,偏流、地速不仅与航向有关,而且与空速有关。所以,在计算应飞航向时,必须对正预计的真空速。

3.1.2 推算预达时刻

预计到达某一预定点的时刻,称为预达时刻($T_{预}$)。飞行中,为了掌握直升机位置,寻找地面目标(地标)和合理安排各项领航工作,必须预先知道直升机将在什么时刻飞到预定点。因此,推算预达时刻和推算应飞航向一样,也是每次航行中不可缺少的工作。

如果知道直升机脱离某一地点的时刻 $T_{离}$ 和从这一点飞往预定地点的距离及预计速度,就可以算出预计的飞行时间 $t_{预}$,从而计算出到达预定地点的预达时刻(图3.6),即

$$T_{预} = T_{离} + t_{预} \tag{3.5}$$

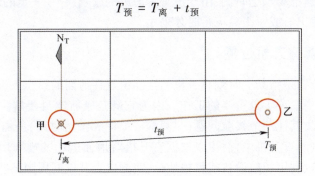

图 3.6 预达时刻

由于推算时所用的速度不同,推算的方法有以下两种。

3.1.2.1 按地速推算预达时刻

在有风情况下航行,地速同空速常不相等,只有按地速计算预计飞行时间,才能够推算出准确的预达时刻。

按地速计算某一距离所需的飞行时间,称为应飞时间($t_{应}$),即

$$t_{应} = \frac{D}{GS} \tag{3.6}$$

例如,直升机于 10:10′ 通过甲地上空飞往乙地,两地间距离是 40km,地速为 180km/h,推算到达乙地的预达时刻。

解:根据式(3.6),用计算尺求得应飞时间为

$$t_{应} = \frac{40\text{km}}{180\text{km/h}} = 13′20″$$

根据式(3.5),求出预达时刻为

$$T_{预} = 10:10′ + 13′20″ = 10:23′20″$$

3.1.2.2 按真空速推算预达时刻

在紧急出航或临时改变航线不知道地速时,可按真空速计算飞行时间来推算预达时刻。

仍按上例,直升机从甲地飞往乙地,保持真空速 200km/h,则无风飞行时间为

$$t_{应} = \frac{40\text{km}}{200\text{km/h}} = 12'$$

到达乙地的预达时刻为

$$T_{预} = 10:10' + 12' = 10:22'$$

显然,按真空速推算预达时刻,由于没有考虑风的影响,存在一定的误差。所以,一般只在紧急出航或短距离飞行时才采用。

3.1.3 推算直升机位置

直升机位置是指某一时刻直升机的空间位置在地面的投影。确定直升机位置,也是领航中一项十分重要的工作。因为它既是领航本身要解决的一个基本问题,又是解决其他两个领航问题(推算应飞航向和预达时刻)所需要的条件。

某一时刻的直升机位置,可以根据直升机对地面运动的规律用推算的方法来确定,也可以利用领航设备或目视地标,实测出直升机同周围某些物体之间的距离和方位角来确定。用推算的方法确定的直升机位置,称为推算位置。它可以是现在的,也可以是未来某一时刻的直升机位置。用实测的方法所确定的直升机位置,称为实测位置。它只能求出当时的位置。

不论采用哪种方法求得直升机位置,按其精确程度,又可分为概略位置和精确位置。直升机所在的大概地点称为概略位置,它通过概略地推算或对地面进行概略地观测来确定。直升机所在的精确地点称为精确位置。概略位置说明直升机所在的位置区域,精确位置则说明直升机所在的位置点。掌握概略位置是确定精确位置的基础,飞行员在飞行中应经常掌握直升机的概略位置,精确位置则根据需要来确定,飞行中在改变航向、推算预达时刻和推算直升机位置时,则需要知道精确位置。

3.1.3.1 按航迹求推算位置

1) 原理

从航迹的定义可知,某一时刻的直升机位置必定在航迹上。直升机位置在航迹线上移动的距离,必等于地速与飞行时间的乘积。因此,根据直升机飞离的推算起点(开始推算的地点通常是精确位置)、航迹方向和飞过距离,就可以求得该时刻的推算位置。

如图 3.7 所示,直升机于 T_1 时刻飞离甲地,如果要推算 T_2 时刻的直升机位置,只需在地图上画出航迹线,根据 T_2-T_1 这段时间内的飞行距离 D,从甲地起沿航迹截取 D 得到一点,这一点就是 T_2 时刻的推算位置。

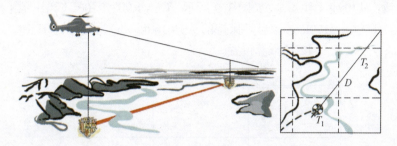

图 3.7 推算直升机位置的原理

航迹线可按平均的真航迹角($TA_{T均}$)用向量尺在地图上画出,如图 3.8 所示。平均真航迹角由飞行中记录的平均罗航向、测量(或计算)的偏流,按下式求出,即

$$TA_{T均} = CH_{均} + \Delta C + DA + \Delta M \tag{3.7}$$

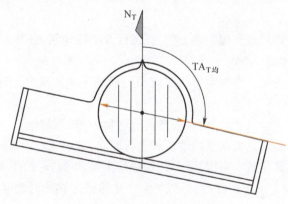

图 3.8 按真航迹角画航迹线

画航迹线时,先将向量尺的左(右)红色箭头对正真航迹角的度数,然后将辅助标尺上的平行线与地图上的真经线平行,同时将量距尺的边缘压住推算起点,从推算起点开始,沿量距尺的边缘便可画出航迹线。

沿航线飞行时,也可以把航线看作直升机的近似航迹,根据地速和飞行时间求出飞过距离,在地图上从推算起点沿航线方向截取这段距离来求得推算位置。不知道地速时,也可以用空速推算,航线上标有时间分划,根据飞行时间就可以目测出直升机位置。这种方法简便易行,在沿航线飞行时,飞行员常用来掌握概略位置;但误差较大,推算距离不宜过长。

2) 实施步骤

例如,从甲地飞往乙地,如图3.9所示,$CA_M = 90°$,$9:00'$飞离甲地上空,测得 $DA = -6°$、$GS = 170km/h$(当时保持的 $AS = 160km/h$),保持的 $CH = 92°$,$\Delta C = +3°$,$\Delta M = -3°$,求$9:12'$的推算位置。

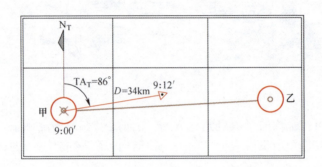

图3.9 按航迹求推算位置

实施步骤如下:

(1) 确定推算起点。在甲地上空,按飞行方向在地图上画"×",标记推算起点,并标记脱离时刻$9:00'$。

(2) 求真航迹角。根据测得的偏流和记录的平均罗航向,求出平均真航迹角为86°。

(3) 画航迹线。从甲地上空起,按真航迹角86°画航迹线。

(4) 求飞过距离。根据平均地速和飞行时间,求出飞过距离应为34km。

(5) 标记推算位置。自甲地起,在航迹线上量取34km的距离,其端点就是$9:12'$的推算位置。求出位置后,标以"△",并标记推算的时刻$9:12'$,如图3.9所示。

3) 使用时机

用这种方法求推算位置,因为在地图上画有航迹线,所以,便于飞行员随时掌握直升机的推算位置,是测量偏流、地速较容易时常用的方法。但是,这种方法在各段航线上都要测算航迹角、地速。因此,在转弯频繁的情况下不宜使用。

实际工作中,当预定航线为折线时,如果由于云层的遮盖、能见度不良或偏航过远等原因,没有看见转弯点,因而确定不了实测位置,那么可以按推算的转弯位置转弯,并以此作为新的推算起点继续进行推算。

3.1.3.2 按无风航迹求推算位置

1) 原理

空中没有风的时候,直升机的航迹角等于航向,地速等于空速。因此,在地图上从推算起点开始,按航向画出的航向线就是无风飞行时的航迹线,称为无风航迹;再按空速和飞行时间算出飞过的距离,便可以求出无风时的直升机位置,这一位置称为无风位置。

根据航行速度三角形的原理可知,有风时的直升机位置是在无风位置的下风方向,与无风位置的距离等于飞行时间内的飘移距离,即风速和飞行时间的乘积。只要自无风位置画出风向线,在风向线上截取飞行时间内的飘移距离,就可以求得推算位置,这种求推算位置的方法,称为按无风航迹求推算位置。

直升机折线飞行时也是如此,在飞行区域不很大的情况下,可以认为直升机是受同一风的影响,这样不管航向改变多少次,直升机随风飘移的方向都是相同的,而折线飞行总时间内随风飘移的总距离,等于各段飘移距离之和。如图3.10所示,A是推算起点,AB、BC、CD是折线飞行各段的无风航迹,D是最后一个无风位置,自D画出折线飞行总时间内的飘移距离DD_3,D_3点就是折线飞行结束时的推算位置。从图3.10中可以看出,在D点一次修正自A至D飞行时间内直升机受风影响的飘移距离DD_3,和逐段修正受风影响的飘移距离BB_1、C_1C_2、D_2D_3所求得的推算位置是完全一样的。所以,在航向改变较频繁时,可以用一次总的修正方法,即从最后一个无风位置开始,一次画出折线飞行时间内的总飘移距离,来代替逐段修正,从而求得推算位置。

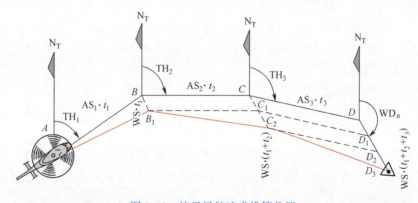

图3.10 按无风航迹求推算位置

这里需要指出的是,直升机并不是沿着折线$ABCDD_3$飞到D_3点的,而是沿着

折线 $AB_1C_2D_3$ 飞到 D_3 点的。

2) 实施步骤

例如,直升机由甲地飞往乙地,已知磁航行风向 99°,风速 40km/h,本地区磁差为 -2°。临近乙地发现前方有雷雨,经请示决定绕过雷雨区。8:40′通过丙地上空,保持磁航向 96°,罗差为 +2°,按真空速 160km/h 飞行。8:52′直升机改航,采取磁航向 47°,罗差为 +3°,按真空速 160km/h 飞行。求 9:07′直升机的推算位置。

实施步骤如下(图 3.11)。

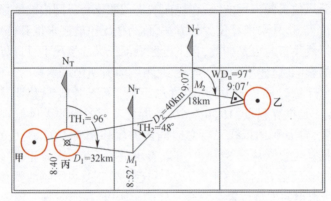

图 3.11　按无风航迹求推算位置

(1) 确定推算起点。8:40′通过丙地上空,决定以它为推算起点,按脱离方向在地图上记下实测位置和时刻。

(2) 记录平均航向和平均真空速。

(3) 画无风航迹线。根据罗差和磁差,算出平均真航向 96°,自丙地起画出第一段无风航迹。

(4) 记转弯时刻。

(5) 计算飞过距离,截取无风转弯点。计算第一段无风距离 $D_1 = 32$km。按 D_1 标出 8:52′的无风位置 M_1。

如果转弯不止一次,则每次转弯的无风位置都按上述步骤来确定。自 M_1 点按真航向 48°和第二段无风距离 $D_2 = 40$km 画出第二段无风航迹,并求出第二段直线飞行的无风位置 M_2。

(6) 折线飞行结束,提前确定最后一个无风位置。

(7) 自最后无风位置,按真风向画出风向线,按折线飞行总时间和风速求出飘移距离,在风向线上按飘移距离截取一点,该点就是直升机的推算位置。从

M_2 点按真航行风向 97° 和直升机随风飘移的距离 18km（根据 $WS_n = 40$km/h，$t_{总} = 27$min 算出）画出无风飞行总时间内的风速向量，即求得 9:07 的推算位置在乙地附近。

按无风航迹求推算位置，地图作业较多，有时可根据它的原理，利用目测和心算求得无风位置，从而掌握直升机的概略位置。

3）使用时机

按无风航迹求推算位置主要是转弯频繁（如绕雷雨区）的折线飞行时使用。但无风航迹不是直升机的实际航迹，所以在折线飞行过程中，这种方法不便于掌握直升机对地面运动的情况。

3.1.4 推算位置误差和提高推算位置准确性的措施

3.1.4.1 推算位置的误差

由于各种因素的影响，推算位置常常与实际位置不在同一个点上，而分布在实际位置的周围，就像打靶时弹着点散布在靶心周围一样。推算位置与实际位置相差的这段距离，称为推算位置误差（r）。

产生误差的原因主要有以下几方面。

（1）仪表、设备和领航用具不可能很精确。

（2）空中风的变化。

（3）飞行员保持飞行诸元的误差。

（4）记录平均航向、空速，测量偏流、地速不准以及量、画的误差。

误差的大小，除了取决于上述因素外，还随推算距离（D）的增长而增大（推算距离是指推算起点到推算位置之间的飞行距离）。在一般情况下，推算位置的均方差不超过推算距离的 7%，如图 3.12 所示。

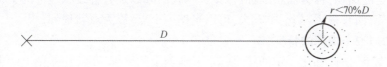

图 3.12 推算位置误差

3.1.4.2 提高推算位置准确性的措施

推算位置的误差并不是固定不变的，只要主观努力创造条件，就可以减少误差。根据误差分析可以看出，推算位置的误差主要是由于推算资料（如航向、空速、偏流、地速和风等）不准确以及在地图上量画不准确而引起的。而在实际工作中，以前者的影响较大。因此，要提高推算位置的准确性，就必须着重采取以下措施。

（1）平时应当仔细校正领航仪表和有关设备，特别是与测量偏流、地速有关的设备、仪表。

（2）飞行中要求飞行员保持好规定的飞行诸元。

（3）准确记录平均航向和平均空速，准确测量偏流和地速。

（4）画无风航迹时，要尽量提高量、画的精度。

（5）缩短推算距离。在条件许可时，应每隔一定时间求一个实测位置，作为再次推算的起点，以消除前一段推算的积累误差。

3.2 地标领航

地标是地面上具有一定特征，能够从空中识别的地貌、地物。飞行中，用航图同地面对照，按辨认出来的地标判定直升机位置和飞行方向，引领直升机航行的方法，称为地标领航。

地标领航是一种简单、可靠的领航方法，只要看得清地标，就能采用。它是能见地面时确定直升机精确位置，检查直升机航迹情况的重要方法。但是，由于观察地标要受天气、昼夜和地区等条件的影响。因此，地标领航通常不单独使用，而与其他领航方法相结合才能收到较好的效果。

3.2.1 地标的分类及特征

3.2.1.1 地标的分类

领航上最有价值的地标主要有居民点、道路、河流、湖泊、海岸线、山峰和机场等。其中道路、河流、海岸线等，形状细长，称为线状地标；城市、湖泊、机场等，具有一定的面积，称为面状地标；村镇、小岛、山峰以及各种线状地标的交叉点和转折点等，面积很小，从空中看去，可以当作一个点，称为点状地标。

3.2.1.2 地标的特征

航图上，地标都用一定的符号标示。地面上的地标，不仅比航图上的丰富多彩，而且由于受季节、建设等的影响，外貌还会发生变化。因此，要进行地标领航，就要先学会识别各种地标。地标的形状、大小、宽窄、颜色、反光情况和特殊建筑物等，统称为地标特征。从空中识别各种地标时，必须着眼其特征。各种地标的特征如下。

（1）居民点。城市、城镇和村庄，都叫居民点。居民点通常在道路、河流等线状地标交汇的地方。大、中城市的面积较大，外形多不规则，颜色斑杂；城内多高大建筑物，街道宽阔；城郊道路纵横，四通八达，在空中很远就能看见。小城镇面积较小,外形颜色不一。我国北方的小城镇,轮廓较清楚;南方的小城镇,形状不整齐,但城中树木较多。小城镇在空中也比较容易发现。村庄在高空或远处发现比较困难。

(2) 道路。道路包括铁路、公路和大路等。铁路呈黑色,有时反光,转弯缓和,分支很少。远处的铁路常可根据横跨河上的铁桥以及沿线的车站来发现,山区的铁路时隐时现,有时飞临上空才能看见。公路是比较整齐的线条,转弯较急,多分支,且常通过城镇中心,色调较淡,反光较强,颜色随路面的质料而异。水泥公路呈灰白色,柏油公路呈黑色,碎石公路呈浅灰色,土筑公路的颜色同土质有关,雨后加深,容易同周围地面相混。高速公路宽阔平坦,转弯缓和,反光较强,路面多呈灰白色,且连接大、中城市,只在较大的城镇才有进、出口,是较明显的线状地标。城镇或村庄间的大路,容易同公路混淆。不过大路不像公路那么整齐,它弯弯曲曲,分支多而杂,且反光程度较差,不易看清。

(3) 河流和湖泊。河流通常是迂回蜿蜒的,大、中河流反光很强,在空中很远就能发现。小河狭窄,反光较弱;但有些岸边草木丛生,或有浅色沙石河滩的小河,看去也比较明显。河流的宽窄常随地区、季节而异。雨季河面较宽;枯水期,有的大河也仅有几条细流;而在北方的一些小河流,则只能看见干涸的河床。纬度较高的地区,冬季封冻积雪,大河好像一条银色的飘带,分外明显;小河却往往为厚雪所盖,难以发现。运河和水渠一般较直,宽窄很少变化,容易同天然河流区分,大的运河更为明显。有些地区的水渠纵横交错,容易同公路、铁路混淆。不过,水渠拐弯的地方多是折线,在道路通过处常架有桥梁。湖泊反光强,是明显的地标。湖泊的形状和大小多随季节而变化。平原地区,湖面在洪水期明显扩大;山区的湖泊,四周坡度较大,其形状和大小的变化较小。

(4) 海岸线和岛屿。海岸线是显著的线状地标,外形常随海岸的地质而异。岩岸地势陡峭,海陆界线分明,岸线比较弯曲;沙岸地势平缓,岸线比较平直,外形容易受潮汐影响。在晒盐区,水陆混杂,岸线很不清楚。海湾、岬角分别是海岸线上明显的面状、点状地标。岛屿水陆相间,十分醒目。小岛的面积和外形常受潮汐的影响。

(5) 山。高耸的山峰,在能见度良好时,很远就能发现,特别是雪线以上的山峰,白雪皑皑、格外明显。山峰之间的山口,连绵不断的山脊,以及山脉突起排列于平原边缘形成的山墙,都是很好的地标。在群山中,有特征的山峰还可以当作点状地标使用。

(6) 机场。机场是比较明显的地标。大型机场的灰白色水泥跑道,在较远的地方就能发现;沥青或碎石跑道机场则不够明显;土跑道机场,颜色同四周地面相近,要仔细搜索才能发现。机场的铁路专用线、房屋、机库和停放的直升机(飞机)等,也可用于发现机场。此外,为了准确领航或帮助飞行员发现和辨认目标,有时在航线上或目标区域附近,设置人工标志。昼间常是烟幕、石灰、布板等构成的数字和图形,夜间多为摆成规定图形的火堆或探照灯光。

3.2.2 辨认地标

实施地标领航,不仅要能识别各种地标,辨认出所需地标,还必须适时进行"图实"对照,将实地地标与航图上的对应起来,才能有效实施领航。飞行中,通常是有计划地辨认预定地标,但有时也需要辨认临时观察到的地标。

3.2.2.1 辨认预定地标

辨认预定地标的方法和步骤,通常按预达时刻、对正航图、确定范围和搜索辨认4步去做。

1) 预达时刻

为了有计划地辨认某一预定地标,首先应提前预计到达预定地点的时刻,以便掌握开始寻找该地标的时机。

2) 对正航图

使航图上的方向同地面上的方向一致称为对正航图。对正航图以后,才能使航图上各地标的排列与地面上各相应地标的排列一致,便于航图同地面对照,辨认地标。对正航图的方法,通常有以下两种。

(1) 按航线对正航图。沿航线飞行时,航线角和航向的度数相差不大,可以直接用航图上航线的去向对正直升机的正前方。这样,航图上方向就同地面上的方向一致。如图 3.13 所示。如果所飞航线是多边航线,那么,就用航图上当时所飞的一边航线去向对正直升机的正前方。这种方法在飞行时经常采用。

(2) 按航向对正航图。如图 3.14 所示,飞行中,首先从罗盘上读出航向(图中航向是 135°);然后在航图上目测出该方向的假想线(如图中虚线所示),使它对正直升机正前方,这样航图上的方向同地面上的方向就大体一致了。

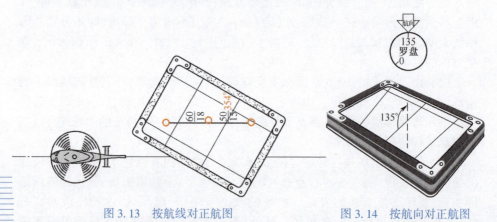

图 3.13　按航线对正航图　　　　图 3.14　按航向对正航图

3)确定范围

航图上包括的范围很广,飞行中能观察到的地面范围却小得多。所以,对正航图以后,还应该在航图上确定同所见地面相应的范围,以便集中注意力,用航图上有限的部分同地面对照,缩短辨认地标的时间。

对照范围的大小,取决于当时的飞行高度和该高度上的能见度。一般来说,确定的对照范围通常以推算位置为中心,以当时飞行高度上的能见度为半径的圆所包括的地区,如图 3.15 所示。对照范围并不需要十分精确,飞行中多用目测、心算的方法来确定。

图 3.15　确定对照范围

确定对照范围对辨认地标是很重要的。如果忽略了这一工作,就会盲目地拿航图同地面对照,既浪费时间又容易将地标认错。

4)搜索辨认

确定了对照范围,视界内通常有许多地标,要迅速、准确地辨认出预定地标,还必须掌握搜索和辨认地标的基本要领,找准搜索和辨认的依据,学会搜索和辨认的方法。

(1) 搜索地标的要领。

搜索地标的一般要领:"提前 2~3min,由近及远,由大到小,由明显到一般。"

飞行中,直升机在不断地向前运动,推算位置存在一定误差,因此搜索地标时,应根据预达时刻提前 2~3min 开始观察。搜索地标时,为了防止错过预定地标,正常视线应由直升机的两侧向前,由近及远;如果离预定地标尚远,也可由远及近。为了缩短搜索时间,通常按由面到线、由线到点、由大到小、由明显到一般的顺序进行。飞行员每时每刻都要掌握在能见度允许范围内的整体地面的概况,掌握住大的面状地标(如山谷、大湖、江河)的分布,然后抓住这个区域中的主要线状地标(如铁路、公路、河流、堤岸、水渠、林带、输电线路、带状山脉以及地形分界线等),再由线状地标研究到具体的"点"(如孤峰、湖泊、城镇、机场等)。

(2) 辨认地标的依据。

辨认地标主要依据它本身的特征及其附近地标的相关位置。每个地标都有它本身的特征。如居民点的大小、形状、颜色、特殊建筑物、来往道路的性质和方向;河流、道路等线状地标的走向和颜色等。尤其是一些大城市、大河流和外貌独特的地标,其本身特征往往十分明显,根据它们的特征就能准确无误地辨认出来。地标的某些特征,有时是随季节的改变而变化的。例如,夏、秋季节,河流因涨水而变宽;到了冬季,则因水少而变窄,北方的河流还会结冰。此外,由于地区不同,同类地标的特征也往往有明显差别。因此,利用地标本身特征辨认地标时,必须注意这些变化和差别。

有的地标特征并不明显,或同附近的其他地标很相似,仅仅根据它本身的特征很难辨认。此时,需要根据各地标间的相关位置,才能分析辨认。

地标的相关位置,是指地标与地标之间的方位和距离的关系。如图 3.16 (a)所示,田市镇是公路上的一个小镇,特征不明显,应根据它同特征很明显的相桥镇的相关位置来辨认。例如,图 3.16(b)中的运城和安邑,两地相距不远,特征也相近,但是根据它们同盐池的相关位置很容易区别开来。

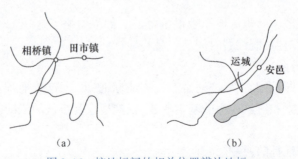

图 3.16 按地标间的相关位置辨认地标

地标本身特征和地标相关位置,虽然都是辨认地标的依据,但是不能同等看待,应依其具体条件的不同灵活掌握。低空、超低空飞行时,不易看到地标间的相关位置,辨认时则应以地标本身特征为主。中空飞行时,地标的细小特征不易看清,辨认时应以相关位置为主;一般地说,地标相关位置,在航图上标记得很清楚;而地标特征,尤其是小地标,只靠航图是无法详细知道。同时,自然的变迁、建设的发展或人为的破坏,引起地标本身特征的变化较大,而引起地标相关位置的变化相对较小。所以,辨认大多数地标,通常都应以相关位置为主,以地标本身特征为辅。如果注意力只集中在某一地标的个别细小特征上,孤立地去辨认,往往容易认错地标,给领航实施带来困难。

综上所述,预达时刻、对正航图、确定对照范围和搜索辨认这4项基本工作,难易程度是不一样的。飞行实践证明,预达时刻、对正航图比较容易做到;确定对照范围有时则容易忽略;而搜索辨认又往往缺乏分析。为了便于记忆,把确定对照范围和辨认地标所依据的条件,如航迹、飞行时间、相关位置和地标本身特征称为辨认地标的四要素。按航迹和飞行时间确定的推算位置,是确定对照范围搜索辨认地标的基础,有了它,搜索地标就可避免盲目乱找,缩短寻找时间;相关位置和地标特征,是辨认地标的依据,离开了它们,辨认地标就会无根据地主观臆断,甚至造成错误。

(3) 辨认地标的方法。

面状地标的识别比较容易。在充分研究航图的基础上,根据提前算好预达时刻掌握搜索时机,防止飞到上空看不到或飞过地标。辨认时,大的面状地标相类似的不会很多,但要注意地标本身特征随时间和季节而变化的情况。

线状地标的识别既要注意它们之间的联系,又要注意它们之间的区别。许多山谷、水道、运输线之间都有明显的联系,或者靠近,或者相通;各线状地标宽窄、曲折、颜色、分支情况等各不相同,应根据不同地区、不同季节掌握它们的变化规律,弄清它们的区别。铁路上的列车、近旁的车站;河流上的船只、近旁的码头;公路上的车辆、烟尘树木,都是识别线状地标的重要标志。

点状地标的识别,要根据"航迹、时间、关系位置和本身特征"四要素来辨认。具体来讲,就是以推测位置为基础,以无线电方位角指示作为参考,着重分析地标间的相互关系位置,适当注意地标本身的特征。实施中,飞行员通常根据推测位置预先判断好预定地标将在什么时刻、什么方向、多远距离出现。较大的城镇居民点往往靠近铁路、公路或河流近旁,因此,根据线状地标与点状地标的相互关系位置,沿线状地标"顺藤摸瓜"是空中常用的好方法。除了城镇以外,山峰、山口、独立小丘、湖泊都是很好的点状地标。这些地标一般在远距离即可发现,特点明显,易于识别,在领航过程中应充分应用。

3.2.2.2 辨认飞行中临时出现的地标

辨认临时出现的地标的方法与辨认预定地标基本相同,但辨认步骤通常是按照对正航图、推算直升机位置、确定对照范围和对照辨认的顺序进行。

飞行中,在视界内出现了比较显著的地标,对其进行辨认后,对检查直升机航迹,保证直升机准确航行有很大价值的。但在位置不清楚的情况下,识别突然发现的地标,要切忌急躁莽撞,无根据地下结论,或者看到一点片面现象就主观地肯定直升机位置。仍然应该按照寻找地标的要领和辨认地标的依据进行分析辨认,做出初步结论后,再反复进行"图实"对照和推测验证。草率地识别地标会给航行带来大的偏差。

3.2.3 地标定位

辨认出地标以后,就可以利用辨认出的地标来确定直升机的位置。用地标确定的直升机位置是实测位置,在航图上用符号"×"表示,并注明时刻,如"×10∶20′"。

3.2.3.1 地标定位的方法

如果直升机飞到了某地标上空,那么,认出了该地标,也就确定了直升机的精确位置就在这个地标上。

如果直升机不在地标上空,辨认出地标后,则应根据直升机与地标的方位和距离来确定位置。为了简便,通常是待直升机通过地标正侧方时,根据直升机同地标之间的水平距离($D_{水平}$)来确定位置。

直升机同地标之间的水平距离,可根据观察地标时的垂直观测角(finding angle,FA)和直升机当时的真高($H_{真}$)来测定。垂直观测角是飞行员观测地标的观测线与铅垂线之间的夹角,可以用装有铅垂的向量尺来测量,如图3.17所示。从图中可以看出,水平距离与垂直观测角、真高有如下关系,即

$$D_{水平} = H_{真} \tan FA \tag{3.8}$$

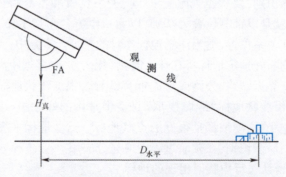

图3.17 侧方地标水平距离与垂直观测角的关系

将式(3.8)做如下变换,即

$$\tan FA = \frac{D_{水平}}{H_{真}}$$

$$\frac{D_{水平}}{\tan FA} = \frac{H_{真}}{\tan 45°} \quad (3.9)$$

根据这个比例关系式,利用计算尺上的正切尺,就可以把直升机到正侧方地标的水平距离计算出来,尺形如图 3.18 所示。

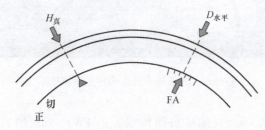

图 3.18　用计算尺求水平距离

为了简化空中计算,平时应计算并熟记水平距离等于 0.5、1、2……倍高度时的垂直观测角数值,如表 3.2 所列。飞行中,测出地标垂直观测角后,按高度心算出水平距离。

表 3.2　水平距离与垂直观测角的对应关系

FA/(°)	26.5	45	63.5	71.5	76	79	80.5
$D_{水平}$/km	$0.5H_{真}$	$1H_{真}$	$2H_{真}$	$3H_{真}$	$4H_{真}$	$5H_{真}$	$6H_{真}$

测出了直升机到正侧方地标的水平距离后,在航图上,从地标的中心起,向偏离地标的一侧,量出或目测出相应的距离,就是直升机的精确位置。如图 3.19 所示,飞行高度是 1500m,飞行员于 8:14′看到甲地在直升机左侧,垂直观测角为 63.5°,即 2 倍高度处,算出直升机与甲地的水平距离为 3km,则直升机 8:14′的精确位置在甲地右侧 3km 处。

3.2.3.2　提高地标定位的准确性

地标定位时,如果真高或垂直观测角测得不准,则直升机位置同地标之间的水平距离就不准,确定的位置就有误差。其中观测角不准所引起的定位误差最大,即

$$\Delta D \approx D' \cdot \Delta FA = \frac{\Delta FA}{\cos^2 FA} H_{真} \quad (3.10)$$

图 3.19 用正侧方地标确定精确位置

由式(3.10)可以看出,如果观测角误差(ΔFA)一定,用直升机近处的地标(FA 较小)定位,引起测量水平距离的误差较小。因此,为了提高地标定位的准确性,应当尽量利用直升机近处的地标定位。

3.2.4 联合定位

飞行中,用不同的方法获得两条直升机位置线来确定直升机位置,称为联合定位。

3.2.4.1 位置线

飞行中,有时虽然认出了某些地标,却不能确定直升机位置。例如,发现直升机在铁路上空,但不能确定出在铁路上的哪一点;又如,知道直升机正通过长江上空,却不知道通过的是江上什么地方。在这两种情况下,铁路或河上的每一点,都有可能是直升机位置。因此,这些线状地标便成为当时直升机可能位置的连线,领航上称为直升机位置线,或简称位置线。

位置线的种类很多。除了线状地标可以是位置线外,前面研究过的航迹线,以及根据飞过距离所画的距离弧也是位置线。

在图 3.20 中,飞离甲地以后,测出了偏流,求出了航迹角,并在航图上画出了航迹线。航迹线上每一点都有可能是直升机位置,所以它是位置线。

在图 3.21 中,飞离甲地以后,测出了地速,根据飞行时间,算出飞过距离。以甲地为圆心,以飞过距离为半径画圆弧,弧上的每一点都有可能是直升机位置,所以距离弧也是位置线。

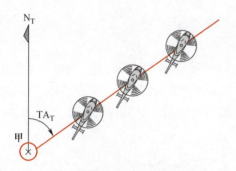
图 3.20 航迹线是位置线

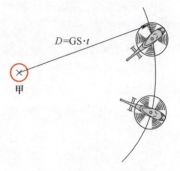
图 3.21 距离弧是位置线

位置线的种类很多,为了区分,把由线状地标提供的位置线称为地标位置线,把航迹线和距离弧称为推算位置线。至于用其他设备和方法画的位置线及其名称,将在以后有关章节中叙述。

3.2.4.2 联合定位的方法

不管用什么设备、方法确定直升机位置,至少需要用两条位置线。这是确定位置的共性问题。例如推算位置,它实际上是航迹线、距离弧两条位置线的交点。地标定位也是这样。只是所用的两条位置线是用同一种设备、方法求出来的。联合定位至少也需要两条位置线。它和推算位置、地标定位不同的是,所用的两条位置线是由两个不同的设备、方法提供的。

下面研究用推算位置线和地标位置线(线状地标)联合定位的问题。

1) 用航迹线和线状地标联合定位

沿航线飞行时,直升机到了与航线近似垂直的线状地标上空,如果要求直升机位置,只需从最近的一个位置(最好是比较准确的实测位置,也可以用推算位置)起,根据测得的偏流,按航迹角画出航迹线,与线状地标的交点就是飞越线状地标时的位置,如图 3.22 所示。

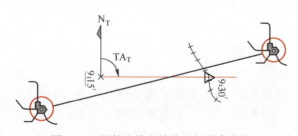
图 3.22 用航迹线和线状地标联合定位

由于测偏流、画航迹线都难免存在误差，所以这个位置在方向上的误差一般比距离上的误差要大。

2）用距离弧和线状地标联合定位

沿航线飞行时，直升机到了与航线近似平行的线状地标上空，如要求得直升机当时的位置，只需从最近的一个位置起，以测得的地速和根据飞过时间算出的飞过距离为半径画圆弧，与线状地标的交点就是直升机的位置，如图3.23所示。

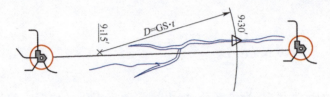

图3.23　用距离弧和线状地标联合定位

由于测地速、计算飞过距离、在航图上量画都难免存在误差，所以这个位置在距离上的误差一般比方向上的误差要大。

3.2.5　地标定位的应用

地标定位能为飞行员提供精确位置，用以验证直升机位置、应飞航向和预达时刻的推算是否准确，并可用来求推算所需的资料。

3.2.5.1　用地标确定应飞航向

用地标确定应飞航向，通常有以下两种方法。

1）用线状地标确定应飞航向

如果航线附近有同航线平行的显著线状地标，就可以用它确定应飞航向。

如图3.24所示，直升机以等于航线角的航向准确通过起点（转弯点）上空以后，不断目测直升机同预定线状地标的关系和位置，发现航迹与线状地标不平行，而且偏差逐渐增大，就逐次向偏出的反方向修正，直到平行线状地标飞行不再偏离为止。这时，罗盘上指示的航向就是应飞航向。

使用这种方法，如果沿航线的线状地标比较长，目测修正的机会就增多，求出的应飞航向也就比较准确。

2）向显著地标飞行

如果航线上有显著的、很远就能发现和辨认的地标，还可以直接向它飞行，如图3.25所示。在侧风较大时，注意修正侧风影响，即操纵直升机对向迎风一侧。

向显著地标飞行，除了应当准确无误地判明所要飞向的地标以外，还应当经常参考磁罗盘的指示,以免飞错地标。

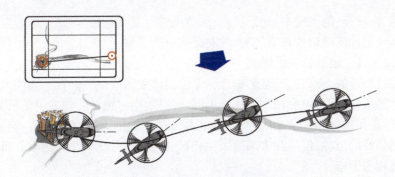

图 3.24 用线状地标确定应飞航向

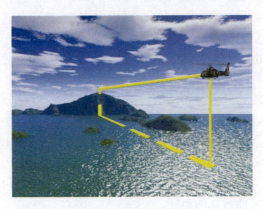

图 3.25 向显著地标飞行

3.2.5.2 求偏流

与 2.2.3.2 小节中所述的一样,在航图上,用地标确定的两个实测位置的连线,就是飞过的平均航迹。结合保持的平均航向,就可求出平均偏流,即

$$DA_{均} = TA_{均} - H_{均} \tag{3.11}$$

求偏流的准确性取决于标记直升机位置、记录平均航向和量取航迹角的准确程度。

3.2.5.3 求风

按照上面的方法求出偏流,并用检查段法测出地速,就可以用计风仪求出这个地段上的风向和风速,即方法与 2.2.2.2 小节中的用同一航向上的偏流、地速求风相同。

101

3.2.6 各种因素对地标领航的影响

季节、昼夜、能见距离、地形特点、气象条件以及飞行高度、速度等因素,对辨认地标和定位的准确性均有影响,故对此应有所了解。

3.2.6.1 地形特点的影响

飞行地区的地形特点,是影响地标定位的重要因素之一。在不同的地区,地标的背景不一样,可供利用的地标也不同。例如,小村镇一般说来不是很明显的地标,但是在地标稀少的地区,几十公里内只有一个,使用价值就很大;湖泊一般说来是很好的地标,但是在多湖地区,湖泊星罗棋布,形状大小又随季节而变化,辨认就相当困难。

从领航方面来说,根据地形特点的不同,我国大致可分为三类地区。

(1) 有大量不同地标的地区,像东北平原、长江中下游平原、四川盆地、珠江三角洲等。这类地区城镇较多,河流道路纵横交错,地标显著且各有不同的特征,便于进行地标定位。

(2) 有大量相似地标的地区。如华北平原中北部,城镇密集,形状雷同,公路和大路很多;淮河流域北部,河渠纵横、水塘水库密布。在这类地区飞行,容易认错地标,应当利用特殊而显著的地标。

(3) 地标比较稀少的地区。如青藏高原、内蒙古高原、塔里木盆地、准噶尔盆地、长白山地区等,地标寥寥无几,难以寻找;黄土高原东南部、云贵高原东南部以及东南丘陵等地区的地标,虽然比上述地区多些,但由于地形起伏,视线受阻,发现、辨认和目测都比较困难。在这样的地区飞行,应当利用突出的山峰、湖泊、小村镇等一切可能辨认的地标。

3.2.6.2 季节、昼夜和气象条件的影响

季节、昼夜和气象条件都直接关系着地标的明显程度和能见距离,因而对地标定位有着不同程度的影响。

在不同季节里,不仅河流、湖泊、森林等地标本身的形状和色彩不一样,而且整个地面的景象也呈现出很大的差别。

夏季林木成荫,田野一片翠绿,阳光照射强烈,大地色彩鲜明,对地标定位有利。春、秋两季是植物长衰的季节,地面黄绿相间,地标不太明显。冬季,在纬度比较高的地区,常常是"千里冰封,万里雪飘",除了经常有车辆来往的道路以及人烟稠密的居民点和大河流、大湖泊以外,其他地标很不明显。冬末春初,积雪部分消融,部分残存,地面颜色斑杂,观察地标容易混淆。冬季,有些纬度较低的地区,由于植物凋零,地面颜色单调,对观察地标也有影响。

昼间和夜间,自然照明悬殊,地标的能见距离变化很大。太阳或月亮初升或

降落时,地面昏暗,光线微弱,而且物影很长,能见度最差。当太阳或月亮渐渐升高,能见度也随着好转。直到它们位于中央时,能见度最好。此外,观察方向对能见距离也有影响。一般情况下,向阳时要比背阳时的能见距离近;向月亮时要比背月亮时的能见距离要远。如果太阳或月亮位于天顶,则向任何方向观察,能见距离都一样。总体来讲,实施地标定位,在昼间比夜间有利,月夜比暗夜有利。

此外,云、雾、霾和烟尘,都会降低能见度,缩短地标的能见距离。

3.2.6.3 飞行高度和速度的影响

晴天,随着飞行高度增高,观察的范围扩大,大地标的能见距离和供观察的时间增长;低空或超低空飞行只能看到小范围内的地标,而且转瞬即逝,地标定位比较困难。但是,随着飞行高度的增高,地标将逐渐变得模糊不清,特别是细小特征,很难分辨,目测距离也不易准确;飞行高度低,却可以利用许多中空看不清的小地标,准确地目测定位。

根据经验,在能见度(昼间)和座舱透明度比较好的时候,从不同高度上观察各种地标的能见距离,如表3.3所列。

表3.3 昼间各种地标的能见距离　　　　　单位:km

地标	高度/m	
	500~1000	3000~5000
大、中城市	20~30	50~70
小城镇	10~15	40~50
大河流	15~20	40~60
小河流	8~10	30~40
铁路	5~15	20~30
公路	10~15	30~40
大路	5~10	15~20
湖泊	20~30	40~60
机场(水泥跑道)	15~20	40~60

3.3 无线电领航

利用无线电领航设备引领直升机航行的方法,称为无线电领航。它是根据电波传播的特性,测出直升机同地面电台之间的方位角、距离或距离差等参数,得出相应的直升机位置线,从而确定直升机位置、飞行方向和航迹角、地速的。

无线电领航是20世纪20年代后期出现的一种领航方法。由于它在昼夜复杂气象条件下,或者在缺乏地标的地区都能应用,为航空器领航创造了有利的条件,因此发展十分迅速。特别是近年来随着电子技术的迅速发展,信息论、自动控制理论、系统工程理论在导航中的应用,促进了导航设备的进一步发展,使无线电领航得到了更加广泛的应用,并已成为一种重要的领航方法。

无线电领航设备的种类很多。按作用距离分类,有近程导航系统(500km以内)、中程导航系统(500~1000km)、远程导航系统(1000km以上);按测量参数分类,有测角系统、测距系统、测角测距系统和测距差系统等。

用无线电波测定航空器与地面电台之间方位角的系统,称为测角系统。因测角的位置线是一条径向线,因此又称为径向线系统,如图3.26所示。

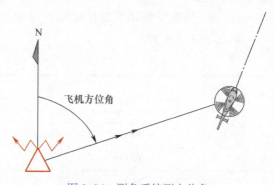

图3.26 测角系统测方位角

属于这种系统的设备有无线电罗盘、无线电定向台、无线电指向标、仪表着陆系统等。一个地面电台,某一时刻只能确定一条飞机位置线。

无线电领航系统的使用容易受敌人和大气干扰,其中有许多还要受地面设备的限制。因此,在一般情况下,还要与推测领航等方法配合使用。

目前,使用的无线电领航设备,主要有机上的无线电设备(包括电台相对方位角指示器和组合罗盘)和地面的无线电导航台、定向台和雷达等。下面分别介绍利用这些设备领航的方法。

3.3.1 无线电领航元素

3.3.1.1 无线电领航元素及相互关系

进行无线电领航时,直升机飞行方向和直升机位置是根据直升机与电台的方位关系来确定的。在空中飞行的直升机与地面电台(一般是指导航台)之间每一时刻都存在着一定的方位关系。这种方位关系,分别用电台相对方位角、电台方位角和飞机方位角来表示,这3个方位角称为无线电领航元素,或称为无线电领航参数,如图3.27所示。

1) 无线电方位线

地面电台与直升机位置的水平连线,称为无线电方位线。

2) 电台相对方位角

从直升机的航向线沿顺时针方向量到无线电方位线的角度,称为电台相对方位角(relative to bearing,RB),其范围是 0°~360°,如图 3.27 所示。它表示电台相对于直升机航向线的方向。例如,电台相对方位角分别为 0°、90°、180°和 270°,说明电台分别位于直升机的正前方、右侧方、正后方和左侧方。

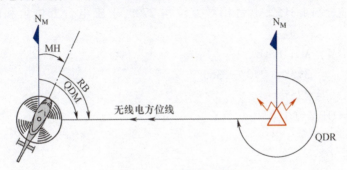

图 3.27 无线电领航元素

3) 电台方位角

从直升机所在位置的经线北端沿顺时针方向量到无线电方位线的角度,称为电台方位角(QDM),其范围是 0°~360°,如图 3.27 所示。它表示电台在直升机所在位置(以经线为基准)的某一方位上。例如,电台方位角分别为 0°、90°、180°和 270°,说明电台分别在直升机的正北、正东、正南和正西方向上。

4) 飞机方位角

从电台所在位置的经线北端沿顺时针方向量到无线电方位线的角度,称为飞机方位角(QDR),其范围是 0°~360°,如图 3.27 所示。它表示直升机在电台所在位置的某一方位上。例如,飞机方位角为 0°、90°、180°和 270°,说明直升机分别在电台的正北、正东、正南和正西方向上。

因为电台方位角和飞机方位角都是以经线为基准的,所以它们都有真、磁之分。以真经线为基准的是真电台方位角(QUJ)和真飞机方位角(QTE);以磁经线为基准的是磁电台方位角(QDM)和磁飞机方位角(QDR)。而电台相对方位角与经线无关,所以没有真、磁之分。

5) 3个方位角的关系

从图 3.27 中可以看出,电台相对方位角、电台方位角和飞机方位角之间的关系为

$$QDM = MH + RB \quad (3.12)$$
$$QDR = QDM \pm 180° \quad (3.13)$$

利用式(3.12)计算时,如果所用的航向是真航向或磁航向,则求出的电台方位角为真电台方位角或磁电台方位角;当计算出的数值超过360°时,应减去360°。利用式(3.13)计算时,如果所用的电台方位角是真电台方位角或磁电台方位角,则求出的飞机方位角为真飞机方位角或磁飞机方位角;当电台方位角小于180°时,应取加号,反之取减号。

例如,磁航向 315°,电台相对方位角 270°,求磁电台方位角和磁飞机方位角。

解:QDM = MH + RB
　　　　= 315° + 270° − 360°
　　　　= 225°

QDR = QDM ± 180°
　　　 = 225° − 180°
　　　 = 45°

根据3个方位角的数值,可以计算和画图表示出直升机与机场导航台之间的方位关系。

例如,已知跑道方向为 68°~248°,导航台在 68°距跑道头 5km,飞行中,MH=48°,QDM=285°,计算并图示直升机与机场导航台的方位关系。

解:RB = QDM − MH = 285° − 48° = 237°

QDR = QDM − 180° = 105°

按 QDR 画出无线电方位线,然后按 MH 在方位线上画出直升机,如图 3.28所示。标出 MH、RB、QDM 和 QDR 的数值。

3.3.1.2　直升机位置和航向变化对方位角的影响

1) 直升机位置改变对方位角的影响

飞行中,当直升机位置改变时,除直升机沿方位线飞行外,3 个方位角都将变化。如图 3.29 所示,直升机保持一定的航向飞行时,电台在直升机右侧,3 个方位角都逐渐增大;电台在直升机左侧,3 个方位角都逐渐减小。

2) 直升机航向改变对方位角的影响

假设直升机位置不变,航向改变时,电台方位角和飞机方位角都是不变的,

第 3 章 基本领航方法

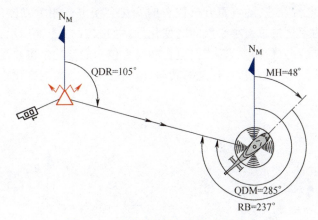

图 3.28　直升机与导航台的方位关系

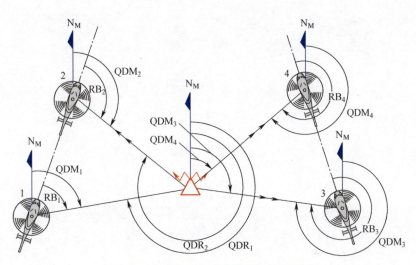

图 3.29　直升机位置改变对方位角的影响

而电台相对方位角将随航向的改变而变化。航向增大多少度，电台相对方位角就减小多少度；航向减小多少度，电台相对方位角就增大多少度。

如图 3.30 所示，$MH_1 = 20°$，$RB_1 = 60°$。如果 MH_2 比 MH_1 大 15°，则 RB_2 比 RB_1 小 15°。而电台方位角和飞机方位角却保持原来的角度不变。

直升机在转弯过程中，不仅航向在改变，而且直升机位置也在改变，因此，电台相对方位角的变化量与航向变化量是不相等的。如图 3.31 右侧所示，直升机

107

左转弯飞向电台,电台方位角是减小的,这是由于航向减小会使电台相对方位角增大,又由于电台在左,随着直升机位置的变化会使电台相对方位角减小,电台相对方位角的变化量总是小于航向的变化量。如图3.31左侧所示,直升机右转弯飞向电台,电台方位角是增大的,电台相对方位角的变化量也总是小于航向变化量的。所以,不论是左转弯还是右转弯,电台相对方位角的变化量总是小于航向的变化量。

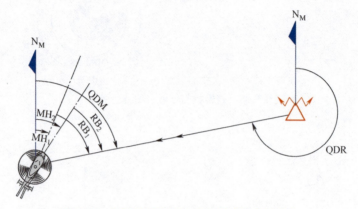

图3.30 航向改变引起电台相对方位角的变化

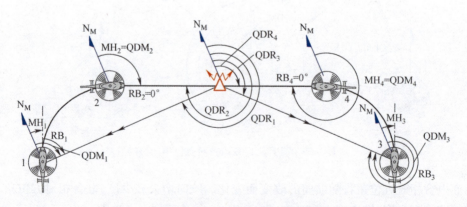

图3.31 转弯中航向与电台相对方位角的变化关系

直升机保持一定速度、坡度在导航台上做水平盘旋时,虽然航向和位置都在变化,但是电台相对方位角可以不变,为90°或270°,如图3.32所示。

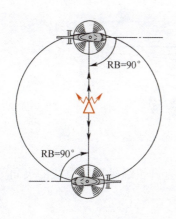 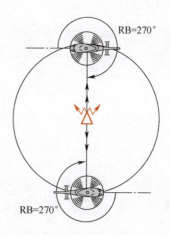

图 3.32　导航台上空做水平盘旋

3.3.2　利用无线电罗盘领航

利用无线电罗盘测得的方位角,可以解决向电台飞行、背电台飞行、进入预定方位线和无线电定位等领航问题。下面分别介绍它们的方法。

3.3.2.1　向电台飞行

利用无线电罗盘引领直升机进入预定电台上空,称为向电台飞行。向电台飞行包括飞向电台和判断通过电台两个阶段。飞向电台的主要问题是用无线电罗盘确定应飞航向,常用的方法有不修正偏流和修正偏流两种方法。

1) 不修正偏流向电台飞行

飞行中,保持直升机航向线始终对正电台,直升机将最终飞到电台上空。这种方法称为不修正偏流向电台飞行。实施时,始终保持电台相对方位角为 0° 即可,即

$$RB = 0° \text{ 或 } MH = QDM \tag{3.14}$$

在飞行中,也就是保持罗盘指针"↑"指向"0"(RB = 0°)或"▼"(QDM = MH)即可。

当无风或顺、逆风($DA = 0°$)时,不修正偏流向电台飞行的航迹是一条直线。有侧风时,直升机将向下风方向飘移,为了使直升机纵轴对正电台,就需要不断地向迎风方向修正直升机,使电台相对方位角(RB)等于 0°。在这种情况下,航迹是一条偏向下风方向的曲线,如图 3.33 所示。

2) 修正偏流向电台飞行

在有侧风的情况下,要沿着直线飞向电台,必须修正风的影响,把直升机航

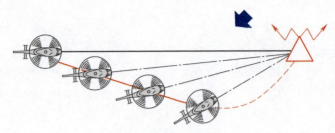

图 3.33　不修正偏流向电台飞行

向线始终保持在方位线迎风方向的一侧,使直升机纵轴同方位线的夹角等于偏流,如图 3.34 所示。

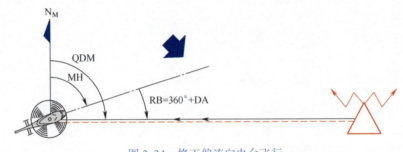

图 3.34　修正偏流向电台飞行

从图 3.34 中可以看出,实施时,应保持的电台相对方位角为

$$RB = 360° + DA \text{ 或 } QDM = MH + DA + 360° \quad (3.15)$$

在飞行中,也就是使罗盘指针"↑"与"0"或"▼"的夹角等于 DA 数值的大小。

由式(3.15)可知,只要修正的偏流准确,直升机就可以沿直线飞向电台。如果偏流不够准确,航迹仍会偏出,成为曲线,但偏出的距离要比不修正偏流时大为减少。因此,这种情况下,直升机能否飞向电台的关键取决于所用偏流的准确程度。

3) 向电台飞行时偏航情况的判断

向电台飞行过程中,飞行人员必须经常判断直升机的偏航情况,掌握航迹,以便安全、主动地引领直升机飞向电台。判断偏航的方法,除了用推算结合地标外,在不能见地面时,可根据无线电方位角或磁航向的变化规律来判断。

(1) 保持电台相对方位角不变、根据磁航向的变化判断偏航。

当直升机在航线上保持 RB = 0° 或 QDM = MH 做不修正偏流向电台飞行时,可用航向与航线角比较来判断偏离航线的情况。如图 3.35 所示,开始向电台飞行时，$MH_1 = CA_M$，当飞行过程中，发现 $MH_2 > MH_1$，即 $MH_2 > CA_M$ 时，是右侧风，直升机偏在航线的左侧；如发现 $MH_2 < CA_M$ 时，说明是左侧风，直升机偏在航线的右侧。新航线与原航线之间的夹角称为偏离角（TKD），偏离角的计算公式为

$$TKD = |CA_M - CA_{M新}| = |CA_M - QDM| \qquad (3.16)$$

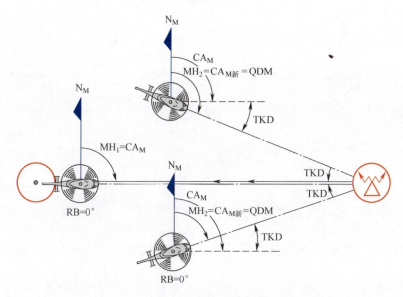

图 3.35 电台相对方位角不变，用航向判断偏航（一）

如图 3.36 所示，开始向电台飞行时，$MH_1 = MH_应$，当飞行中发现 $MH_2 > MH_1$，即 $MH_2 > MH_应$ 时，说明偏流修正不准确，直升机偏在航线的左侧；反之，如发现 $MH_2 < MH_应$，则说明直升机偏在航线的右侧。偏离角的计算公式为

$$TKD = |MH_应 - MH_2| \qquad (3.17)$$

如果直升机不在航线上向电台飞行，则用飞行过程中前后航向的变化趋势来判断航迹偏离方位线的方向。这个道理和前面叙述的两种判断方法一样。把图 3.36 和图 3.37 中的航线当作开始向电台飞行时的无线电方位线，就可以看出，当航向不断增大（$MH_2 > MH_1$）时，说明直升机逐渐向左偏；如航向逐渐减小（$MH_2 < MH_1$），说明直升机逐渐向右偏。

综上所述，不论直升机在航线上向电台飞行，还是不在航线上向电台飞行，都可以得出保持电台相对方位角不变，用航向变化来判断偏航的规律是：航向逐渐增大，直升机向左偏；航向逐渐减小，直升机向右偏；航迹不变则不偏。

例如，保持 $RB = 0°$ 作不修正偏流向电台飞行，当时磁航向为 278°，飞行中始终保持 $RB = 0°$ 发现磁航向由 278° 减小为 273°，则可断定直升机由原来的位置向

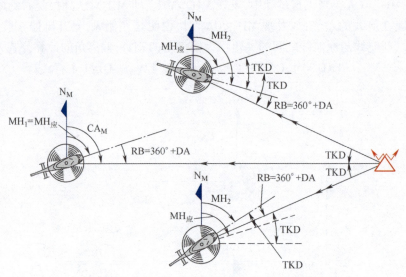

图 3.36 电台相对方位角不变,用航向判断偏航(二)

右偏了。

(2) 保持磁航向不变、根据电台相对方位角(或电台方位角)的变化判断偏航。

这种判断方法和第一种判断基本相同,只是保持的元素和判断的元素换了一下位置。由图 3.37 可以看出,如偏流为 $-10°$,则开始应保持 RB = 350°(或

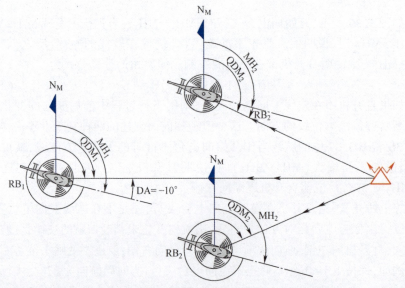

图 3.37 保持磁航向不变、用电台相对方位角判断偏航

$QDM_1 = MH_1 - 10°$),假设此时磁航向为 100°。此后始终保持磁航向 100° 飞行,当直升机向左偏时,电台相对方位角(电台方位角)就增大;当直升机向右偏时,则电台相对方位角(电台方位角)就减小。由此得出判断偏航的规律是:若 RB 或 QDM 逐渐增大,则直升机向左偏;若 RB 或 QDM 逐渐减小,则直升机向右偏。

上述两种判断偏航的规律可概括为:无论根据磁航向还是电台相对方位角来判断偏航,都是用来判断的元素增大时偏左、减小时偏右、不变则不偏。

4)判断通过电台的瞬间

在向电台飞行的过程中,判断直升机通过电台的时机,可以根据预达时刻和无线电方位角的变化去判断。当接近预达时刻时,应注意指示器的指示,如指针"↑"指向"0"或"▼",表示电台在正前方;指针大幅度摆动,说明直升机已进入电台盲区;指针"↑"从"0"或"▼"向左或向右偏转 90°时,即为通过电台的瞬间;当指针"↑"指向"180"或"▲"左右时,说明直升机已飞过电台,如图 3.38 所示。

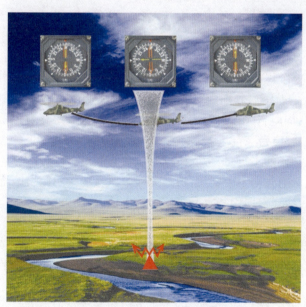

图 3.38 判断通过电台的瞬间

为了帮助飞行人员准确地判断通过电台时机,在机场导航台常设有信标发射台,直升机在信标台的有效高度内(一般在 3000m 以下)通过其上空时,信标接收机会及时发出信号(如灯亮、铃响)。

在能见地面的情况下,飞行人员还可以结合观察地面去判断通过电台的时机。

(1) 向电台飞行的实施步骤。

① 调谐好所需电台,将工作选择电门置于"定向"位置,修正直升机,保持 RB=0°或 RB=360°+DA 飞行。

② 预计到达电台上空的时刻。

③ 飞向电台过程中,不断用判断偏航的方法判断航迹偏离航线的情况。

④ 根据预计时刻,准确判断直升机通过电台上空的时机。

向电台飞行不仅简单可靠、易于掌握,适用于各种直升机,而且很少受气象条件的影响。因而是返航时常用的领航方法。在飞向电台时,应当每隔一定时间,检查一次电台的频率和呼号,以判断机上设备是否因震动而改变了调谐好的频率;并经常检查飞行方向。还应当经常根据方位角或航向的变化,判定直升机的偏离情况,按飞过的时间掌握好直升机的概略位置。

(2) 向电台飞行最大偏航距离的计算。

向电台飞行,以不修正偏流向电台飞行时偏航距离最大。最大偏航距离随风角和 $m\left(m=\dfrac{v}{U}\right)$ 的大小而变化。一般当 $m>1.2$、风角约为 105°时,在直升机离电台约等于整个飞向电台距离的 1/3 处,出现最大偏航。当 m 分别等于 3、4、5、6、7 时,最大偏航距离分别为向电台飞行总距离的 12%、9%、7%、6%、5%。例如,当 $m=6$ 时,向电台飞行总距离为 50km,则最大偏航距离为 3km。

3.3.2.2 背电台飞行

复杂气象和夜间飞行时,常以机场导航台为起点,背电台飞行出航。直升机以预定航向准确通过电台上空后,根据无线电罗盘的指示测出偏流、航迹角和偏航角,然后确定应飞航向引领直升机航行的方法,称为背电台飞行。

1) 测量航迹角、偏流和偏航角的原理

如图 3.39 所示,直升机准确通过电台,保持一定的航向飞行,直升机的平均航迹必然同方位线重合,这时从指示器上求得的飞机方位角即为平均航迹角,即

$$TA_{M均} = QDR \tag{3.18}$$

在这种情况下,便可根据测出的飞机方位角来计算偏流,即

$$DA = QDR - MH_{均} \tag{3.19}$$

计算出航线与航迹线的夹角,即偏航角(TKE),即

$$TKE = QDR - CA_M \tag{3.20}$$

由图 3.39 可以看出,偏流还可以用电台相对方位角的平均值来求得,即

$$DA = RB_{均} - 180° \tag{3.21}$$

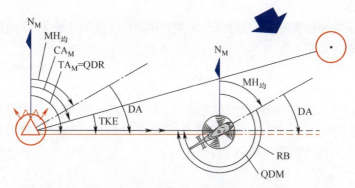

图 3.39 背电台飞行求航迹角和偏流

用式(3.21)计算偏流时,只有当瞬间航向等于平均航向时,按当时的电台相对方位角计算出来的偏流才是准确的;否则应取电台相对方位角的平均值来计算。电台相对方位角平均值可读取或按平均航向与瞬间航向之差来计算。

例 3.1 某航线磁航线角为 19°,直升机准确通过导航台上空,保持平均磁航向为 18°飞行,飞过导航台 20km,从仪表上读得磁飞机方位角为 14°,试求偏流和偏航角。

$$DA = QDR - MH_{均} = 14° - 18° = -4°$$
$$TKE = QDR - CA_m = 14° - 19° = 5°$$

例 3.2 航线同例 3.1,准确通过电台后保持平均航向仍为 18°,当瞬间航向为 20°时,测得 RB = 174°,试求偏流和偏航角。

解: 因为读取电台相对方位角时的航向要比平均航向大 2°,所以对应于平均航向的电台相对方位角为

$$RB_{均} = 174° + 2° = 176°$$
$$DA = RB_{均} - 180° = 176° - 180° = -4°$$

求偏航角时,首先要把航迹角求出。因为偏流已求出,DA = -4°,则

$$TA_M = MH + DA = 18° + (-4°) = 14°$$
$$TKE = TA_M - CA_M = 14° - 19° = -5°$$

2) 通过电台不准确引起的误差

当直升机未能准确通过电台时,按方位角求出的偏流、偏航角就不够准确。如图 3.40 所示,直升机由 A 点通过电台侧方,实际航迹 AB 与无线电方位线 OB 并不重合,那么在 B 点测出的飞机方位角就不等于实际的航迹角,过电台作 OC 平行于实际航迹 AB,便可看出测出的飞机方位角与实际航迹角相差一个航迹误差角 ΔTA。这样按照式(3.19)~式(3.21)求得的偏流和偏航角也将相差一个

航迹误差角。

航迹误差角的大小,同通过电台时偏差距离(d)和飞过距离($D_己$)有关。由 $\triangle OAB$ 可近似求得

$$\tan\Delta TA \approx \frac{d}{D_已} \tag{3.22}$$

由式(3.22)可知,通过电台偏差越小,飞过距离越长,航迹角误差越小。如通过电台偏差距离为500m,要使航迹角误差在1°以内,用式(3.22)可算出,应在通过电台后已飞距离28km以上测方位角才行。

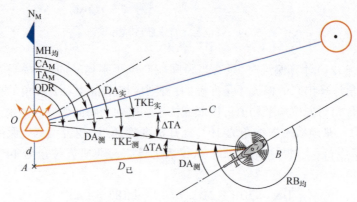

图 3.40 因通过电台不准确,引起的偏流、偏航角的误差

3) 背电台飞行的应用

背电台飞行除了可以用来求偏流、偏航角外,复杂气象和夜间飞行时,常以机场导航台为航线起点,做背电台飞行进而求应飞航向进入航线。常用的方法有以下几种。

(1) 平行航线法。

当偏航角不大时,测出偏流或偏航角后,算出应飞航向,使未来的航迹与航线平行就可以了,如图 3.41 所示。其实施方法如下。

①引领直升机准确通过电台上空,做背电台飞行。

②及时求得偏流或偏航角后,按下式算出应飞航向,并保持应飞航向飞行,即

$$MH_应 = CA_M - DA \quad 或 \quad MH_应 = MH_均 - TKE \tag{3.23}$$

(2) 切入航线法。

当偏航角较大,而且要求直升机比较准确地沿预定航线飞向预定点时,多采用切入航线法求应飞航向。其实施方法如下(图 3.42)。

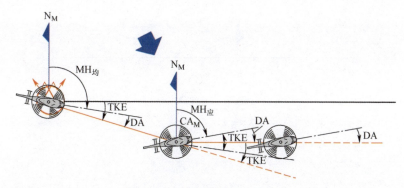

图 3.41　平行航线法求应飞航向

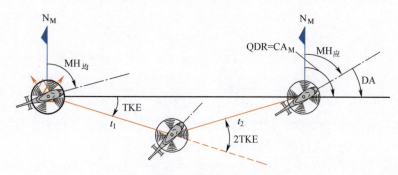

图 3.42　切入航线法求应飞航向

① 背电台飞行求出偏航角后，向偏出的反方向修正 2TKE，切入航线，即

$$MH_{新} = MH_{均} - 2TKE \qquad (3.24)$$

② 根据改航后的飞行时间 t_2 等于改航前背电台飞行时间 t_1 和飞机方位角等于航线角，判断直升机已回到航线上时，立即取应飞航向飞行，就可以使直升机沿航线飞向预定点，则

$$MH_{应} = MH_{均} - TKE \quad 或 \quad MH_{应} = CA_M - DA$$

采用这种方法，第一次改航的飞行距离应当小于航线距离的 1/2；否则第二次改航时，直升机已飞过了预定点。

(3) 改向预定点。

当偏航角较大，且对改航方法不限制时，也可直接用改向预定点的方法求应飞航向，如图 3.43 所示。其实施步骤如下。

① 背电台飞行求出偏航角后，按预计的改航时刻，用地速推算改航时的位置，并根据这个位置求出飞向预定点的航迹修正角和应飞航向。

航迹修正角的求法有量角法和计算法两种。量角法就是在地图上直接用向

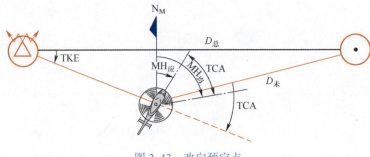

图 3.43 改向预定点

量尺量出航迹修正角。计算法是根据正弦定理,用计算尺算出航迹修正角。计算公式为

$$\frac{D_{未}}{\sin \text{TKE}} = \frac{D_{总}}{\sin \text{TCA}}$$

$$\frac{t_{未}}{\sin \text{TKE}} = \frac{t_{总}}{\sin \text{TCA}} \tag{3.25}$$

式中:$D_{总}$、$t_{总}$ 分别为电台至预定点的飞行距离和航线时间;$t_{未}$ 和 $D_{未}$ 分别为直升机所在位置至预定点的飞行时间和飞行距离。

例如,由电台到预定点的航线距离为 60km,已知地速为 180km/h,算出航线时间为 20min。直升机于 10:00′飞离电台,测得偏航角为 6°,直升机偏在航线右侧。预计在 10:10′改航,用计算尺上的正弦尺可以求得航迹修正角为 12°。

求出航迹修正角后,按 $\text{MH}_{应} = \text{MH}_{均} - \text{TCA}$,就可求出飞向预定点的应飞罗航向。

②到达改航时刻,保持所求的应飞航向飞向预定点。

3.3.2.3 进入预定方位线

电台到预定地点之间的连线,称为预定方位线。飞行时,根据无线电罗盘的指示,判断直升机到达某条预定方位线的瞬间称进入预定方位线。

1) 基本原理

进入预定方位线的主要问题,是如何根据电台方位角或电台相对方位角来判断到达预定方位线的瞬间。简单地说,就是拿实际的方位角与预计的方位角进行比较,以判断出直升机到达方位线的实际时刻。

(1) 按电台方位角判断。

在图 3.44 中,B 点是航线上的预定地点,从电台 O 到 B 的连线是预定方位线,从预定地点的经线北端沿顺时针方向量到预定方位线的角度是预定的磁电台方位角 QDM$_{预}$。

由图3.44中可以看出,一条方位线只对应着一个电台方位角。因此,飞行中只要实测的磁电台方位角等于预定的磁电台方位角时,直升机就必定在该预定方位线上。故按电台方位角判断进入预定方位线的条件为

$$QDM = QDM_{预} \tag{3.26}$$

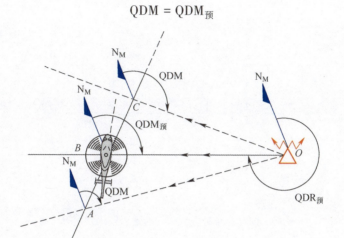

图3.44 按电台方位角判断是否进入预定方位线

飞行中,方位角是随着直升机位置改变的。如图3.44所示,由于电台在直升机的右侧,直升机由 A 点向预定方位线 OB 飞行时,方位角逐渐增大。所以,在飞临 OB 之前,实测的方位角小于预定的方位角;飞过 OB 线后,实测的方位角大于预定的方位角;只有直升机在预定方位线上时,实测的方位角才等于预定的方位角。这个规律可归纳如下。

电台在右时:

① QDM<QDM$_{预}$,直升机未到预定方位线;

② QDM=QDM$_{预}$,直升机在预定方位线上;

③ QDM>QDM$_{预}$,直升机已飞过预定方位线。

如果电台在直升机左侧,由于向前飞行时,方位角是逐渐减小的,所以判断规律正好与电台在右侧时相反。同理,用飞机方位角也可以判断到达预定方位线的瞬间。

(2) 按电台相对方位角判断。

到达预定方位线的时机,也可以用电台相对方位角来判断。

由图3.45可看出,当航向一定时,一条方位线只对应着一个电台相对方位

角。如果飞行中保持的磁航向等于磁航线角,那么,当实测的电台相对方位角 $RB_{指}$,等于以航线去向为基准量到预定方位线的电台相对方位角 $RB_{预}$ 时,则直升机必定在预定方位线上。

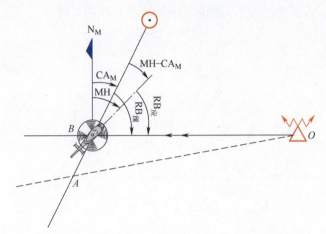

图 3.45 按电台相对方位角判断是否进入预定方位线

但是,飞行中保持的航向往往不等于航线角。因此,空中必须根据磁航向与磁航线角的差值对 $RB_{预}$ 进行修正,求出以航向线为基准的应该指示的电台相对方位角($RB_{应}$),用来判断进入预定方位线的时机。由图 3.45 中可以看出,有

$$RB_{应} = RB_{预} - (MH - CA_M) \quad (3.27)$$

故按电台相对方位角判断进入预定方位线的条件为实际指示的电台相对方位角($RB_{指}$)等于应该指示的电台相对方位角,即

$$RB_{指} = RB_{应} \quad (3.28)$$

也就是说,进入预定方位线,如果磁航向不等于磁航线角,则 MH 比 CA_M 大几度,$RB_{应}$ 比 $RB_{预}$ 小几度;如果电台相对方位角的变化量等于航向变化量则 MH 比 CA_M 小几度,$RB_{应}$ 比 $RB_{预}$ 大几度。

按电台相对方位角判断进入预定方位线的规律,与按电台方位角判断进入时相同。如图 3.45 所示,电台在直升机右侧,直升机由 A 向预定方位线 OB 飞行时,电台相对方位角是逐渐增大的。所以,可把判断规律归纳如下。

电台在右时:
① $RB<RB_{预}$,直升机不到预定方位线;
② $RB=RB_{预}$,直升机在预定方位线;
③ $RB>RB_{预}$,直升机已飞过预定方位线。

电台在直升机左侧时,结论与此相反。

2) 实施步骤

(1) 地面准备。

选:在航线的侧方选择一个合适的电台(方位线与航线夹角为90°最好),并用专用符号在地图上标记出来。

画:自电台到预定点画出预定方位线及其预定点一端的延长线。

量:量出 $RB_{预}$ 或 $QDM_{预}$。

在地图上量预定电台相对方位角的方法是以航线去向作为直升机的航向线,把向量尺的上沿(或其平行线)压住预定方位线,转动活动圆盘,使其上的中央标线(或其平行线)与原航线平行,则向量尺的上沿箭头(指向电台方向的箭头)所对的刻度便是预定电台相对方位角的度数。如图 3.46 所示,因电台在航线的右侧,读出 $RB_{预}=71°$。

为了便于记忆,可以把量 $RB_{预}$ 的方法归纳为口诀:尺压方位线,标平原航线;左大 180°,右边正相反。

在地图上量真电台方位角的方法是把向量尺的上沿(或其平行线)压住预定方位线,转动活动圆盘,使中央标线(或其平行线)与真经线北端平行,则向量尺上沿箭头(指向电台方向的箭头)所对的刻度便是真电台方位角的度数,如图 3.47 所示。量出预定真电台方位角,修正磁差求得预定磁电台方位角。

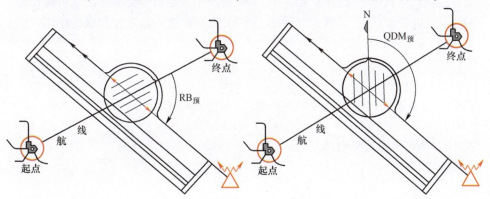

图 3.46　量预定电台相对方位角　　　图 3.47　量预定电台方位角

标:将 $RB_{预}$ 和 $QDM_{预}$ 的数值按规定的格式标记在预定点的方位线附近,如图 3.48 所示。

(2) 空中实施。

调:根据预达时刻,提前调谐到所需电台,将工作选择电门放到"定向"位置,并检查无线电罗盘工作是否正常。

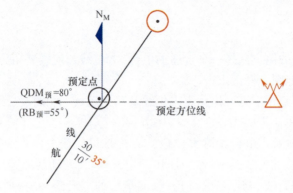

图 3.48　进入预定方位线地图作业

算：根据进入预定方位线的判断原理，计算出应该指示的 QDM 或 RB。

判：根据无线电罗盘的指示和判断规律，判定直升机进入预定方位线的瞬间，并记下时刻。

3）提高准确性的措施

用无线电罗盘测方位角时，由于罗盘本身有误差，以及调谐电台、读方位角不准等原因，都会使测得的方位角存在误差 ΔF（一般为 $2°\sim3°$），它会使进入预定方位线产生误差。如图 3.49 所示，OB 是预定方位线，因为测方位角有误差 ΔP，直升机在 A 点时，就认为已到达了预定方位线，进入预定方位线的距离误差是 ΔD。从图中可以得到

$$\Delta D = \frac{\Delta P}{\sin\theta} \tag{3.29}$$

式中：θ 为航迹线（航线）同方位线的夹角；ΔP 为方位线误差，有

$$\Delta P = D \cdot \sin\Delta F \tag{3.30}$$

其中，D 为预定点到电台的距离。

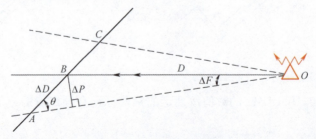

图 3.49　进入预定方位线的误差

由于 ΔF 数值不大，故 ΔF 是以弧度（rad）为单位的。若以度（°）为单位，则

式(3.30)变为

$$\Delta P \approx \frac{D\Delta F}{57.3°} \qquad (3.31)$$

把式(3.31)带入式(3.29),得

$$\Delta D \approx \frac{D\Delta F}{57.3°\sin\theta} \qquad (3.32)$$

分析式(3.32)可知,要减小进入预定方位线的误差,除了要测准电台相对方位角外,还应当尽可能选择距离(D)近、准确性高,且方位线同航迹线的夹角(θ)接近于90°的电台。

减小误差的这些方法,相互之间有时是矛盾的。例如,有两个电台可供选择:A电台的距离是100km,方位线同航线的交角是80°;B电台的距离是50km,方位线同航线的交角是50°。A电台的距离远,但交角接近90°;而B电台的距离近,但交角却小。在这种情况下,要判别误差的大小,就必须对距离和交角这两个影响误差的因素做定量分析,进行全面衡量。设用无线电罗盘测电台相对方位角的均方误差为3°,根据式(3.32),可得

$$\Delta D_A \approx \frac{100 \times 3}{57.3° \times \sin 90°} = 5.2(\text{km})$$

$$\Delta D_B \approx \frac{50 \times 3}{57.3° \times \sin 50°} = 3.4(\text{km})$$

由此可见,应当选择B电台。

4) 进入预定方位线的应用

进入预定方位线的用途很广。在看不见地面或能见度恶劣的情况下,常常利用它控制转弯时机、避开禁区或障碍物、从规定方向进近着陆以及判断飞过距离等。

为了避开禁区,可在该区域一定的距离处确定开始转弯点(图3.50中的B_1和B_2点),并经过它们画出预定方位线。直升机飞达预定方位时立即向规定的方向转弯,就不会进入禁区。开始转弯点距禁区应有一定的距离,以确保飞行安全。

3.3.2.4 无线电定位

依据无线电罗盘测得的方位角,画出方位线来确定直升机位置,称为无线电定位。这种位置属于实测位置。常用的方法有两电台定位和单电台定位两种。

1) 两电台定位

(1) 原理。

从无线电方位线的定义可知,直升机必定在方位线的某一点上。因此,无线电方位线也是一种直升机位置线。飞行中,如果同时测两个电台的不同方位角,

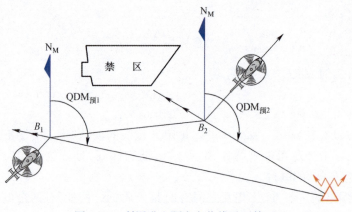

图 3.50　利用进入预定方位线避开禁区

并在地图上画出这两条方位线,那么其交点就是测方位角时刻的直升机位置。

例如,9:00′向 A 导航台测得的真飞机方位角为 12°,向 B 导航台测得的真飞机方位角为 247°,画出这两条方位线,它们的交点就是 9:00′的直升机位置,如图 3.51 所示。

有的直升机上只装有一部无线电罗盘,在同一时刻不能测得两个方位角。如果以不同时刻的两条方位线的交点作为直升机位置,通常就会有误差。

如图 3.52 所示,9:10′直升机位置在 L 点,测得方位线 $AA′$;9:12′直升机位置在 M 点,测得方位线 $BB′$。如果把这两条方位线的交点 N 当作 9:12′的直升机位置,从图中便可看出,MN 就是由于方位线时刻不同引起的定位误差。

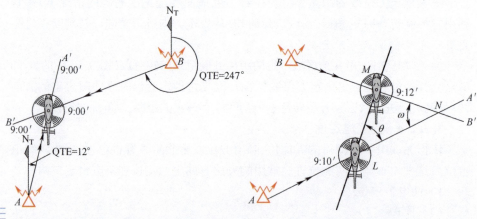

图 3.51　用同一时刻两条方位线定位　　图 3.52　两条方位线定位时刻不同引起的误差

设两方位线 AA' 和 BB' 的交角为 ω，航迹线与方位线 AA' 的交角为 θ，两条方位线的时刻差为 t，则在 ΔLMN 中应用正弦定理，可得

$$\frac{MN}{\sin\theta} = \frac{LM}{\sin\omega} \qquad (3.33)$$

其中

$$LM = \text{GS} \cdot t \qquad (3.34)$$

所以，有

$$MN = \frac{\text{GS} \cdot t \cdot \sin\theta}{\sin\omega} \qquad (3.35)$$

从式(3.35)可以看出，在地速一定时，时刻误差越小，或航迹同先测的方位线交角越接近 0°或 180°，引起的定位误差越小；两条方位线的交角越接近 90°，引起的定位误差也越小。为提高用不同时刻的方位线定位的准确性，可采取以下措施。

① 要提高调谐电台和测量方位角的速度，尽量缩小测量两条方位线的时刻差。

② 要用靠近航线前方或后方的电台来测量第一个方位角（使 θ 接近 0°或 180°）；用侧方电台测量第二个方位角（使 ω 接近 90°或 270°）。

③ 可以采用移线法，将两条方位线修正到同一时刻，使式(3.35)中的 $t=0$，来消除时刻不同引起的定位误差。

做法是将两条不同时刻的方位线中先测的一条，沿航迹方向向前平移，移动的距离等于测量两条方位线时间间隔内直升机飞过的距离。平移后的方位线便与第二条方位线时刻相同，其交点就是测量第二条方位线时的直升机位置。这种方法也称为移线法定位。

(2) 实施步骤。

两电台定位的步骤可归纳如下。

① 地面准备时，根据航线附近电台的分布情况，确定定位地区和选用的电台。

② 提前调到所需的电台，并记下实际周率。

③ 定位时，保持好直升机的航向。

④ 向直升机前、后方的电台测第一个方位角，并记录其数值（RB_1 或 QDM_1）和时刻 T_1。

⑤ 向侧方电台测第二个方位，记录其数值（RB_2 或 QDM_2）和时刻 T_2。

⑥ 在地图上画出两条方位线，在其交点用"⊙"符号标出直升机位置，并在旁边注明时刻。如两条方位线时刻差较大时：应首先平移第一条方位线；然后标

出直升机位置。

2)单电台定位

飞行中,如果只有一个电台可以利用,而它又是在飞行方向的侧方,就可以进行单电台定位。

(1)原理。

如果测出某侧方电台的一个方位角,并求出测量该方位角时直升机距电台的距离(s),即可按这一距离在所画出的方位线上截取一点,确定出当时的直升机位置。这种按一方位线和一距离确定直升机位置的方法,称为截距法定位。

为了便于计算直升机离电台的距离并简化空中计算,当直升机的航迹方向与航线方向基本一致时,可预先选定两个特殊的电台相对方位角,使第二条方位线与航线垂直,并使第二次测方位角时,直升机距电台的距离,等于两次测方位角间隔时间内飞过距离 $GS \cdot t$ 的 1 倍或 2 倍。这样,在空中就可以按飞过距离心算出直升机距电台的距离,从而在由电台向航线所做的垂线(第二条方位线)上,确定出直升机的位置。

如图3.53所示,电台在航线的右侧,要使第二条方位线与航线垂直,以航线为准的第二个电台相对方位角 $RB_{预2}$ 就应为 $90°$(电台在左侧应为 $270°$);要使直升机距电台的距离为飞过距离的 1 倍或 2 倍,相对方位角 $RB_{预1}$ 应为 $45°$、$63.5°$(电台在左侧时则应为 $315°$、$296.5°$)。

飞行中,可以根据 $RB_{预1}$ 和 $RB_{预2}$,按式(3.27)修正航向和航线角的差值,求出 $RB_{应1}$ 和 $RB_{应2}$,用电台相对方位角判断进入预定方位线的方法,掌握开关秒表的时机,测出间隔时间,再根据地速求出飞过距离。

例如,电台在直升机右侧,采用特殊角 $63.5°$ 法定位。$CA_M = 21°$,保持 $MH = 31°$,则可求出

$RB_{应1} = 63.5° - (31° - 21°) = 53.5°$

$RB_{应2} = 90° - (31° - 21°) = 80°$

当实测的 $RB_1 = 53.5°$ 时,开秒表,$RB_2 = 80°$ 时,关秒表。如开/关秒表所测得的时间 $t = 3\min 20s$,$GS = 180 km/h$。那么,直升机至电台的距离为

$$D = 2GS \cdot t = 10 km$$

由电台向航线作垂线,在垂线上取一点,使其距电台的距离等于 10km,该点就是测第二个电台相对方位角时的直升机位置。

(2)实施步骤。

具体实施步骤如下。

① 提前调谐到所需的电台,工作选择电门置于"定向"位置。

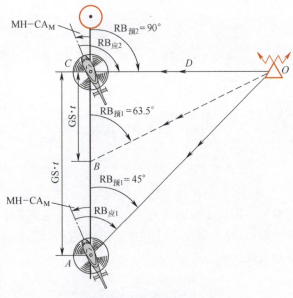

图 3.53 特殊角截距法定位

② 当实测的电台相对方位角 $RB_1 = RB_{应1}$ 时开秒表，记下时刻 T_1。

③ 飞行中注意保持应飞航向，当 $RB_2 = RB_{应2}$ 时关秒表，记下时刻 T_2。

④ 根据地速和测出的时间，首先算出直升机至电台的距离；然后在地图上从电台位置顺着第二条方位线画出直升机位置点，并标上"⊙"符号和时刻。

第4章 领航准备与实施

实施空中领航是一项复杂而细致的工作,领航准备则是实施空中领航的基础,要准确、安全地航行,就必须在飞行前充分、细致地做好领航准备。本章将分别阐述领航准备与实施。

4.1 飞行前领航准备

飞行前领航准备是从受领飞行任务开始到起飞前所进行的领航准备。准备的根据是具体的任务内容、航线、航行诸元和实施领航的要求,以及有关的各种资料。

由于空中领航工作较多,要求准确、迅速;而且空中情况复杂多变,往往不允许飞行人员以过多的时间去分析情况和进行作业计算。因此,飞行前领航准备应尽量周密、细致,凡是实施领航所必需而又能预先准备好的工作,就应当在飞行前领航准备时做好,飞行前领航准备分为两个阶段进行:一是内场领航准备;二是外场领航准备。

4.1.1 内场领航准备

从受领任务开始到进入机场之前这一阶段所进行的领航准备工作,称为内场领航准备,也称为预先领航准备。其准备的主要内容包括飞行前地图作业、预先领航计算、研究航线情况、制订飞行领航计划、填写领航记录表及地面模拟演练等。

4.1.1.1 飞行前地图作业

飞行人员在明确任务、航线和执行方法后,就开始进行地图作业。为便于空中使用,地图作业应准确和清晰。其主要内容应根据具体的要求和平时准备的情况而定,直升机航行使用的地图作业通常为"一画八标记",即画航线、标记航线距离、飞行时间、磁航线角、磁差、时间分划、最高标高、修正系数和预定磁电台方位角(或预定电台相对方位角)等。

1) 标画航线

圈:把航线各基本点用直径为 10~15mm 的红色圆圈圈上。

画:将航线各基本点按顺序用黑色线段连接起来。注意,线段不应画入基本点的红圈内。

选:根据航线情况,在每段航线中段附近选出检查点,并用同样大小的红圈圈上。

2) 标记数据

量:量真航线角和航线距离,注意量航线距离时一般是从基本点到检查点、检查点到基本点分段量取。

算:算出磁航线角和各段航线的飞行时间。

标:把磁航线角、距离、时间、时间分划、航线最大标高、磁差等按规定的颜色和方法,标记在地图上,如图 4.1 所示。

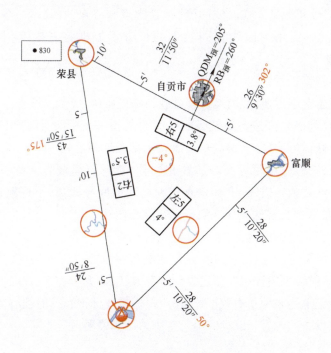

图 4.1 飞行前地图作业

(1) 标记距离、时间和磁航线角。

标记的方法以 $\frac{D}{t}CA_M$ 的形式，顺着航线去向，左航线时，标记在各边航线的右侧（当右航线时标记在左侧）。标记距离、时间用与航线相同的黑颜色，标记磁航线角用红色。字体的具体大小为 7～10mm。这里说明一点，每边航线只在检查点前标记磁航线角；当磁航线角变化大于 1°时，应重新标记磁航线角。

(2) 标记磁差、时间分划和最高标高。

① 标记磁差。在航线内侧的空白处用直径为 10～15mm 的红色圆圈标上，在圈中用红字注明磁差的数值，磁差变化超过 1°时，应重新标记一次。

② 标记时间分划。为了便于空中掌握直升机的概略位置和到达显著地标的时刻，画出航线后，应在各边航线的右侧，标记 5min 的时间分划。标记前，先按规定的真速求出 5min 的飞行距离，在航线右侧画一条和航线相同颜色并与之垂直的短画，其长度为 2～3mm，并在侧方注明 5′、10′、15′……数字。字体的大小为 4～6mm。时间分划是从基本点到检查点、检查点到基本点分段标记。

③ 标记最高标高。在航线两侧（包括起点和终点的前后方）各 25km 范围内找出最高标高，用与航线相同颜色的长方形方框将其框上，长边与纬线平行。

(3) 标记修正系数。

为了便于空中迅速、准确地检查航迹和修正航迹，应量出检查点地标中心到航线的距离（间隔），并按各边航线的已飞距离和未飞距离，计算出直升机偏航 1km 的航迹修正角系数（或偏离角系数），标记在地图上。

标记时，在检查点附近用与航线相同颜色，顺着航线方向画一长方形框，在方框的 1/2 处画一横线，上标检查点到航线的间隔距离，下标航迹修正角系数（或偏离角系数）。多边航线一般标记在航线内侧。

(4) 标记预定磁电台方位（或预定电台相对方位角）。

把量出的预定磁电台方位角（或预定电台相对方位角）的数值，用与航线相同的颜色，顺航线去向标记在预定方位线上方，字体大小为 5～7mm。

除了标记上述 8 种基本数据外，还应根据需要标记有关的领航资料，通常包括地面导航设备的位置、频率和呼号、空中禁区和强磁区等。

4.1.1.2　预先领航计算

为了减少空中计算，常将能够在地面计算的数据在准备中尽量算好。计算的主要内容包括航线总距离、总飞行时间、续航时间、飞行安全高度和飞行所需油量等。

1）计算航线总距离

航线总距离（$D_\text{总}$）是指从航线起点到航线终点各边航线距离的总和。因此,把各边航线距离相加,即为航线总距离。以图4.1所示航线为例,有

$$D_\text{总} = 28 + 28 + 26 + 32 + 43 + 24 = 181(\text{km})$$

2）计算航线总飞行时间

航线总飞行时间（$t_\text{总}$）是指按真空速计算的各段航线的飞行时间的总和,也就是从航线起点沿航线飞到终点所需的时间。以某航线为例,有

$$t_\text{总} = 10'20'' + 10'20'' + 9'30'' + 11'50'' + 15'50'' + 8'50'' = 66'20''$$

3）计算续航时间

续航时间（$t_\text{续}$）是指从起飞到着陆整个过程中,直升机在空中飞行的总时间。它包括起飞到航线起点的时间、航线上飞行的时间和航线终点到机场着陆的时间。以某航线为例：如果起飞到航线起点的时间为3',航线终点到机场着陆的时间为6',则

$$t_\text{续} = 3' + 66'20'' + 6' = 75'20''$$

4）计算飞行安全高度

保证直升机不至于与地面障碍物相撞的最低飞行高度,称为飞行安全高度（$H_\text{安}$）。安全基本原则为：直升机在平原地带,应高出航线两侧各25km范围内的最高标高200m以上,在山岳地带则应高出300m以上,即最小超障余度（minimumobstacle clearance, MOC）为200m或300m。

如果最高标高上有高大建筑物,还应将其高度计算在内。

由于气压式高度表所选择的基准面不同,可以指示相对高度、绝对高度,因而安全高度可以分为相对安全高度（$H_\text{安相}$）和绝对安全高度（$H_\text{安绝}$）,如图4.2所示,则有

$$H_\text{安绝} = h_\text{最高} + H_\text{最低} \tag{4.1}$$

计算相对安全高度时,应将最高标高减去机场标高,先求出最高标高差（$\Delta h_\text{最高}$）,然后,再与规定的最低真高相加,即

$$H_\text{安相} = \Delta h_\text{最高} + H_\text{最低} \tag{4.2}$$

例如,按图4.1所示航线飞行,航线最高标高为+830m,机场标高为283m,规定的最低真高为300m。试计算绝对安全高度和相对安全高度。

解：因为

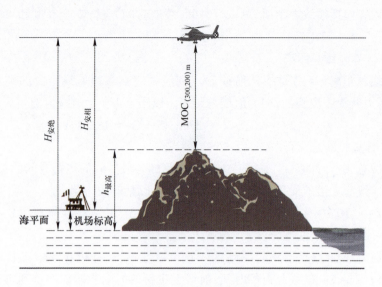

图 4.2　飞行安全高度

$$\Delta h_{最高} = +830 - (+283) = +547(\mathrm{m})$$

所以

$$H_{安绝} = 830 + 300 = 1130(\mathrm{m})$$

$$H_{安相} = 547 + 300 = 847(\mathrm{m})$$

航行中，航线上飞行的高度，通常都大于安全高度，在需要降低飞行高度时，一般不能低于计算的安全高度，以保证飞行安全。

5）计算飞行所需油量

在飞行前，飞行员和相关人员需要根据飞行计划和机型计算需要搭载的燃油量。

$$飞行所需油量 = 耗油量 + 安全油量 + 备份油量$$

$$耗油量 = 地面耗油量 + 小时耗油量 \times 飞行小时$$

$$剩余油量 = 载油量 - 耗油量 - 安全油量 - 备份油量$$

$$t_{剩余}(\mathrm{h}) = \frac{剩余油量(\mathrm{L})}{小时耗油量(\mathrm{L/h})}$$

地面耗油量：指地面试车、加温等用油。

小时耗油量：查各型直升机《驾驶守则》有关曲线。

安全油量：按各型直升机《驾驶守则》规定。

备份油量:通常为总油量(耗油量和安全油量的和)的10%。

4.1.1.3 研究航线情况

为了制订切合实际的飞行领航计划和顺利实施空中领航,飞行前必须认真研究航线情况,要对整个航线情况做到"心中有数"。研究航线的范围,主要依据航行条件来确定,通常应包括航线两侧大约 50km 的地区。低空飞行时,研究航线的范围可以窄些,一般不超过 30km;而当飞行高度高、航线较长时,研究的范围应适当加宽。而且航线始端可窄些,末端应宽些。研究的重点应放在沿航线的地标、地貌特征及其与航线的相关位置上,尤其对航线各基本点的研究要特别仔细,力求在飞行中能迅速辨认出这些地标。超低空飞行时,研究航线的重点应放在航线左右 10km 范围内的地貌、地标上。

研究航线后应熟知以下几点。

(1) 沿航线可供确定直升机位置的显著地标的分布和特征、相关位置以及与航线的关系。

(2) 沿航线的地貌起伏状况,主要障碍物的标高,熟记飞行安全高度。

(3) 沿航线可利用的导航设备的分布情况,核对好导航台的资料。

(4) 航线附近备降机场的位置和资料,以及从各段航线飞向主要备降机场的概略方向、距离和所需油量。

(5) 国境线、空中禁区和空中走廊的位置及有关规定。

4.1.1.4 制订飞行领航计划

飞行领航计划是飞行员对实施领航的程序、方法和处置各种特殊情况的预先设想,也是实施领航的基本依据。要使空中领航工作有目的、有步骤地进行,并能恰当地处置各种特殊情况,飞行前应根据飞行任务性质制定周密的计划,主要内容包括以下几点。

(1) 起飞、集合和飞向起点的方法。

(2) 进入航线的方法。

(3) 测量偏流、地速和求风的方法。

(4) 各段航线上检查和修正航迹的方法。

(5) 准时到达的方法。

(6) 搜索、进入目标的方法和在目标区活动的方法。

(7) 返航飞向着陆机场的方法。

(8) 进近穿云着陆的方法。

(9) 迷航后的复航措施及可能出现的其他特殊情况的处置方法。

领航计划的形式,通常有略图式和条文式两种。采用哪种形式,由任务和内场领航准备的时间确定,一般用略图式,图 4.3 所示为略图式领航计划。条文式领航计划是按整个航线的领航工作程序,用条文的形式将预先的设想写在计划纸上。

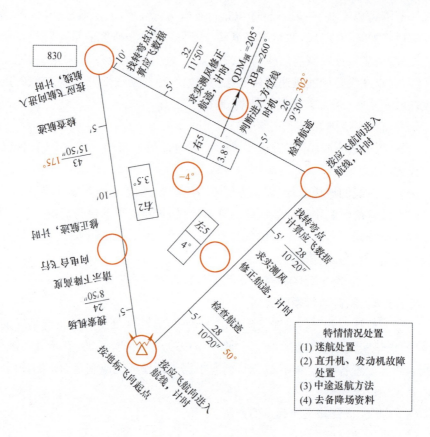

图 4.3 略图式领航计划

4.1.1.5 填写领航记录表

制定领航计划后,应根据计划准备好所需的表格和数据,如表高、表速查算表,准时到达查算表,修正航迹所需系数等。

内场领航准备中,所有领航计算的结果均应记入领航记录表相应的栏目内(表 4.1),数据应互相核对,力求统一准确。

表 4.1 领航记录表

年 月 日　　　　领航记录表　　　　代号：　　　　批准：

航线	磁航线角	距离	罗差	应飞航向	罗航向	偏流	地速	时间	地点	时间		罗航向	磁航向	偏流	磁航迹角	地速	高度	风		附记
										预计	实际							风向	风速	
									起飞											

总距离		飞行高度		表高		天亮
总时间		真空速		表速		天黑
起落时间		安全高度		载重		油量

气象资料

预报风	高度	风向	风速	场压	
				温度	
				湿度	

导航资料

机场	呼号	方向	近台	远台	走向

着陆时刻　　　　续航时间　　　　总评

4.1.1.6 地面模拟演练

上述工作完成后,还要根据飞行人员的技术水平和任务性质,组织机组协同演练和使用模拟器材等方式认真进行地面练习。通过地面练习,使飞行人员进一步熟悉空中领航工作程序、设备使用、特殊情况的处置方法及完成任务的方法,并发现领航准备中的不足。

4.1.2 外场领航准备

进入机场至起飞这一阶段的领航准备工作称为外场领航准备,也称为直接领航准备。其主要内容包括:了解天气情况;了解航行调度的有关要求;计算应飞磁航向、应飞时间和应飞罗航向;检查个人领航用具和机上领航设备。

4.1.2.1 了解天气情况

天气好坏对飞行活动影响很大。为了完成任务和保证安全,起飞前必须了解天气情况,以便充分利用有利的气象条件,同时避开不利天气,具体内容包括以下几项。

(1) 飞行区域内及航线附近的能见度好坏,是否有烟、雾、霾和扬沙等。

(2) 飞行区域内云的性质、分布和发展变化趋势,如云状、云量、云高,是否有降水、积冰和颠簸等。

(3) 飞行区域内空中风的资料。如预定高度上的风向、风速;起飞及降落机场的场面气压等。

(4) 危险天气(如雷暴、积冰等)的区域和性质。

了解天气情况时,应着眼其发展,既要注意当时的天气实况,又要重视整个飞行时间内天气变化的趋势。

4.1.2.2 了解航空管制的有关要求及飞行情报

为了更好地完成飞行任务,保证飞行安全,到机场后,飞行人员还应该了解航空管制的有关要求及飞行情报。例如,了解航线上飞行高度的配备和过往直升机(飞机)的活动情况,备降机场飞行情况等。

4.1.2.3 计算应飞磁航向和应飞时间

根据管制员在起飞前 1h 内测报的风向、风速,求出各段航线上的偏流和地速,算出应飞磁航向和应飞时间。各边航线到达检查点的时刻,应按地速计算。

4.1.2.4 计算应飞罗航向

起飞前,应按各段航线的应飞磁航向,从磁罗盘相应的罗差表中查出罗差,将应飞磁航向换算成应飞罗航向,以便空中保持。

计算结束后,将结果填入领航记录表相应栏目内。

4.1.2.5　检查个人领航用具和机上领航设备

检查个人所带领航用具是否准备齐全可用。

为了确保机上领航设备工作正常,起飞前必须认真检查直升机上的领航设备。

(1) 校对领航时钟。检查时钟的指示,并上弦和对时。

(2) 调整气压式高度表。将指针调整到"0",使气压刻度窗指示本机场的场面气压。

(3) 检查陀螺磁罗盘。通电 1～1.5min 后按住协调按钮,以协调罗盘,对照水罗盘检查指示的航向是否正确。

(4) 检查无线电罗盘。将无线电罗盘调谐到本场导航台,检查其频率、呼号和指示的电台相对方位角(电台方位角)是否正确。

4.2　空中领航实施

空中领航实施,是飞行人员在领航准备的基础上,运用各种领航设备和方法,引领直升机沿预定航线准时到达预定点,然后引领直升机安全地飞到预定机场着陆。

在飞行中,沿航线飞行领航的基本程序和方法,不只局限于用推算与地标相结合进行领航,而是根据不同的设备和航行条件,以推算为基础,分别与地标、无线电罗盘和其他领航设备相结合,综合实施。这里将着重研究沿航线飞行时空中领航的一般实施程序和空中地图作业、领航记录表的填写方法。

4.2.1　空中领航的一般实施程序

空中领航工作分为若干阶段。阶段的划分,随任务内容而异,常分为以下几个阶段,即起飞、飞向航线起点、进入航线、检查航迹、修正航迹、飞向转弯点、返航及飞向航线终点、飞向降落机场着陆。

下面将各主要阶段的领航工作和一般实施程序介绍如下。

4.2.1.1　起飞、飞向航线起点

直升机起飞后,按计划好的出航路线,引导直升机正确飞到航线起点,并使直升机以预定的航向、空速和高度通过航线起点上空而进行的工作,称为飞向航线起点。

正确飞向航线起点,将给整个领航实施创造良好的开端,如果飞向航线起点不正确,则会给下一段工作造成困难,甚至给领航实施带来不良后果。因此,飞

行人员必须重视并认真做好飞向航线起点的工作。

1) 起飞、飞向航线起点的主要工作程序

在外场领航准备以后,根据起飞时刻,提前进入座舱,做好开车前一切准备;开车后,打开规定的电门,检查仪表的指示情况。

(1) 直升机对正起飞方向,记下起飞航向;直升机开始离地时,打开秒表和续航时间表,记下起飞时刻。

(2) 起飞以后,引领直升机按照预定的路线和方法,飞到机场上空或起落航线某一转弯脱离机场,保持飞向航线起点的航向。

(3) 脱离机场时,确定实测位置,并预计到达航线起点的时刻。

(4) 脱离机场后,随时掌握直升机位置,当直升机上升到一定高度时,调整气压高度表,使气压刻度窗指示"760mmHg(或1013mbar)"。

(5) 根据预达时刻提前搜索辨认航线起点。对正应飞航向,起点上空(侧方)开表记时,并读取通过起点的时刻、高度、速度,确定直升机位置。

(6) 在地图上标记直升机的实测位置和时刻,在记录表上记下实际时刻,并预计到达下一预定点的时刻。

(7) 几个罗盘对照并参考地标,检查罗盘指示是否正确。

2) 飞向航线起点的方法

(1) 按航向、地标飞向航线起点。

起点与机场的关系位置如图4.4所示。飞行前应根据起飞方向和起点的位置,研究和确定出航航线,并概略地量出脱离机场后飞向起点的航线角和距离,按真空速算出飞行时间。这些数据可用目测心算法确定,不必标记在地图上。

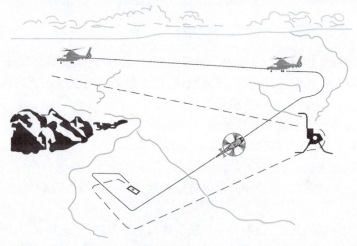

图4.4 按航向、地标飞向航线起点

因为航线起点离机场一般都不很远,所以飞向起点时通常都不考虑风的影响。起飞后,按计划脱离机场,操纵直升机对正飞向起点的航向(航线角),心算出预达时间。然后搜索辨认出起点,目视修正航向,使直升机对正起点飞行。接近起点时,应使航迹略微指向转弯方向的外侧,并适时转弯,使直升机在正确通过起点上空时,就已基本对正第一段航线的应飞航向。

实施时,当能见度良好、起点离机场较近,而且地标比较明显,可以目视地标为主,结合航向和时间飞向起点;反之,以航向和时间为主,结合目视飞向起点。

(2) 按显著地标飞向航线起点。

当能见度良好,航线起点离机场较近,地标又比较明显时,应以目视地标为主,结合预计航向和时间出航,如图4.5所示。为了正确出航,飞行前准备,应量出机场到起点的飞行方向和算出飞行时间。起飞后,按照航向和地标飞向航线起点,飞行中注意观察地标,防止丢失或认错起点,在接近起点时,提前对正第一段航线的应飞航向,使直升机能以预定航向、高度和速度正确通过起点上空。

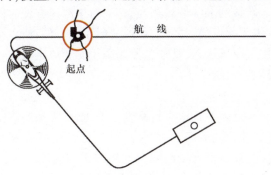

图 4.5　按显著地标飞向航线起点

4.2.1.2　进入航线

引领直升机准确通过航线起点(转弯点),采取应飞航向飞行,并计算到达下一预定点的时刻,为此而进行的各项领航工作,称为进入航线。常用的主要有按已知风进入航线和按实测偏流进入航线两种方法。

1) 按已知风进入航线

如果在直升机到达航线起点(转弯点)前,已经知道了飞行高度上的风向和风速,就可以根据航线角和预定的真空速,用计风仪计算出应飞航向和预计地速,通过起点后按应飞航向飞行,并按预计地速计算预达时刻。这种进入航线的方法,称为按已知风进入航线。

计算应飞航向时的风,可以由管制员提供,也可以在飞行中实测。前者称为按气象风进入航线;后者称为按实测风进入航线。

风常随着时间、地点、高度而变化,为了保证进入航线的准确性,应当选择1h内起点附近、飞行高度上的风。

(1) 实施步骤。

① 取得风的资料。

② 计算出预定航行条件下的应飞磁航向,并换算成应飞罗航向。

③ 引领直升机按应飞航向通过起点,并预计到达下一预定点的时刻。

④ 检查航行诸元的保持情况。

(2) 使用时机。

按已知风进入航线,空中工作较简便。其中按气象风进入航线,风的资料由管制员提供,可提前在地面计算出预计的偏流、地速和应飞航向。因此,它是在空中测风较困难的情况下(如云中、云上、夜间、海上)常用的方法。但是,由于气象台提供的风的资料受时间和地点的限制,因此,采用此法也有一定的局限性,有时准确性不够高。

按实测风进入航线的准确性较高,它是飞行中测风方便时的主要方法。

实际工作中,由于起点前时间短,测风一般不很方便,所以当航线为折线时,第一段航线常采用气象风进入,其他各段则采用实测风进入。

2)按实测偏流进入航线

(1) 原理。

如果到达航线起点前不知道飞行高度上的风,则无法预先推算出应飞航向。此时,可先以等于航线角的航向通过起点,然后尽快测出偏流,并根据所测得的偏流,计算应飞航向,修正直升机航向。如果测得的偏流不大,便保持修正后的航向飞行。如果测得的偏流较大,在修正直升机航向后,应再次测量偏流。当偏流变化在1°以上时,应重新计算应飞航向,并再次修正直升机航向,使航迹与航线平行。预达时刻,则按预计真空速计算。这种方法称为按实测偏流进入航线。

为什么要这样做呢?从计算应飞航向的原理可知,用以计算应飞航向的偏流,应是航向等于应飞航向时的偏流。但是,航向等于航线角时测得的偏流与应飞航向上的偏流是相近的,当偏流较小时,由于修正前后航向改变不大,偏流变化也不会大,故可用此偏流来代替应飞航向上的偏流,计算应飞航向,并保持其飞行。这种做法,航迹开始时将偏离航线,修正后,航迹将与航线平行,如图4.6所示。

当测得的偏流较大时,由于修正前后航向改变较大,偏流变化也可能较大。因此,在第一次修正航向以后,应再次测量偏流。如果偏流发生变化,应重新计算应飞航向,并再次修正直升机航向,在这种情况下,航迹经过两次偏折后才与航线平行,如图4.7所示。第一段航迹偏离航线的方向决定于偏流的正负,偏流

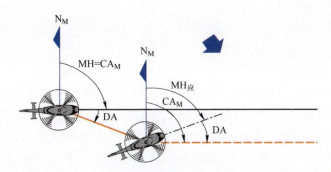

图 4.6　按实测偏流进入航线

为正时偏右,为负时偏左;偏离航线角度的大小决定于偏流的大小。第二段航迹偏离航线的方向和角度的大小决定于两次测量偏流的偏流差,即

$$\Delta DA = DA_2 - DA_1 \tag{4.3}$$

相对航线的平行线,当偏流差为正时偏左,为负时偏右。偏流差越大,偏离航线的角度也越大。

例如,磁航线角为 90°,直升机以磁航角 90°通过起点后,第一次测得的偏流为+16°,第二次测得的偏流为+13°,进入航线时,航迹的情况如图 4.7 所示。

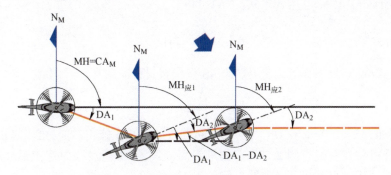

图 4.7　按实测偏流进入航线(二次测偏流)

不难看出,按实测偏流进入航线求应飞航向的原理和按已知风用计风仪求应飞航向的原理是相仿的。不同的只是获得应飞航向上的偏流手段不同而已。前者是用空中实测的方法获得;后者是用计风仪计算获得。

(2) 实施步骤。

① 到达起点前,将等于磁航线角的磁航向换算成罗航向。

② 引领直升机按预定航向通过起点,并预计到达下一预定点的时刻。

③ 立即测量偏流,计算应飞航向,修正并保持。

④ 再次测量偏流,如果偏流有变化,应重新计算应飞航向,再次修正直升机的航向。

⑤ 检查航行诸元的保持情况。

(3) 使用时机。

按实测偏流进入航线,空中工作稍多,但只要能测准偏流,便能求得准确的应飞航向。因此,当起点前不知道风或风不够稳定、通过起点后仍需要爬高时常被采用。不过在通过起点后如果偏流较大、飞行人员测偏流时间较长动作又较慢时,直升机会有较大的偏航。偏离航线距离(distance off course, D_{oc})的大小与偏流的数值和修正的早晚有关,如图4.8所示。

图 4.8 按实测偏流进入航线时偏航距离的计算

从图 4.8 中可以看出:

$$D_{oc} = GS \cdot t \cdot \sin DA \tag{4.4}$$

由于 $\sin DA \approx \dfrac{DA}{60°}$,代入式(4.4)可得

$$D_{oc} \approx \dfrac{GS \cdot t}{60°} DA \tag{4.5}$$

将式(4.5)中的地速 GS 用空速 AS 来代替,得

$$D_{oc} \approx \dfrac{AS \cdot t}{60°} DA \tag{4.6}$$

例如,AS=160km/h,DA=6°,飞过起点后10min才修正航向,可以算出修正时,直升机偏在航线右侧2.7km。如果提高测偏流的速度,飞过起点后4min就修正,则修正时直升机偏在航线右侧约1.1km。

3) 进入航线时应注意:准确地进入航线,有利于整个航线的领航工作。为此,实施时应注意以下3个问题。

(1) 准确通过起点。

准确通过起点,是保证准确进入航线的前提条件。因此,在飞行中,应尽可能提前找到起点,保证直升机以预定的航向准确地通过起点上空,防止通过起点时偏差就较大,从而造成后续领航工作的被动。

(2) 迅速测量偏流、及时修正航向。

迅速、准确地测出偏流,求准应飞航向,是进入航线的关键。因此,当直升机通过起点后,应尽快地测量偏流,并及时修正航向,防止修正过晚、在进入航线阶段就造成较大偏航。在实际工作中,进入航线的两种方法通常是配合采用的,即当条件允许时,先按已知风计算应飞航向通过起点,然后实测偏流,对应飞航向进行校正,以提高进入航线的准确性。

(3) 仔细检查所飞航向是否正确。

仔细检查进入航线时所求应飞航向是否正确,实际保持的航向和应飞航向是否一致,是进入航线的一项重要工作。如果进入航线时求错应飞航向或保持的航向与应飞航向不符,将给整个航线的领航工作造成很大的被动。

检查所飞航向是否正确,方法是多样的。其中,用所飞航向加偏流是否等于航线角的方法,来检查所飞航向是否正确,是简便、有效的方法。因为领航计算如果一旦发生差错,用重复计算的方法往往难以发现,若把计算条件和结果颠倒一下,差错往往容易发觉。

此外,为了防止因罗盘有较大误差而造成偏航,在进入航线后,还应对照机上其他罗盘,检查所飞航向是否正确。

4.2.1.3 检查航迹

直升机按计算的应飞航向准确地进入航线后,由于种种原因,往往航迹仍会偏离航线,到达预定点的时刻也常和预计的不一样,这几乎是每次航行中都会发生的现象。其产生的主要原因有空中风的变化、仪表误差、飞行员测量和计算不准确、保持航行诸元有误差。

为了掌握航迹并适时地修正偏差,准确引领直升机到达预定点,就必须在整个飞行过程中,经常地、有计划地检查航迹。

检查航迹就是准确地找出直升机的实际航迹,判明它同预定航线之间存在的偏差。从方向上判明直升机是否偏离了航线、偏了多少,保持原航向飞行是否能准确到达预定点,称为方向检查;从距离上判明直升机飞到了航线的哪个地段,地速有无变化,保持原空速飞行能否按预定时刻到达预定点,称为距离检查。确定了直升机的位置,可同时进行方向、距离两方面的检查,称为全面检查。飞行中,通常都同时对航迹的方向和距离(时刻)进行全面检查,有时也单独地对方向或距离进行检查。

检查航迹的方法很多,一般先确定直升机位置,然后依据直升机位置与航线之间的关系进行检查。这里主要介绍用推算和地标检查航迹的一般方法。由于推算存在一定的误差,所以用推算的方法只能做概略检查,只有用地标(或以后要讲到的无线电定位)才能做精确检查。飞行中,则应将二者紧密结合,即在一般情况下,用推算的方法概略地掌握航迹,一旦条件允许,应不失时机地用地标精确地检查航迹。

1) 方向检查

（1）用推测的方法做方向检查。

飞行中，当直升机脱离某一实测位置以后，如果能记录平均航向，测出实际偏流，便可计算出平均航迹角，在地图上画出或目测出航迹线，与航线进行比较，便可进行方向检查。

（2）用地标做方向检查。

① 用平行于航线的线状地标做方向检查。当航线附近的同航线近似平行（其交角不大于15°）的线状地标时，飞行中辨认出这类地标，根据直升机同线状地标的关系，检查直升机的航迹方向偏离航线的情况。如图4.9所示，航线左边有一条近似平行的河，同航线间隔6km左右。飞行中，若发现这条河在直升机左侧3km左右，则表明航迹偏左3km。若直升机位于河的上空，则表明航迹偏左6km左右。

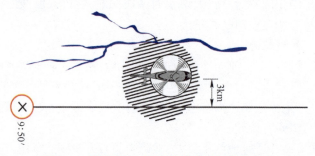

图4.9　利用平行于航线的线状地标检查方向

② 用两个实测位置做方向检查。飞行中，保持航向不变，用地标先后确定了两个精确位置，那么这两个位置的连线便是实际的平均航迹线。这种用地标确定的航迹线，常称为地标航迹。确定了航迹线，便可进行方向检查。

如图4.10所示，直升机从荣县飞往富顺，于11:17′从荣县正上空脱离，11:26′从检查点自贡市右侧5km处通过，连接前后两个精确位置，画出或目测出航迹和它的延长线，便可看出航迹相对于航线已经偏右，如不加以修正，到达富顺时直升机位置将偏在它的右侧。

2) 距离检查

飞行中，当不可能或不需要全面检查航迹时，也可以单独检查距离。所谓距离检查，就是确定一条与航线近似垂直的位置线，用它判明直升机飞到了航线的哪个地段、地速是否变化，保持原速飞行能否按预达时刻到达预定点。检查距离在飞行过程中应适时地进行。

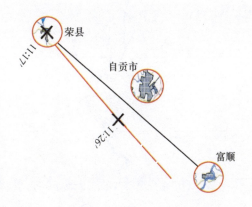

图 4.10 用两个实测位置做方向检查

(1) 用推测的方法做距离检查。

飞行中,根据实测的地速和直升机脱离某一精确位置后的飞行时间,求出飞过距离,在地图上画出距离弧,就可进行距离检查。根据实际地速与预计地速大小的比较,便可确定直升机到达预定点的时刻是否有所变化、如何变化。也可以用直升机到达某一预定点的时刻同预计到达这一预定点的时刻进行比较,从而可以确定直升机的实际地速与预计地速的大小,以及到达下一个预定点的时刻是早到还是晚到。

飞行中,距离弧通常不在地图上画出,而是利用地图上的时间分划目测截取。

(2) 用地标做距离检查。

当航线上有与航线垂直或近似垂直(交角应为 60°~120°)的线状地标时,根据飞行时间辨认出该线状地标后,即确定了直升机的概略位置。用实际飞行时间与推算的时间进行比较,即可知是早到还是晚到。如图 4.11 所示,推算到达河流上空的时刻为 10∶34′30″(预计飞行时间是 9′30″),而实际到达的时刻为 10∶35′(实际飞行时间是 10′),直升机晚到 30s。说明实际地速比预计的小,如果保持真空速不变,飞到下一点的时刻将更晚。

3) 全面检查

(1) 用推测的方法做全面检查。

按预定航线飞行,用推算的方法做全面检查,最常用的方法是按航迹角、地速求推算位置进行全面检查。

飞行中,如果能测出偏流、地速,并记录平均航向,便可求出平均航迹角,根

145

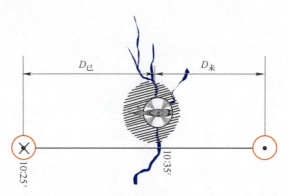

图 4.11　利用垂直于航线的线状地标做距离检查

据直升机脱离某一精确位置后的飞行时间,便可求出飞过距离,在地图上标画或目测出直升机的推算位置,即可进行全面检查。

飞行中,为了便于和地标相结合,在按预定航线飞行时,求推算位置常是有计划进行的,即根据到达预定地标的预达时刻,提前适当时间(通常为 3~5min),求出直升机的推算位置,然后辨认地标,对推算位置加以校正,并用地标精确地检查航迹。

(2)用地标定位进行全面检查。

飞行中,在推算的基础上,辨出了地标,便可确定直升机的精确位置,从而对航迹进行精确的全面检查。平时飞行训练中,通常是在航线检查点进行全面检查。如图 4.12 所示,采用这种方法,当直升机到达检查点上空(正侧方)时,立即确定直升机位置,根据直升机位置偏离航线的距离和实际到达时刻,就可判断偏航的程度和地速的大小。例如,直升机飞行高度 1500m,检查点在航线右侧 4km。如直升机从检查点侧方通过,向左测得 63°垂直观测角,则直升机到检查点的水平距离为 2 倍高度,即 3km。说明直升机偏在航线的右侧 7km。如直升机到达检查点的时刻比预计的早,则说明实际地速比预计的大。

4)航迹分析

判明直升机偏离航线后,还需对已飞航迹进行分析,分析航迹是一项十分重要的领航工作。分析航迹的目的是要弄清航迹的过去,掌握航迹的去向;明确航迹偏差的原因,为以后修正航迹提供可靠的依据。

分析航迹不仅要弄清航迹的过去和现在,更主要的是要预见到航迹未来的发展趋势。因此,需要把现时的位置和以前的位置,现时的偏流、地速和以前的偏流、地速,联系起来进行。仅仅着眼于一时的情况,就不能对航迹的发展变化准确预见。

第 4 章 领航准备与实施

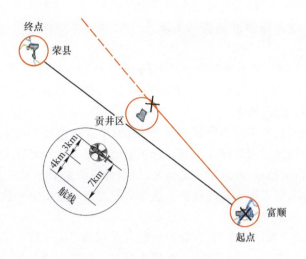

图 4.12　地标定位进行全面检查

由于空中情况多变,每次飞行的情况又不相同,要做好分析航迹的工作,需要在飞行实践中不断积累经验,学会分析方法。

分析航迹的基本方法如下。

① 如平均航向与应飞航向一致,实际航迹与推测航迹也一致,则说明空中风没有明显变化。

② 如平均航向与应飞航向不一致,虽然实际航迹与推算航迹一致,但说明空中风已发生变化,应引起重视。

③ 如平均航向与应飞航向一致,实际航迹偏在推测航迹一侧(如左侧),则说明空中风已发生变化。

④ 如保持的平均表速与预计的表速一致,实际到达某地标的时刻比预达时刻早到或晚到,则说明风已发生变化。

5) 检查航迹应注意的问题

为了检查好航迹,引领直升机沿航线飞行,实施时应注意以下问题。

① 适时地确定实测位置。检查航迹最重要的是解决位置问题。只有适时地确定了直升机的实测位置,才能找出直升机的实际航迹,才能谈得上对直升机的航行情况做出真实的、有预见性的判断。所以,只要条件许可,就要适时地用地标或其他领航设备确定直升机的实测位置。为了适时地确定实测位置,应加强空中工作的计划性,以防错过时机。

② 经常地掌握推算位置。经常地掌握推算位置,是确定实测位置的基础。

只有经常地掌握推算位置,才能当条件允许时适时地确定实测位置。为了掌握好推算位置,应注意测准偏流和地速,记准平均航向和空速,经常地注意飞行时间。

③ 加强分析。检查航迹时,一定要加强对航迹的分析。主要分析产生航迹偏差的原因和判定未来航迹发展的趋势,从而为修正航迹提供依据。

4.2.1.4 修正航迹

检查航迹后,如发现直升机偏离航线,或不能按推算的时刻到达预定地点时,就应根据情况适时地修正航迹。修正航迹就是重新确定应飞航向,使修正后的航迹通过预定地点,并采取一定措施,使直升机按预定时刻到达预定点。前者称为方向修正,后者称为时间修正。这里只研究方向修正的一般方法。

1) 航迹修正角法

直升机偏离预定航线后,在偏出的地点重新确定应飞航向,使直升机飞向预定地点的方法,这种方法称为航迹修正角法,也称为直接修正法,如图4.13所示。

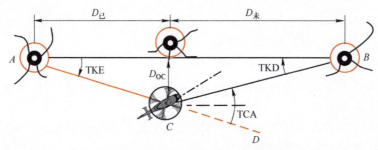

图 4.13 直接修正法

(1) 原理。

在沿航线飞行的过程中,直升机保持一定的航向从 A 点飞向 B 点,在检查点确定直升机位置偏在 C 点,那么 AC 连线便是直升机在这段飞行时间内的平均航迹,它是由平均航向($MH_{均}$)和平均偏流($DA_{均}$)所形成的。在风不变的情况下,若继续保持原来的平均航向和空速飞行,直升机将沿平均航迹的延长线 CD 飞去。要想使直升机沿新航线 CB 飞到 B 点,就必须将航迹向 B 点改变一个航迹修正角(track correction angle,TCA)。TCA 就是航迹的延长线同新航线之间的夹角。

一般来说,要使航迹方向改变,必须通过改变航向才能实现。从航行速度三角形的原理可知,在航向改变不大的情况下,偏流的变化量可以忽略不计,因此,航向改变多少,航迹角也改变多少,所以,只要在原来的平均航向基础上修正一个航迹修正角,就是新的应飞航向。保持修正后的应飞航向($MH_应$)飞行,直升机即可沿新航线直接飞向预定地点。

直升机偏在航线左侧时,应向右修正,原航向应增大一个航迹修正角;反之,原航向则应减小一个航迹修正角,即

$$MH_应 = MH_均 \pm TCA \tag{4.7}$$

直升机偏左时,取"+";偏右时,取"-"。

(2) 航迹修正角的求法

① 用向量尺量。航迹修正角用向量尺直接量取较为简便、实用。用量距尺的上缘压住地图上标定的两个直升机位置的连线,使它代表平均航迹,然后转动圆形量角器,使其平行标线与新航线平行,右箭头(或左箭头)所对的刻度处便是航迹修正角。

② 用计算尺计算。从图 4.13 中可以看出,航迹修正角是 $\triangle ABC$ 的一个外角,它等于原航线与航迹线之间的夹角(偏航角(TKE))和新航线与原航线之间的夹角(偏离角(TKD))之和,即

$$TCA = TKE + TKD \tag{4.8}$$

按偏航距离求航迹修正角如图 4.14 所示。偏航角和偏离角可以根据偏航距离(D_{oc})、已飞距离($D_已$)和未飞距离($D_未$),分别按下式算出,即

$$\tan TKE = \frac{D_{oc}}{D_已} \tag{4.9}$$

$$\tan TKD = \frac{D_{oc}}{D_未} \tag{4.10}$$

式中:D_{oc} 为直升机偏航距离;$D_已$ 为已飞距离,即起点(转弯点)与直升机位置之间沿航线方向上的距离;$D_未$ 为未飞距离,即直升机位置与预定点间沿航线方向上的距离。

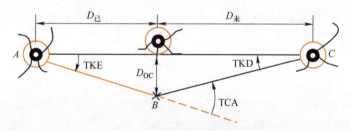

图 4.14　按偏航距离求航迹修正角

依据比例关系,可以用正切尺计算偏航角和偏离角,尺形如图 4.15 所示。

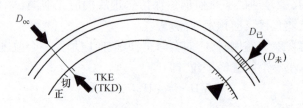

图 4.15　用计算尺求偏航角与偏离角

根据图 4.15,式(4.9)和式(4.10)可写为

$$\frac{D_{oc}}{\tan TKE} = \frac{D_{已}}{\tan 45°} \quad \text{和} \quad \frac{D_{oc}}{\tan TKD} = \frac{D_{未}}{\tan 45°} \tag{4.11}$$

算出了偏航角、偏离角之后,将它们相加,即得航迹修正角。

例如,已知已飞距离 $D_{已}=40\text{km}$,未飞距离 $D_{未}=70\text{km}$,偏航距离 $D_{oc}=5\text{km}$,根据图 4.15 所示的尺形求得 TKE = 7°,TKD = 4°。所以,TCA = TKE + TKD = 7°+4° = 11°。

③ 心算法。由于飞行人员在空中不便于使用计算尺,而在飞行前又不可能知道偏航距离的大小。因此,在地面准备时,通常用计算尺求出偏航距离为 1km 的偏航角(偏航角系数(coefficient of TKE,C_{TKE}))和偏离角(偏离角系数(coefficient of TKD,C_{TKD})),如图 4.16 所示。把偏航角系数和偏离角系数相加,即为偏航 1km 的航迹修正角,称为航迹修正角系数(coefficient of TCA,C_{TCA}),则有

$$C_{TCA} = C_{TKE} + C_{TKD} \tag{4.12}$$

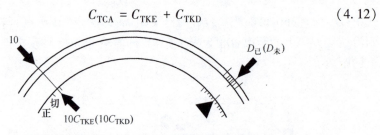

图 4.16　用计算尺求偏航角系数和偏离角系数

在飞行过程中,目测出直升机到检查点的水平距离后,根据该检查点距航线的间隔,求出偏航距离,即可求得航迹修正角如下:

$$\text{TKE} = C_{TKE} \cdot D_{oc} \tag{4.13}$$

$$\text{TKD} = C_{TKD} \cdot D_{oc} \tag{4.14}$$

$$\text{TCA} = C_{TCA} \cdot D_{oc} \tag{4.15}$$

例如，已飞距离 $D_已 = 40\text{km}$，未飞距离 $D_未 = 70\text{km}$。地面准备时，可求得 $C_{TKE} = 1.4°$、$C_{TKD} = 0.8°$、$C_{TCA} = 2.2°$。飞行中，目测出直升机偏在航线左侧 5km，心算出航迹修正角为 11°。设直升机的原航向为 250°，应向右修正 11°，修正后的应飞航向为 261°。保持 261°航向飞行，直升机就可直接飞到预定地点。

（3）通过起点不正确时计算航迹修正角的方法。

从图 4.16 可知，计算航迹修正角的原理是建立在直升机准确通过起点的基础上。当直升机由于某种原因通过起点不准确时，再按上述方法计算的航迹修正角就不正确了，从而使计算的应飞航向产生误差。从图 4.17 中可以看出，当直升机在起点一侧通过，设其距离误差为 d，准确通过起点的航迹修正角为 TCA′，而实际航迹修正角为 TCA，这样两者之间相差一个补充角 β。

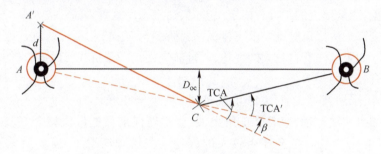

图 4.17　通过起点不正确时求航迹修正角

图 4.17 中，$\triangle ACA'$ 近似于直角三角形，所以，补充角 β 可以用下式来计算，即

$$\tan\beta \approx \frac{d}{AC}$$

由于

$$AC \approx D_已$$

将 $\tan\beta \approx \frac{d}{AC}$ 代入上式，可得

$$\tan\beta \approx \frac{d}{D_已} \quad \text{或} \quad \beta \approx C_{TKE}d$$

求出了补充角 β，便可得

$$TCA = TCA' \pm \beta \tag{4.16}$$

式中，TCA′仍按式（4.15）计算。

补充角在直升机通过起点后随即算出，以便于在检查点迅速求出实际的航迹修正角。

例如,在前面的例子中,直升机通过起点时偏左 2km,可求得补充角 β = 2.8°;到达检查点时,直升机偏在航线右侧 5km,可求得原航迹修正角 TCA′ = 11°;最后,可求出实际航迹修正角 TCA ≈ 14°。

上述几种求修正角的方法各有优、缺点。用向量尺量,同样需要计算,适于空中临时修正时使用。不足之处是必须在地图上准确地标记直升机位置后才能量得准,且量角需要用较多的时间。用计算尺虽然准确,但比较麻烦,因而很少使用。心算具有迅速、简便的优点,是常用的方法。

(4) 优、缺点及使用时机。

按直接修正法修正航迹的方法,不需要求出空中风向、风速或偏流,是飞行时常用的方法。它可以消除因罗盘和测量偏流有固定误差而造成的偏航,如果发现罗盘、测量偏流的工具有固定误差时,适宜采用这种方法。

直接修正法修正航迹要求飞行员注意保持好航向,使飞过的航迹近似于一条直线。如果航向有过较大的变化,飞过航迹便是一条折线,计算出来的应飞航向就会有较大的误差。

另外,采用直接修正法修正航迹时,航迹修正角不能太大(一般不超过 20°)。如果偏航过远,造成修正角太大,修正航向前后的偏流就会有较大的变化,所求的应飞航向也会产生较大的误差。在这种情况下,就不宜采用这种方法。

(5) 实施步骤。

地面准备时,根据检查点前、后的距离,求出航迹修正角系数 C_{TCA},并同检查点偏离航线的距离一起标记在地图上(标记修正系数)。

① 直升机通过起点时,确定第一个实测位置。

② 飞行中,准确记录平均航向。

③ 到达检查点时,确定第二个实测位置,在地图上画"×"标记时。

④ 量出或算出航迹修正角,求出应飞航向。

⑤ 修正航向,并保持应飞航向飞行。

⑥ 预计到达下一个预定点的时刻,并检查航向的保持情况。

2) 偏离角修正法

(1) 原理。

如图 4.18 所示,在检查点确定了直升机精确位置,发现直升机偏离了原航线以后,把所确定的位置作为新的起点,重新选定新航线,并求出新的航线角($CA_{M新}$)和新应飞航向($MH_{新应}$),使直升机沿新航线飞向预定地点。

新航线角的求法,可以用向量尺在地图上直接量得。但在通常情况下,是根

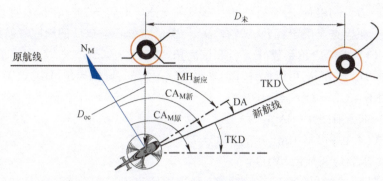

图 4.18　偏离角修正法

据原航线角($CA_{M原}$)和偏离角(TKD)的关系,通过计算求得的,即

$$CA_{M新} = CA_{M原} \pm TKD \qquad (4.17)$$

直升机偏左时,取"+";偏右时,取"-"。

求出偏离角后,在航向改变不太大(小于15°)的情况下,可在新航线角的基础上,用原航线上的偏流(修正前测出的偏流)求出新应飞航向,即

$$MH_{新应} = CA_{M新} - DA \qquad (4.18)$$

如果航向改变量较大或检查点前、后风发生变化,则应及时测量偏流,用实测的偏流作补充修正。

(2) 偏离角的求法。

① 用向量尺量。从地图上量取偏离角,就是用量距尺的上缘压住直升机位置和预定点,使其上缘代表新航线,然后转动圆形量角器,使平行线与原航线平行,通过量距尺上缘左(右)箭头即可读取偏离角。

② 用计算尺计算。计算方法参见式(4.9)及图 4.15 所示的尺型。

例如,$D_{未}$ = 18km,直升机偏在航线右侧,D_{oc} = 2km,可以算出 TKD = 6.3°≈6°。

③ 心算法。首先根据式(4.14)及图 4.16 所示的尺型,即求出偏航1km时的偏离角度数(偏离角系数);然后乘以偏航距离求出偏离角。

为了便于心算,平时应当熟记若干个未飞距离的偏离角系数,如表 4.2 所列,以便在飞行时能迅速求出偏离角。

表 4.2　偏离角系数表

$D_{未}$/km	20	30	40	50	60	70	80	90
C_{TKD}/(°)	2.9	1.9	1.4	1.1	0.9	0.8	0.7	0.6

例如，$D_{未}=18$ km，若直升机由甲地飞往乙地，$CA_M=79°$，在检查点前测得 $DA=+6°$，在检查点确定直升机偏右，$D_{oc}=2$ km，求修正航迹后的新应飞航向。

解：(1) 求偏离角系数（C_{TKD}）和偏离角（TKD）。

根据 $D_{未}=18$ km，可以用计算尺求得 $C_{TKD}=3.2°$，则偏离角可由式(4.14)求得，即 $TKD=3.2°×2=6.4°≈6°$

(2) 求新航线角（$CA_{M新}$）。

由式(4.17)可得 $CA_{M新}=79°-6°=73°$。

(3) 求新应飞航向（$MH_{新应}$）。

由式(4.18)可得 $MH_{新应}=73°-(+6°)=67°$。

(3) 优、缺点及使用时机。

按偏离角修正法修正航迹，不需要考虑直升机已飞航迹的情况和偏航的远近，只要能求出准确的直升机位置（偏航距离）和风（偏流），就能求出准确的应飞航向。所以，它是在飞行中风变化较大、直升机的航迹不规则或在多个检查点的长直航线中修正航迹的主要方法。这种方法仅修正风的影响，因此如罗盘有固定误差则会造成偏航。

在高纬度地区飞行或偏航距离较大以及未飞距离较长的情况下，由于通过心算偏离角再求新航线角存在较大的误差，这时应直接在地图上量出新航线角，然后再修正偏流求出新应飞航向，以提高修正航迹的准确性。

(4) 实施步骤。

① 地面准备时，根据检查点后的未飞距离，求出偏离角系数，并同检查点偏离航线的距离一同标记在地图上（标记修正系数）。

② 检查点前，准确地测量出偏流。

③ 到达检查点正侧方时，确定直升机位置，在地图上画"×"标记时。

④ 求出偏航距离、偏离角、新航线角和新应飞航向。

⑤ 修正航向，并保持应飞航向飞行。

⑥ 预计到达下一预定点的时刻，并检查航向保持情况。

3) 修正航迹应注意的问题

为了使修正航迹的工作获得预期的效果，修正航迹时应注意以下问题。

(1) 确有根据。

飞行中，决不允许无根据地改变航向，修正航迹；否则，不但会造成领航工作的混乱，而且很容易导致迷航。确有根据是指确定了直升机的精确位置，准确地测得了偏流。当选择用按航迹修正角或偏离角修正航迹时，在能用地标确定直升机位置的情况下，应按地标所确定的实测位置进行修正。

(2) 及时又不频繁。

在检查航迹中发现了偏航,并且预计发展下去对后续航行或其他方面(如任务需要、飞行安全等)不利时,应及时修正,但是又不要过于频繁,偏差不大时,可以选择一定的时机,如到检查点时再作修正。

(3) 便于以后的检查和修正。

修正航迹时,不仅要考虑修正当时已经存在的偏差,还要照顾修正以后是否便于掌握位置,做再次检查和修正。根据不同情况,可采用平行于航线飞行、飞回原航线、飞向下一个检查点或直接飞向预定点等不同的方法。一般情况下,都直接修正到预定点。

4.2.1.5 飞向转弯点

飞向转弯点的主要工作程序如下。

(1) 测偏流,修正航向。

(2) 以推算为基础,综合利用各种方法检查航迹。

(3) 根据预达时刻,提前搜索辨认检查点。

(4) 直升机通过检查点正侧方或上空时,停秒表,记时,开秒表;判定实测位置,在地图上标记精确位置和实到时刻;根据偏航情况,重新计算应飞航向,并进行改航;读取检查段时间,计算地速,预计到达下一个预定点的时刻(此步骤为检查点的主要工作)。

(5) 再次测偏流,继续以推算为基础,综合利用各种方法检查、修正航迹。

(6) 求风,并预计下一段航线的偏流、地速和应飞航向。

(7) 根据预达时刻,提前搜索辨认转弯点,确认后,引领直升机正确通过航线转弯点上空,对正下一段应飞航向;转弯点上空(侧方)时开秒表,并读取时刻;在地图上标记直升机的实际位置,在记录表上记下实际时刻,并预计到达下一个预定点的时刻(此步为转弯点的主要工作)。

如果航线分为几段,各段的工作步骤与从航线起点飞向转弯点的相同。

4.2.1.6 返航及飞向航线终点

返航一般是指直升机通过最后一个转弯点或返航起点时,引领直升机飞向航线终点所进行的工作。

1) 主要工作程序

(1) 提前调谐无线电罗盘至降落机场导航台,适时做向电台飞行。

(2) 在适当时机,向飞行管制员报告高度和预达时刻,并询问着陆条件,定场压。

(3) 到了开始下滑点或预计开始下滑的时刻,开始下降高度。

(4) 随时注意高度变化,掌握直升机位置。

(5) 根据预达时刻,提前搜索辨认航线终点。

(6) 在航线终点标记直升机位置,记下到达时刻,保持飞向机场的航向。

2) 推算开始下滑点

为了节省油料和缩短飞行时间,直升机到达航线终点时,应下降到某一预定高度上,为此须计算开始下滑的位置,如图 4.19 所示。

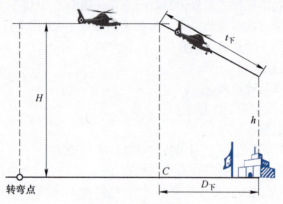

图 4.19 开始下滑点

设直升机下降速率为 $v_下$,航线飞行高度为 H,下降到规定的高度为 h,则下滑时间为

$$t_下 = \frac{H - h}{v_下} \tag{4.19}$$

求出下滑时间后,即可根据真空速度计算出下滑距离,即

$$D_下 = AS \cdot t_下 \tag{4.20}$$

求出下滑距离后,从终点起沿航线往回量取这段距离,即得开始下滑点的位置,如图 4.19 中的 C 点所示。

例如,直升机由最后转弯点飞返机场,航线高度 1500m,地速为 180km/h,以 3m/s 的下降率沿航线下降,到航线终点的高度为 400m,求开始下滑点的位置。

解:(1) 计算下滑时间为

$$t_下 = \frac{1500\text{m} - 400\text{m}}{3\text{m/s}} = 6'10''$$

(2) 计算下滑距离为

$$D_下 = 180\text{km/h} \times 6'10'' = 18.5\text{km}$$

(3) 在地图上确定开始下滑点的位置。从航线终点沿航线往回量取 18.5km 的距离,即得开始下滑点的位置。

3) 返航时应注意的问题

返航阶段的工作与前述沿航线飞行的工作基本相同,但应特别注意以下几点。

(1) 返航时常向机场导航台做向电台飞行,因此一定要准确调谐,辨明信号,同时还应注意检查飞行方向。飞行中,要及时掌握直升机的位置,注意判定直升机的航迹,不可因返航而松懈意志。

(2) 经飞行管制员同意,并根据地标判定开始下滑点(或根据预定的下滑时刻)后方可开始下滑,不得擅自提前盲目下降高度,能见度不良时,应保持航线飞行安全高度,通过机场导航台再按规定方法进行穿云下降,禁止盲目下降到安全高度以下飞行。

(3) 按规定进入着陆机场,加强观察,防止丢失或认错机场。接近机场时,请示塔台管制员,按规定加入航线进行目测着陆。

4.2.1.7 飞向降落机场着陆

主要工作程序如下。

(1) 保持飞向降落机场的航向。

(2) 根据飞离航线终点的时刻,预计到达降落机场的时刻,同时注意掌握直升机位置。

(3) 提前搜索降落机场,按规定的高度加入着陆航线。

(4) 直升机接地后,关续航时间表,记下着陆时刻和续航时间。

4.2.2 空中地图作业

空中地图作业的主要内容,是在地图上按照规定的符号和格式,画航迹线和其他位置线,标记直升机位置、到达各主要地点的预达时刻和实到时刻,以及新发现的情况和地标的变化等资料。

空中地图作业要力求准确、迅速、清晰、实用,并严格按规定的符号和格式标记,不要在地图上乱记一些不必要的数据。

4.2.3 空中领航记录表的填写

领航记录表是记载与实施与领航有关的各种数据的表格(表4.1)。表的一部分是地面准备用的,记载飞行前领航计算的数据;另一部分是空中用的,记载与实施领航有关的数据。没有专栏的数据填入附记栏内。

通信、导航资料、出航图、归航图、仪表进近图以及其他备用资料,可填写在领航记录表的空白处。

空中填写的数据,按性质可分为两大类:一类是通过测量和观测记录所得的数据,如测量的偏流、地速、风向、风速以及保持的航向和空速,称为实际数据;另一类是应飞的以及各种预计的数据,如应飞航向、应飞表高、应飞表速以及预达时刻等数据,称为预计数据。

填写预计数据,是为了帮助记忆,便于对应飞诸元的保持情况进行检查。这些数据通常填写在航线的起点、转弯点、检查点以及需要改变航向、空速或高度的地点的那一行内。填写实际数据是为了给各种领航计算(如推算直升机位置)提供资料,避免将实测的偏流、地速同预计的相混淆,在实测的数据下面画一弧线(如DA),以示区别。

在记录表上记录哪些数据以及怎样填写,应按照实际情况来确定。例如,在出航时已经预计了应飞的表高和表速,如果在航行中没有改变,只需填写一次,不必重复。如果需要改变或实际上发生了较大的变化,则应在改变的地点那一行内填写应飞的数据或实际保持的数据。

(1) 起飞。

填写起飞时刻。起飞航向、计算的应飞表速和表高。

(2) 航线起点和转弯点。

按已知风(应飞航向)进入航线时,在磁航迹角栏内填写磁航线角,偏流栏内填写预计的偏流,航向栏内填写应飞磁航向和应飞罗航向,地速栏内填写预计地速,时刻栏内填写预计和实际到达的时刻。还可根据需要在相应栏内填写通过起点和转弯点时保持的表速和表高。按实测偏流进入航线时,填写方法与按已知风进入航线基本相同,不同的是偏流是空中实测的。为了区别,应在下面加一弧线。

(3) 检查点。

按偏离角修正法修正航迹时,应填写新磁航线角、修正航迹所用偏流、新应飞磁航向和新应飞罗航向,在附记栏内填写偏航距离和偏离角,时刻栏内填写预计和实际到达时刻。

按直接修正法修正航迹,应填写应飞罗航向,在附记栏内填写平均罗航向和航迹修正角。

(4) 测偏流。

测得的偏流有检查航迹、修正航迹、求风等用途。主要填写实测偏流,应飞磁航向和应飞罗航向。如测偏流时实际的航向、空速和预计的相差较大,为了求准风,应将测量时的航向和空速记下来。还可以根据需要记录测偏流的时刻和当时的高度。

（5）求风。

检查段求风，一般填写测风过程中保持的平均罗航向、平均磁航向、实测偏流、平均磁航迹角、平均表速和实测地速等。附记栏内填写检查段的距离和时间，以及求得的风向风速。如用2~3个偏流求风，测偏流所填的数据和格式与前相同。在附记栏内应填写风向、风速，在地速栏内填写该航向上的地速。

（6）进入预定方位线。

应填写预计和实际进入无线电方位线的时刻、进入时的罗航向和磁航向，附记栏内填写导航台呼号及方位角。

（7）向电台飞行。

应填写开始向电台飞行的时刻，保持的罗航向，附记栏内填写方位角，导航台呼号填写在地点栏内。

（8）航线终点。

填写预计和实际的到达时刻。必要时可填写表高和表真速。

第5章 仪表进近着陆飞行的领航

仪表进近着陆是指着陆过程中飞行人员根据无线电导航系统所提供的信息,按照仪表的指示所进行的一系列预定的机动飞行。仪表进近着陆从规定的进场航线开始,到飞机完成着陆为止,并且包括不能继续进近着陆时的复飞。

由于直升机在着陆阶段所保持的速度,与固定翼 A 类飞机仪表进近程序中所规定的速度接近,因而,在直升机仪表进近程序还没有制定出来之前,可参照固定翼 A 类飞机仪表进近程序的标准执行。为便于学习运用,本章将重点介绍仪表进近程序的有关知识。

5.1 概　　述

5.1.1 仪表进近着陆航线的组成及保护区的设定

不论是精密进近着陆还是非精密进近着陆,其航线通常由进场、起始、中间、最后、复飞 5 个航段组成,如图 5.1 所示。

5.1.1.1 进场航段

从航线终点开始到起始进近航段开始点即起始进近定位点(initial approach fix,IAF)为止的航段称为进场航段,也称为进场航线。飞机沿进场航线的飞行称为进场。

进场航段的保护区。在此之前的保护区范围为航线两侧 25km 范围内的最大标高加超障余度,山区加 600m、平原加 400m。进入保护区时(以机场为中心 46km 半径内),即距机场 46km (26n mile),其外沿以 30°开始收敛,至 IAF 时减小至起始进近的宽度 18km 并开始建立副区,副区的高度为 400～0m(从上至下)。故通常理解其长度为 46km。

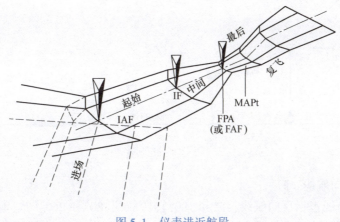

图 5.1　仪表进近航段

飞机活动频繁的机场大都制定有标准仪表进场航线。为了便于调配进、离场的飞机,安排着陆顺序,还在进场航段和起始进近航段之间设有等待航线,如图 5.2 所示。

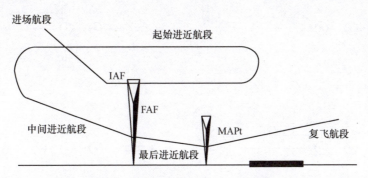

图 5.2　直角航线仪表进近着陆航线

5.1.1.2　起始进近航段

从起始进近定位点(IAF)开始到中间进近定位点(IF)为止的航段称为起始进近航段。精密进近着陆时,从起始进近定位点开始到切入航向道的一点为止的航段称为起始进近航段。规定了最小超障余度主区 300m,副区 300～0m,不是整数时按 100m 向上取整。

起始进近航段也称为起始进近航线,常用的起始进近航线有以下 3 种。

1)直线航线

直线航线可以是 NDB 方位线、VOR 径向线或 DME 弧,如图 5.3 所示。

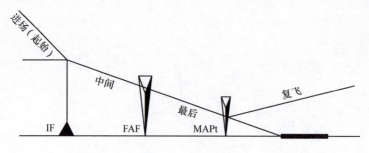

图 5.3 直线航线

2) 反向航线

反向航线包括反向航线、45°和180°转弯航线、80°和260°转弯航线以及U形航线等,其中,反向航线由出航航段(背台边)、入航转弯、入航航段(向台边)组成。入航转弯为右转弯时称为右反向航线;入航转弯为左转弯时称为左反向航线,如图5.4所示。

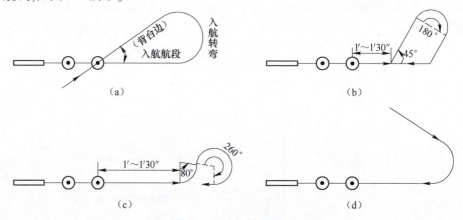

图 5.4 反向航线的种类

(a)反向航线;(b)45°和180°转弯航线;(c)80°和260°转弯航线;(d)U形航线。

3) 直角航线

直角航线由出航转弯、出航航段(第三边)、第三转弯、第四边、第四转弯、入航航段(第五边)组成。当第四边为零时,第三、四转弯连续转。出航转弯为右转弯时称为右直角航线;出航转弯为左转弯时称为左直角航线,如图5.5所示。

沿起始进近航线的飞行称为起始进近。不论是精密进近着陆还是非精密进近着陆,起始进近的方法均相同。起始进近主要用于消磨高度,并通过一定的机动飞行以便在规定的地点和高度上切入中间进近航段。

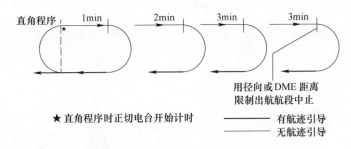

图 5.5 直角程序的种类

5.1.1.3 中间进近阶段

从中间进近定位点到最后进近定位点(FAF 或 FAP)的航段称为中间进近航段。精密进近着陆时,从切入航向道的一点开始到切入下滑道的一点即最后进近点为止的航段称为中间进近航段。沿中间进近航段的飞行称为中间进近。

该航段的最长长度为 28km,保护区宽度为 18~4km,其中主区为 9~2km、副区为 4.5~1km,最小超障余度主区加 150m,副区加 150~0m,按 10m 向上取整。

中间进近主要用于调整飞机的速度、姿态及位置,以便进入最后进近航段。

5.1.1.4 最后进近航段

最后进近着陆时,从最后进近定位点开始到复飞点(missed approach point, MAPt)的航段称为最后进近航段。

该航段的长度为远、近距导航台之间的距离,宽度为远、近距导航台左右两侧各 1km 处,向外以 10.3°扩张角的延长线交点范围内的区域。最小超障余度为标高上加 75m 并按 5m 向上取整。

最后进近航段包括仪表飞行和目视飞行两部分。仪表飞行从最后进近定位点或最后进近点开始到复飞点为止。复飞点是指精密进近着陆决断高度与下滑道的交点;非精密进近着陆无特殊说明均为近距导航台。目视飞行从转为目视飞行开始到进入跑道着陆为止。沿最后进近航段的飞行叫最后进近,它是仪表进近着陆中最关键的阶段。

5.1.1.5 复飞航段

从复飞点开始至爬升到可以做下一次进近或飞到指定的等待航线或重新开始航线飞行高度为止的航段称为复飞航段。

飞机沿复飞航段的飞行称为复飞。复飞分起始、中间和最后 3 个阶段。起始阶段从复飞点开始到开始爬升点为止;中间阶段从开始爬升点开始到取得 50m 超障余度为止;最后阶段从取得 50m 超障余度开始到可以做下一次进近或飞到指定的等待航线或重新开始航线飞行为止。复飞是保证飞行安全的必要手段,每个仪表进近图上都公布有具体的复飞方法,如图 5.6 所示。

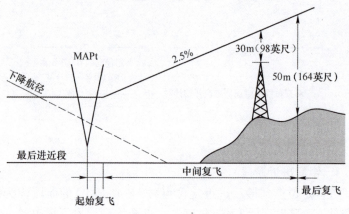

图 5.6　复飞阶段

5.1.2　仪表进近着陆的分类

根据仪表进近着陆最后阶段所使用的导航设备及其精度,可分为精密进近着陆和非精密进近着陆两大类。

5.1.2.1　精密进近着陆

在仪表进近着陆的最后阶段,利用航向道和下滑道信息进近着陆时称为精密进近着陆。精密进近着陆分为仪表着陆系统(instrument landing systems,ILS)进近着陆和精密进近雷达(precision approach radar,PAR)进近着陆两种。

1) ILS 进近着陆

它指利用 ILS 提供的航向道和下滑道信息的进近着陆。ILS 是目前广泛使用的一种着陆系统,按其保障能力分为Ⅰ、Ⅱ、Ⅲ类。Ⅰ类设备能保障飞机在水平能见度为 800m,垂直能见度为 60m 的最低气象条件下进近着陆。Ⅱ类设备能保障飞机在水平能见度为 350m,垂直能见度为 30m 的最低气象条件下进近着陆。Ⅲ类设备能保障飞机在水平能见度分别为 200m(ⅢA)、50m(ⅢB)和 0m(ⅢC),垂直能见度为 0m 的最低气象条件下进近着陆。

目前,我国安装有仪表着陆系统的机场,除少数几个大型机场能够按Ⅱ类条件实施仪表进近着陆以外,多数机场还只能按Ⅰ类条件实施仪表进近着陆。

2) PAR 进近着陆

它指利用 PAR 提供的航向道和下滑道信息的进近着陆。PAR 又称为着陆雷达。它是由着陆引导员将显示器上显示的目标位置与飞机进近着陆的航向道和下滑道比较,通过地空通信台引导飞行员修正或保持航向和下滑角,引导飞机安全着陆的。这种情况下,飞行员完全处于被动状态。所以,PAR 目前在我国虽然较为广泛使用,但是还没有独立地用于仪表进近着陆,只是在复杂气象条件下对进近着陆的飞机进行监视,并给予必要的帮助。

5.1.2.2 非精密进近着陆

在仪表进近着陆的最后阶段,仅利用方位信息进近着陆时称为非精密进近着陆。与精密进近着陆相比,非精密进近着陆的精确度要低得多,而且受天气条件的限制比较大。

非精密进近着陆根据导航设备可分为以下 3 种。

(1) 无线电导航台(non-directional beacon,NDB)进近着陆。利用无方向信标台即 NDB 提供的方位信息的进近着陆。这种进近着陆虽然精度较低,却是最基本的,所以目前我国仍广泛使用。

(2) 甚高频全向信标系统(very high frequency omni directional range,VOR)进近着陆。利用 VOR 提供的方位信息的进近着陆。这种进近着陆的精度比 NDB 进近着陆高。

(3) 甚高频全向信标系统/方位信息测距仪进近着陆。利用全向信标系统提供的方位信息和测距仪(distance measuring equipment,DME)提供的距离信息的进近着陆。这种进近着陆与 NDB 进近着陆和 VOR 进近着陆相比其优点是:便于定位和进近中利用距离、高度对照来检查和修正飞机的下滑角,使飞机按规定的梯度下降。

另外,当仪表着陆系统的下滑信标台不工作时,仅用航向信标台提供的航向道信息进近着陆时,也属于非精密进近着陆。

5.1.3 仪表进近着陆的有关标准

5.1.3.1 飞机的分类

由于不同类别的飞机其速度大小不同,所以仪表进近着陆各航段所需要的空域和高度将不同。根据各型飞机的跑道入口速度(飞机以最大重量着陆时,着陆瞬间失速速度的 1.3 倍),将飞机划分为 A、B、C、D、E 五类,然后分别制定出不同类别飞机的仪表进近图,供不同类别的飞机使用。直升机按 A 类飞机标准执行。

5.1.3.2 进近速度和转弯坡度

在仪表进近着陆的各个航段,所飞机型的进近速度不应超过该类别飞机所限制的最大速度,如表 5.1 所列,以免超出规定的安全保护区。安全保护区即飞机进行机动飞行所需要的空域。它是按照表 5.1 中的最大速度设计的。

表 5.1　程序计算的速度　　　　　　　　　　　单位:km/h

飞机分类	v_{at}（入口速度）	起始进近速度范围	最后进近速度范围	目视盘旋最大速度	复飞最大速度 中间	复飞最大速度 最后
A	<169	165/280（205*）	130/185	185	185	205
B	169/223	220/335（260*）	155/240	250	240	280
C	224/260	295/445	215/295	335	295	445
D	261/306	345/465	240/345	380	345	490
E	307/390	345/465	285/425	445	425	510

注:v_{at}是最大着陆重量在着陆形态下失速速度的 1.3 倍。*指反向和直角航线的最大速度。

仪表进近着陆时,转弯应采用标准转弯率(3(°)/s)相应的坡度。这一坡度在起始进近航段不超过 25°。目视飞行时不超过 20°,复飞转弯中不超过 15°。

直升机在仪表进近过程中应参照飞行手册中规定的数据,但不应超过表 5.2 中所规定的 A 类飞机标准。

表 5.2　机场标高 600m(国际标准单位)

飞机分类/表速/(km/h)	A/185	B/250	C/335	D/380
真空速(风速)/(km/h)	241	310	400	448
转弯半径/km	1.28	2.08	3.46	4.34
直线段/km(常数)	0.56	0.74	0.93	1.11
以入口为中心的半径/km	3.12	4.9	7.85	7.97

5.1.3.3　超障余度和下降梯度

在仪表进近着陆的过程中,除了沿规定的航线飞行外,还应掌握各航段的超障余度和下降梯度,严格控制飞机飞越各定位点的高度,以保证飞机在完成仪表飞行时对准跑道转入目视飞行。

1) 最小超障余度

飞越障碍物时,保证飞机不至于和地面障碍物相撞的最低真高称为超障余度。它是根据机场周围的地形、障碍物等净空条件和气象条件、设备精度、飞机性能及驾驶水平等因素规定的。从安全角度考虑,规定的这个超障余度是不能再降低的,也就是说是最小的,所以又称为最小超障余度(minimum obstacle clearance,MOC)。

根据规定的最小超障余度就可以确定各航段的最低飞行高度,即飞越起始进近定位点、中间定位点、最后进近定位点、复飞点的高度,此高度公布在仪表进近图上。飞机在飞越这些定位点之前,不允许下降到公布的高度之下。

2）下降梯度或下降率

下降梯度（gradient descent, Gr）是指飞机在单位时间内下降的高度与所飞过的水平距离之比的百分数。它表示下滑道的倾斜度。下降率（rate of descent, RD）是指单位时间内飞机所下降的高度。它表示高度的平均变化率。仪表进近着陆各航段都规定有最佳下降梯度和最大下降梯度。非精密进近着陆最后进近航段的下降梯度公布在仪表进近图上。

5.1.3.4 最低下降高度和决断高度

1）最低下降高度或最低下降高

最低下降高度（minimum descent attitude, MDA）或最低下降高（minimum descent height, MDH）是非精密进近着陆中规定的一个高度或高。最后进近中飞机下降到这一高度或高时，如果不具备所需的目视参考就不能继续下降，而应保持最低下降高度或最低下降高到复飞点复飞。

所需的目视参考是指在精密进近着陆中至少能见 6 个连续的进近灯；非精密进近着陆中至少能见 7 个连续的进近灯。无灯光引导时，应目视接地点或连续目视用于进近的标志。

2）决断高度或决断高

决断高度（decision altitude, DA）或决断高（decision height, DH）是精密进近着陆中规定的一个高度或高。最后进近中飞机下降到这一高度或高时，如果没有取得所需的目视参考或不能处于正常着陆位置，应立即复飞。

最低下降高度以修正海压为基准，决断高度以入口标高为基准。

5.2 沿直角航线做起始进近

飞机在仪表进近着陆的飞行过程中，主要包括从脱离航路进场，采用不同的程序机动飞行切入到五边，按照规定的下降梯度或下滑角实施五边进近，转为目视进近或中断进近复飞。

我国民航在仪表进近的起始进近阶段，采用的机动飞行方法有直线航线程序、推测航迹程序、直角航线和修正角航线等。其中直线航线和推测航线的程序，在飞机切入到五边航迹以后，飞行方法与直角航线、修正角航线相同，所以这里只介绍直角航线和修正角航线。

在一些机场的仪表进近程序，当直线航段没有足够的距离来适应消失高度的要求而又不适合建立反向程序时，可建立直角航线程序。

5.2.1 直角航线程序的构成

直角航线程序的开始点是一个导航台或定位点,由出航转弯(180°)、出航航迹、入航转弯(180°)和入航航迹等构成,如图 5.7 所示。

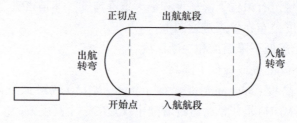

图 5.7 直角航线程序的构成

5.2.2 直角航线程序公布的数据

5.2.2.1 起始进近定位点和高度

起始进近定位点一般位于远台或外指点标(locator outer marker,LOM),在剖面图上公布起始进近的高度,飞机在到达起始进近定位点时,应下降到起始进近高度。图 5.8 中直角程序的 IAF 位于远台处,飞机过台高度为场压高 1200/3937′。

5.2.2.2 出航航迹和时间

出航航迹与入航航迹平行,在平面图和剖面图上均公布出、入航迹的数值。

飞机在出航航段的飞行距离可通过飞行时间确定,也可通过定位点确定。出航时间可根据下降的需要,从 1~3min 以 0.5min 为增量,在进近图中,我国民航按 A、B 类和 C、D 类两种公布;定位点可根据位置适当的导航设施的径向线/方位线及 DME 距离加以限制。出航计时的规定:使用一个电台的直角航线程序,出航计时是从正切电台或转至出航航向开始,以晚到者为准;使用一个定位点的直角航线程序,出航计时是以转至出航航向时开始。图 5.8 中飞机执行的直角航线程序的出航航迹为 193°。

5.2.2.3 入航转弯开始高度

图 5.8 中入航转弯开始高度为场压高 700/2297′;飞机向右进行 180°的平飞入航转弯,切入到五边进近(跑道延长线)的向台高度为场压高 700/2297′。实际飞行时,如果飞机到达入航转弯开始位置,高度高于规定高度,则在入航转弯过程中还可以继续下降高度至五边向台高度改平,继续转弯至切入五边改出。有的程序没有中间进近航段,飞机切入五边(向台航迹)即开始最后进近;如果五边航迹与跑道延长线不一致,则飞机平飞转弯改出应在五边向台航迹上。

5.2.2.4 入航航段的航迹和第二次过台高度

在图 5.8 中,该程序入航航段的向台航迹为 13°,最后进近定位在远台,第二次过台高度为 460/1509′,飞机在飞越该台前不得低于该高度。

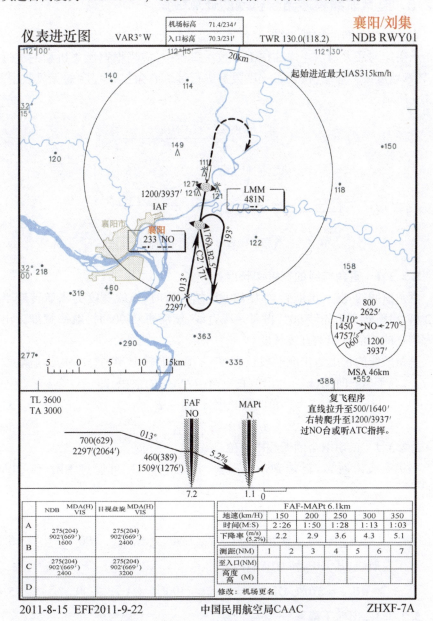

图 5.8 襄阳/刘集机场 NDB 仪表进近图

由此可见，直角程序公布的数据包括一个时间或转弯定位点、两个航迹（入航航迹和出航航迹）、3个高度（起始进近高度、入航转弯高度和第二次过台高度）。

5.2.3 直角航线程序结合机型的计算数据

直角程序公布的数据，是按照各类飞机的最大指示空速设计的，实际飞行中的指示空速与最大指示空速往往不一致。飞行中，应当根据所飞机型的进近速度、转弯坡度或转弯率，按公布程序数据进行计算直角航线程序的无风数据，如图 5.9 所示。

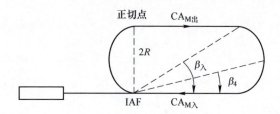

图 5.9 直角航线程序结合机型数据的计算

5.2.3.1 直角航线的宽度和长度

直角航线的宽度：出航转弯为 180° 连续转弯时，航线宽度为出航转弯半径的 2 倍；出航转弯是先转 90°，再飞一段直线，然后再转 90° 时，航线宽度为出航转弯半径的 2 倍再加上直线长度。

直角航线的长度为出航航段长度（$L_{出}$）加入航转弯半径（$R_{入}$），出航航段长度（$L_{出}$）等于出航时间（$t_{出}$）与出航真空速（$TAS_{出}$）的乘积，即

$$直角航线长度 = L_{出} + R_{入} \tag{5.1}$$

$$L_{出} = TAS_{出} \cdot t_{出} \tag{5.2}$$

5.2.3.2 正切电台的无线电方位

飞机完成出航转弯，转到出航航迹，正切电台时，可通过 $RB_{切}$ 和 $QDM_{切}$ 控制。

对于右航线，其 $RB_{切}$ 和 $QDM_{切}$ 为

$$RB_{切} = 90°, \quad QDM_{切} = CA_{M出} + 90° = CA_{M入} - 90° \tag{5.3}$$

对于左航线，其 $RB_{切}$ 和 $QDM_{切}$ 为

$$RB_{切} = 270°, \quad QDM_{切} = CA_{M出} - 90° = CA_{M入} + 90° \tag{5.4}$$

5.2.3.3 出航下降率

飞机在飞出航边时，其出航下降率为

$$RD = \Delta H / t_{出} = (H_{IAF} - H_{入})/t_{出} \quad (5.5)$$

5.2.3.4 入航转弯开始位置的无线电方位

飞机完成出航航段,可通过 $RB_入$ 和 $QDM_入$ 控制开始入航转弯时机。对于右航线,$RB_入$ 和 $QDM_入$ 为

$$RB_入 = 180° - \beta_入, \quad QDM_入 = CA_{M入} - \beta_入 \quad (5.6)$$

对于左航线,$RB_入$ 和 $QDM_入$ 为

$$RB_入 = 180° + \beta_入, \quad QDM_入 = CA_{M入} + \beta_入 \quad (5.7)$$

其中,$\beta_入$ 可通过计算尺计算,其计算公式为

$$\tan\beta_入 = \frac{2R}{L} \quad (5.8)$$

整理为

$$\frac{\tan\beta_入}{2R} = \frac{\tan 45°}{L} \quad (5.9)$$

转弯半径是出航转弯半径,其计算尺计算 $\beta_入$ 如图 5.10 所示。

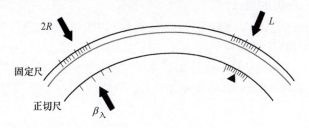

图 5.10 计算尺计算 $\beta_入$

5.2.3.5 最后 90° 转弯开始位置的无线电方位

飞机在进行最后 90° 转弯时,可通过 RB_4 和 QDM_4 控制开始转弯时机。对于右航线,RB_4 和 QDM_4 为

$$RB_4 = 90° - \beta_4, \quad QDM_4 = CA_{M入} - \beta_4 \quad (5.10)$$

对于左航线,RB_4 和 QDM_4 为

$$RB_4 = 270° + \beta_4, \quad QDM_4 = CA_{M入} + \beta_4 \quad (5.11)$$

其中,β_4 可通过计算尺计算,计算公式为

$$\tan\beta_4 = \frac{R_入}{L + R_入} \quad (5.12)$$

整理为

$$\frac{\tan\beta_4}{R_入} = \frac{\tan 45°}{L + R_入} \quad (5.13)$$

式中：R 为入航转弯的半径。

计算尺计算 β_4 如图 5.11 所示。

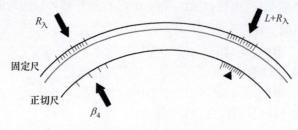

图 5.11　计算尺计算 β_4

5.2.4　加入直角航线的方法

当直角航线的起始进近定位点为导航台时，应根据飞机进入的扇区，分别采取不同的方法加入直角航线。

5.2.4.1　扇区的划分

扇区的划分是以起始进近定位点（导航台）为圆心，入航航段向前的延长线为基准，向直角航线一侧（左航线向左、右航线向右）量取 110°，并通过圆心画一直线，该直线与入航航段向前的延长线将 360° 的区域划分成 3 个扇区，如图 5.12 所示，其中 110° 为第一扇区，70° 为第二扇区，180° 为第三扇区。

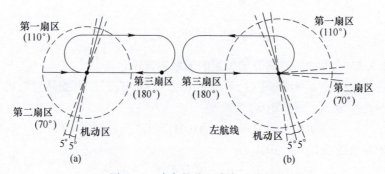

图 5.12　直角航线程序扇区的划分

5.2.4.2　加入直角航线的方法

1）第一扇区平行加入

如图 5.13 所示，飞机到达起始进近定位点后，保持航向等于出航航段的磁航线角，飞行适当的时间（不大于出航时间），而后左航线向右转弯，右航线向左转弯，切入入航航段做向电台飞行，再次通过电台后加入直角航线。

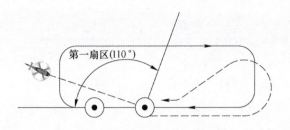

图 5.13　第一扇区平行加入

2) 第二扇区 30°角加入

如图 5.14 所示，飞机到达起始进近定位点后，向直角航线一侧转弯，保持与入航航段成 30°夹角的航向，飞行适当的时间（出航时间不超过 1.5min 时，为出航时间；出航时间超过 1.5min 时，先飞行 1.5min，而后保持航向等于出航航段磁航线角飞完出航时间的剩余时间），而后转弯切入入航航段做向电台飞行，再次通过电台后加入直角航线。

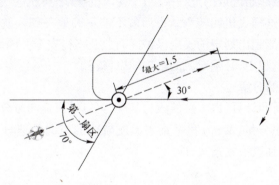

图 5.14　第二扇区 30°角加入

3) 第三扇区直接加入

如图 5.15 所示，当进入方向与入航航段的交角在±30°以内时，先切入入航航段做向电台飞行，当进入方向与入航航段近似垂直时区上半部进入时，通过电台后立即转弯，加入直角航线。有两种情况：从第三扇区转弯坡度减小，当转弯角度接近为原坡度的一半 180°时，继续转弯，将转弯坡度减小为原坡度的一半继续转弯，当航向等于出航航段磁航线角时加入直角航线；从第三扇区下半部进入时，通过电台前先保持与入行航航段垂直的航向做向电台飞行，通过电台后平飞一段等于转弯半径的距离，再开始转弯加入直角航线，出航航段的飞行时间可以从转过约 30°时开始计时。

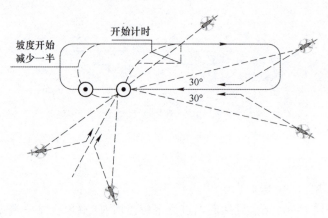

图 5.15　第三扇区直接加入

5.2.5　风对沿直角航线做起始进近的影响及修正

沿直角航线做起始进近的过程中,由于受风的影响,飞机的实际航迹将偏离预定的直角航线,这样飞机四转弯结束后就不能正确地飞到入航航段上。如果偏离过远,就有可能超出划定的安全保护区而危及飞行安全。因此,在沿直角航线做起始进近的过程中,必须对风的影响加以修正。

5.2.5.1　风的分解

为了便于分析和计算,以入航航段为基准,可以把风速向量分解成平行于入航航段的纵向风速分量(WS_1)和垂直于入航航段的横向风速分量(WS_2)。从图 5.16 中可以得到以下关系式,即

$$WS_1 = WS \cdot \cos\alpha \quad (5.14)$$

$$WS_2 = WS \cdot \sin\alpha \quad (5.15)$$

$$WA = WD_n - CA_{M入} \quad (5.16)$$

式中:α 为风向与出航航迹或入航航迹之间的夹角;WS 为风速。

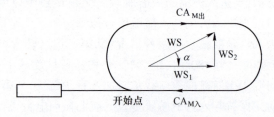

图 5.16　风的分解图

通过分解风速向量可以看出,WS_1 相当于顺(逆)风分量,WS_2 相当于侧风分量。由于任何风速向量都可以分解成这样两个分量,所以只要分析这两种情况就可以了。

WS_1 影响飞机的地速,使直角航线出航边的长度变化;WS_2 影响飞机的航迹,使飞机偏离预定航线。WS_1 和 WS_2 的计算可用计算尺的正弦尺进行。

对于直角航线来说,主要满足入航航段的长度不变和保证航线有足够的宽度这两项要求。风的影响主要是通过改变出航航段的航向和飞行时间来修正的。

5.2.5.2 风的修正

飞机在作直角航线程序时,在出航转弯、出航航段和入航转弯的飞行中,都要受到风的影响,要保证直角航线的长度和宽带,使飞机准确切入入航航迹,需要对风进行修正。

1) 在出航边修正侧风分量的影响

飞机过起始进近定位点后,经过出航转弯、出航航迹和入航转弯的飞行,侧风分量(WS_2)对飞机的影响是使飞机向下风方向偏移,其偏移距离为

$$D = (t_出 + 2t_{180°}) \cdot WS_2 = (t_出 + t_{360°}) \cdot WS_2 \tag{5.17}$$

要让飞机能准确切入到入航航迹上,需要迎风修正一个角度 θ,如图 5.17 所示,其关系式为

$$\sin\theta = \frac{(t_出 + t_{360°}) \cdot WS_2}{TAS \cdot t_出} \tag{5.18}$$

$$\theta \approx \frac{(t_出 + t_{360°}) \cdot WS_2}{TAS \cdot t_出} \times 57.3° \tag{5.19}$$

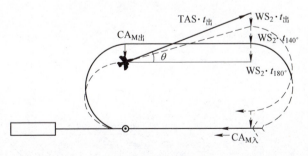

图 5.17 WS_2 的修正

式(5.19)中,根据既定机型和程序,$t_出$、TAS 已知,根据飞机的转弯 TAS、坡

度 γ，可计算 $t_{360°}$，于是 $\dfrac{(t_{出} + t_{360°}) \times 57.3°}{\text{TAS} \cdot t_{出}}$ 可用 k_1 表示，则 θ 可表示为 WS_2 乘以一个系数 k_1，即

$$\theta \approx k_1 \cdot \text{WS}_2 \tag{5.20}$$

而 $\text{DA} \approx \dfrac{57.3°}{\text{TAS}} \text{WS}_2$，$\dfrac{t_{出} + t_{360°}}{t_{出}}$ 可用 k_2 表示，则式（5.20）整理为

$$\theta \approx k_2 \cdot \text{DA} \tag{5.21}$$

由此可见，根据具体机型，可以计算 k_1、k_2 系数，再根据 WS 和 DA，可以计算出航边的 $\text{MH}_{应}$，即

$$\text{MH}_{应} = \text{CA}_{\text{M出}} \pm \theta \tag{5.22}$$

飞机受到左侧风影响，应向左减少一个 θ；飞机受到右侧风影响，应向右增加一个 θ。

由于在出航边对侧风分量（WS_2）的修正，使飞机航向发生了改变，因而飞机正切电台位置和入航转弯开始位置的电台相对方位 $\text{RB}_{切}$、$\text{RB}_{入}$ 也发生变化，因此必须进行修正。修正的方法是：航向增大一个 θ，则 $\text{RB}_{切}$、$\text{RB}_{入}$ 就减小一个 θ；反之 $\text{RB}_{切}$、$\text{RB}_{入}$ 就增大一个 θ。

2）在出航边修正顺（逆）风分量的影响

顺（逆）风分量（WS_1）使直角航线长度增加或缩短，要保证直角航线的长度，可在出航边修正 $t_{出}$，顺风少飞一个 Δt 时间，逆风多飞一个 Δt 时间（图 5.18），则有

$$T_{应} = t_{出} \pm \Delta t \tag{5.23}$$

其中

$$\Delta t = \dfrac{(t_{出} + 2t_{180°}) \cdot \text{WS}_1}{\text{TAS} \pm \text{WS}_1} \tag{5.24}$$

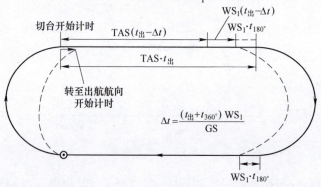

图 5.18　WS_1 的修正

对于既定机型和程序，$t_\text{出}$、TAS 已知，根据转弯坡度 γ 可计算 $t_{180°}$，计算出不同 WS_1 所对应的 Δt，就可确定出时间的心算系数。

由于在出航航段对顺（逆）风分量（WS_1）修正后，出航飞行时间发生了变化，出航航段的下降率也要发生变化，其公式为

$$RD_\text{应} = \frac{\Delta H}{t_\text{应}} \tag{5.25}$$

在飞行中，对于风的修正，也可在出航转弯、出航航段和入航转弯的飞行中分别进行修正。其中，为了保证直角航线的宽度，在出航转弯和入航转弯时可增减转弯坡度来修正；转弯过程中，受逆风影响，减少坡度，受顺风影响，增加坡度；在出航航段迎风修正 DA 来修正侧风的影响。为了保证直角航线的长度，采用增减出航边的飞行时间来进行修正。

5.2.6 等待航线

等待程序是航空器为等待进一步放行而保持在一个规定空域内的预定的机动飞行。在起降繁忙的机场，通常设置等待程序，用以调整空中交通秩序。直角航线在很多大、中型机场主要用作等待航线，其中右航线为标准等待程序，左航线为非标准等待程序。

5.2.6.1 等待航线的公布数据

等待航线的规定很多与直角航线基本相同，但出航时间有特别规定：高度 14000 英尺（1 英尺 = 0.3048m）以下为 1min，高度 14000 英尺以上为 1.5min。

5.2.6.2 等待航线的加入

如果等待定位点是电台，则进入方法同直角航线；如果是 VOR/DME 等待航线，则可以沿构成定位的 VOR 径向线或 DME 弧进入。

5.2.6.3 等待航线的规定

进场等待最大指示空速的规定：在高度 6000 英尺以下为 210kn，在高度 6000～14000 英尺为 220kn，在高度 14000 英尺以上为 240kn；A、B 类飞机为 170kn。各类飞机在等待飞行时，不准超过速度限制。

所有转弯使用的坡度为 25° 或标准转弯率 3(°)/s 对应的坡度，以所需坡度小者为准。

5.2.6.4 等待程序对风的修正

基本原理与直角航线大体相同。在等待程序飞行中，侧风分量 WS_2 将使等待航线产生偏离，因而在出航航段上修正 WS_2 对出航转弯、出航、入航转弯的影响；顺（逆）风分量将使等待航线变长或变短，因而在出航边多飞或少飞一个时间 Δt。

5.3 沿修正角航线做起始进近

飞机进场方向与着陆方向相反时,通常情况下沿反向航线做起始进近,以便切入中间或最后进近航段。反向程序有 3 种,我国民航制定和公布的反向程序只有基线转弯即修正角航线一种。

5.3.1 修正角航线的构成

修正角航线的开始点必须是电台,修正角航线由出航航迹(背台边)、基线转弯(入航转弯)和入航航迹(向台航迹)构成,如图 5.19 所示。

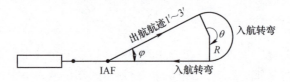

图 5.19 修正角航线和构成

飞机飞达起始进近定位点,加入修正角航线程序,沿出航航迹下降规定的出航时间,做"180°+修正角"的入航转弯,切入到入航航迹上,沿航迹完成中间和最后进近。

修正角航线出航时间的规定与直角航线相同,只是从通过导航台(起始进近定位点)瞬间开始计时。出航航段的限制与直角航线规定相同。

5.3.2 修正角航线的无风数据

修正角航线的无风数据,按 A、B 类和 C、D 类飞机以仪表进近图的形式予以公布。但须注意的是,公布的数据都是按飞机分类的最大速度设计的,而实际飞机飞行时有较大的差异,使用时必须结合所飞机型进行计算。

5.3.2.1 图上公布的数据

图 5.20 所示为芷江机场的 NDB 进近程序,其修正角公布的数据有以下几个。

1)起始进近定位点和高度

起始进近定位点在内示位信标台(inner locator marker,IM)上空,起始进近高度为修正海拔高 1200m,飞机飞越定位点前不得低于该高度。

2)出航航段的航迹角和出航时间

该修正角航线程序为左航线,出航航段的磁航迹为 A、B 类飞机 66°,C、D

类飞机 75°；出航时间为 A、B 类飞机 3.5min，C、D 类飞机 2.5min。

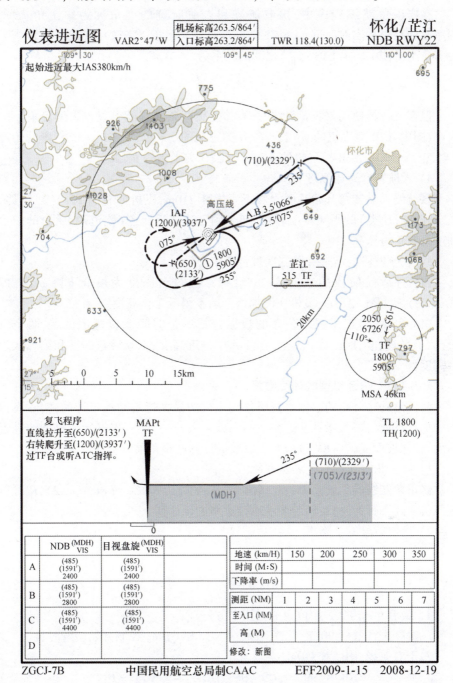

图 5.20　芷江机场的 NDB 进近程序

3) 修正角和入航转弯角度

在修正角航线程序中，出航航迹和入航航迹的夹角称为修正角（φ）。程序设计是根据出航时间 $t_出$ 和飞机进近真空速计算出来的，修正角与转弯半径（R）、出航边（$L_出 = \text{TAS} \cdot t_出$）之间的关系为

$$\varphi = 2\arctan \frac{R}{\text{TAS} \cdot t_出} \tag{5.26}$$

但在飞行员使用修正角航线时，直接比较两条航迹就可以得出偏置角 φ 的大小，图中 A、B 类飞机的 $\varphi = 11°$，C、D 类飞机的 $\varphi = 20°$。飞机入航转弯的角度 $\theta = 180° + \varphi$，图中 A、B 类飞机的 $\theta = 191°$，C、D 类飞机的 $\theta = 200°$。

4) 入航转弯开始高度

该航线入航转弯开始高度为修正海拔高 710m，飞机向左做 191°（A、B 类）或 200°（C、D 类）的平飞入航转弯，切入到五边进近航迹（跑道延长线）的向台高度为修正海压高 710m。

5) 入航航段的航迹和第二次过台高度

该程序入航航段的航迹为 235°，第二次过台高度为最低下降高度，即 MAD(H) 为 485(127)m，飞机在飞越该台前不得低于该高度。

由此可见，修正角程序公布的数据包括一个时间或转弯定位点、两个航迹（入航航迹和出航航迹）、3 个高度（起始进近高度、入航转弯高度和第二次过台高度）。

5.3.2.2 结合机型的计算数据

修正角程序公布的数据是按照各类飞机的最大指示空速设计的，实际飞行中的指示空速与最大指示空速往往不一致。飞行中，应当根据所飞机型的进近速度、转弯坡度或转弯率，按公布程序数据计算修正角航线程序的无风数据。

1) 修正角航线的长度和宽度

修正角航线的长度是 $L_出 + R$，宽度是 $R_设 + R$，其中 $R_设 = L \times \tan(\varphi/2)$，$R$ 可按照飞机实际飞行的 TAS、转弯坡度或转弯率进行计算。

2) 出航航段的下降率

出航下降率的计算关系式为

$$\text{RD} = \frac{H_{\text{IAF}} - H_入}{t_出} \tag{5.27}$$

3) 最后 90° 转弯开始位置的无线电方位

飞机在进行最后 90° 转弯时，可通过 RB_4 和 QDM_4 控制开始转弯时机。对于右航线，RB_4 和 QDM_4 为

$$RB_4 = 90° - \beta_4 \quad 和 \quad QDM_4 = CA_{M入} - \beta_4 \tag{5.28}$$

对于左航线,RB_4 和 QDM_4 为

$$RB_4 = 270° + \beta_4 \quad 和 \quad QDM_4 = CA_{M入} + \beta_4 \quad (5.29)$$

其中,β_4 可通过计算尺计算,即

$$\beta_4 = \arctan \frac{R}{R + L_{出}} \quad (5.30)$$

5.3.3 修正角航线的加入

飞机加入修正角航线程序的方法有加入扇区进入和沿等待航线全向进入。

5.3.3.1 沿加入扇区加入修正角程序

从修正角航线程序出航边的反向延长线,向左、向右各划分 30°的扇区范围,如果飞机飞行的航向在该扇区范围内,则可以直接飞到起始进近定位点台,然后加入修正角航线程序。如果修正角大于 30°,入航航迹已经超出 30°扇区,则应将进入扇区扩大到入航航迹;如果修正角小于 30°,则扇区范围仍然到 30°为止。

当飞机保持航向飞向定位点时,如果飞机落在进入扇区里,则直接加入修正角航线,即飞机飞向定位点,按规定高度飞越定位点,沿出航航迹背台飞行。如果飞行员已经确认飞机在以电台为圆心的 25n mile(46km)进场扇区内,则可以在到达定位点前先切入出航航迹反向延长线(方位线)上沿方位线飞行,通过电台后直接加入修正角航线,如图 5.21 所示。

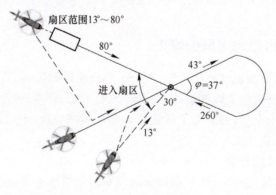

图 5.21 修正角航线的扇区加入

5.3.3.2 全向进入等待程序、由等待程序过渡到修正角航线程序

为了使飞机从各个方向加入修正角航线程序,有的机场设计一个等待航线程序,按照等待程序的加入方法,先加入等待航线程序,再过渡到修正角航线程序,实现全向进入修正角航线,如图 5.22 所示。

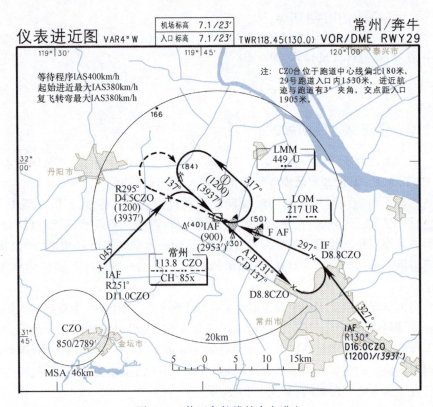

图 5.22 修正角航线的全向进入

5.3.4 修正角航线对风的修正

在沿修正角航线做起始进近的过程中,飞机受风的影响,其实际航迹将偏离预定的修正角航线,使实际的航线变宽或窄、长或短,严重时也可能偏出安全保护区,危及飞行安全。因此,为了保证修正角航线的宽度和长度,在飞行中必须对风进行准确修正。

5.3.4.1 风的分解

在修正角航线飞行中,将预报风分解成平行出航航迹的顺(逆)风分量 WS_1 和侧风分量 WS_2,如图 5.23 所示。图中 α 为风向与出航航迹 $CA_{M出}$ 之间的夹角,其中

$$WS_1 = WS \cdot \cos\alpha \qquad (5.31)$$

$$WS_2 = WS \cdot \sin\alpha \qquad (5.32)$$

WS_1 和 WS_2 的计算可用计算尺上的正弦尺进行。

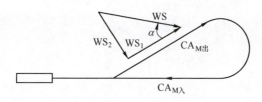

图 5.23 修正角航线风的分解

5.3.4.2 风的修正

风对修正角航线的影响主要是对出航航段、入航转弯的影响，为了保证飞机沿修正角航线程序准确切入到入航航迹，在修正角航线程序的出航航段和入航转弯的飞行中，需要修正风的影响。

1) 在出航航段修正风的影响

(1) 在出航航段修正侧风分量的影响。

飞机通过起始进近定位点后，经过出航航段和入航转弯的飞行，侧风分量(WS_2)对飞机的影响是使飞机向下风方向漂移，其总的影响距离为

$$D = (t_{出} + t_{180°+\varphi}) \cdot WS_2 \tag{5.33}$$

要让飞机能准确切入到入航航迹上，需要迎风修正一个角度 A，其关系式为

$$\tan A = \frac{D}{TAS \cdot t_{出}} \tag{5.34}$$

由于 A 较小，其正切函数值和弧度值近似相等，所以有

$$A \approx \frac{57.3° D}{TAS \cdot t_{出}} \tag{5.35}$$

式(5.35)中，根据既定机型和程序，$t_{出}$、TAS 已知，由飞机的转弯 TAS、坡度 γ 可计算 $t_{180°+\varphi}$，则出航航迹的修正量 A 可以表示为

$$A \approx k_1 \cdot WS_2 \tag{5.36}$$

$$k_1 = 57.3° \times \frac{t_{出} + t_{180°+\varphi}}{TAS \cdot t_{出}} \tag{5.37}$$

求出了航向修正量 A，则出航航段的 $MH_{应}$ 可以表示为

$$MH_{应} = CA_{M出} \pm A \tag{5.38}$$

飞机受到左侧风影响，应向左减少一个 A；飞机受到右侧风影响，应向右增加一个 A。

(2) 在出航航段修正顺(逆)风分量的影响。

在出航航段和入航转弯的飞行中，如不修正风，顺(逆)风分量(WS_1)将使修正角航线长度增长或缩短，对飞机的影响距离为

$$\Delta D = (t_{出} + t_{180°+\varphi}) \cdot WS_1 \qquad (5.39)$$

对于飞机飞行 ΔD，所需时间为

$$\Delta t = \frac{(t_{出} + t_{180°+\varphi}) \cdot WS_1}{TAS \pm WS_1} \qquad (5.40)$$

其中，顺风分量用"$+WS_1$"，逆风分量用"$-WS_1$"。对于既定机型和程序，其 $t_{出}$、TAS 已知，可计算 $t_{180°+\varphi}$，计算出不同 WS_1 所对应的 Δt，就可以确定出时间的心算系数为

$$\Delta t = k_1 \cdot WS_1 (顺风) \quad 或 \quad \Delta t = k_2 \cdot WS_1 (逆风) \qquad (5.41)$$

为了保证修正角航线的长度，可在出航边修正 $t_{出}$，顺风少飞一个 Δt 时间，逆风多飞一个 Δt 时间，即

$$t_{应} = t_{出} \pm \Delta t \qquad (5.42)$$

2) 在出航航段和入航转弯分别修正风的影响

在飞行中，也可在出航航段和入航转弯的飞行中，分别修正风的影响。

(1) 修正风对出航航段的影响。

对于出航航段是通过 DME 距离来限制的修正角程序，飞机在飞出航航段时，不需要对顺（逆）风分量进行修正；对于出航航段通过飞行时间来控制的程序，其出航时间是 $t_{应}=t_{出}\pm\Delta t$，其中时间修正量 Δt 可表示为

$$\Delta t = \frac{t_{出} \cdot WS_1}{TAS \pm WS_1} \quad （顺风取 +；逆风取 -） \qquad (5.43)$$

为了保证飞机沿出航航段飞行，需要对侧风分量修正一个 DA，其 $MH_{应}$ 为

$$MH_{应} = CA_{M出} \pm DA \qquad (5.44)$$

其中

$$DA \approx 57.3° \times \frac{WS_2}{TAS} \qquad (5.45)$$

对于既定机型，出航 TAS 一定，DA 可算出一个心算系数，即

$$DA \approx k \cdot WS_2 \qquad (5.46)$$

(2) 修正风对入航转弯的影响。

在入航转弯过程中，对飞机的影响主要是 WS_2，WS_2 的影响使飞机入航转弯改出时不能准确切入入航航段，在飞行中往往采用增加或减少坡度的方法来修正。在转弯过程中，受逆风影响，要适当减少坡度；受顺风影响，要适当增加坡度。

3) 出航下降率的修正

由于在出航航段对顺（逆）风分量（WS_1）修正后，出航飞行时间发生了变

化,出航航段的下降率也要发生变化,其计算公式为

$$RD_{应} = \frac{H_{IAF} - H_\lambda}{t_{应}} \tag{5.47}$$

5.4 入航转弯方向偏差的判断与修正

飞机在做直角航线程序和修正角航线程序时,都要通过入航转弯切入入航航段。在转弯过程中,由于实际飞行中飞机的飞行参数与程序设计所使用参数的差异,以及空中风发生变化以及风的修正不可能十分准确,航行诸元保持的误差,都可能使飞机转至入航航向改出时偏在入航航迹的一侧。所以,在入航转弯过程中,特别是在最后 90°转弯过程中,应控制好最后 90°转弯的开始时机,并在转弯过程中检查转弯航迹,发现偏差及时修正,使飞机准确地切到入航航迹上,为五边进近创造良好的条件。最后 90°转弯也称为四转弯,是按照起落航线定义的。

5.4.1 最后 90°转弯的开始时机

当飞机入航转弯到航向与入航航迹 $CA_{M入}$ 相差 90°,并且电台磁方位 QDM 或电台相对方位 RB 等于预计的 QDM_4 或 RB_4 时,飞机开始进入最后 90°。其中,QDM_4 或 RB_4 通过前面直角航线和修正角航线的无风数据可知下关系。

对于右航线,有

$$RB_4 = 90° - \beta_4, \quad QDM_4 = CA_{M入} - \beta_4 \tag{5.48}$$

对于左航线,有

$$RB_4 = 270° + \beta_4, \quad QDM_4 = CA_{M入} + \beta_4 \tag{5.49}$$

但是飞机在转弯过程中,由于受到风的影响,必须将最后 90°转弯的开始时机提前或延迟,在转弯过程中,受到顺风影响,转弯时机提前;受逆风影响,转弯时机延迟。

5.4.2 最后 90°转弯的检查

飞机进入最后 90°转弯后,还需要检查飞机是否在正常的转弯航迹上,可根据航向剩余角 ΔMH 和电台方位剩余角 β 或相对方位剩余角 ΔRB 的对应关系来检查。一般选取两个检查点,即 $\Delta MH = 60°$ 和 $\Delta MH = 30°$。其中,ΔMH、β 和 ΔRB、QDM 之间的关系如图 5.24 所示,可表示为

$$\Delta RB = \Delta MH - \beta \tag{5.50}$$

$$QDM = CA_{M\lambda} + \beta \quad (左航线) \qquad (5.51)$$

$$QDM = CA_{M\lambda} - \beta \quad (右航线) \qquad (5.52)$$

$$\tan\beta = \frac{R_\lambda(1-\cos\Delta MH)}{L_{出} + R_\lambda \sin\Delta MH} \qquad (5.53)$$

在飞行中,受到风的影响,最后 90°转弯的开始时机提前或延迟,在转弯中的检查点所对无线电方位也应修正。

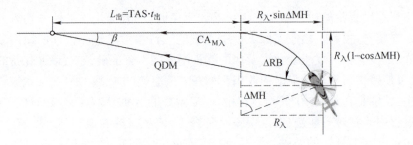

图 5.24 最后 90°转弯的检查

5.4.3 最后 90°转弯过程中偏差的判断与修正

对于既定机型和程序,其 R_λ、$L_{出}$是一定的,根据式(5.50)和式(5.48)可计算 β 和 ΔRB。飞行中当飞机转至剩余 ΔMH 为 60°、30°时,就可以根据 QDM、β 和 ΔRB 的大小,判断飞机是否在正常的转弯航迹上。

对于右航线,有

QDM > QDM$_{预}$,进入晚,偏外侧;

QDM = QDM$_{预}$,进入正常;

QDM < QDM$_{预}$,进入早,偏内侧。

对于左航线,有

QDM > QDM$_{预}$,进入早,偏内侧;

QDM = QDM$_{预}$,进入正常;

QDM < QDM$_{预}$,进入晚,偏外侧。

对于左航线和右航线,根据 β 和 ΔRB 的判断原理如下:

$\beta > \beta_{预}$,$\Delta RB < \Delta RB_{预}$,进入早,偏内侧;

$\beta = \beta_{预}$,$\Delta RB = \Delta RB_{预}$,进入正常;

$\beta < \beta_{预}$,$\Delta RB > \Delta RB_{预}$,进入晚,偏外侧。

在转弯过程中,判断出了方向偏差后用改变坡度的方法进行修正。当飞机位置偏在入航航迹的内侧时,说明进入早了,应减小坡度,使飞机回到正常转弯轨迹上；当飞机位置偏在入航航迹的外侧时，说明进入晚了，应增加坡度，使飞机尽快回到正常转弯轨迹上。

5.5　非精密进近程序的五边进近

五边进近是仪表进近程序中的重要阶段，是保证飞行安全的关键阶段。在这一阶段，需进一步调整飞机的着陆外形和速度，严格保持好五边航迹和高度，创造良好的着陆条件，在规定高度取得目视参考则转入目视着陆，如不能取得目视参考则应中断进近而复飞。

非精密进近程序的五边进近，常用的有 NDB、VOR 进近及结合 DME 的进近。实施非精密进近时，必须严格按照进近图公布的数据飞行，并根据飞行仪表的指示，及时判断和修正五边进近偏差，安全着陆。

5.5.1　五边进近航迹的控制

在 NDB、VOR 并结合 DME 的非精密进近中，当飞机完成机动飞行过渡到五边后，飞机应迅速稳定在进近航迹上，尽早建立良好的着陆形态。在五边进近的向电台飞行中，由于侧风影响或其他原因，飞机可能偏离向台航迹。因此，必须经常检查飞机的航迹，迅速判断飞机位置，及时进行修正，操纵动作要柔和，修正量不能过大。

5.5.1.1　五边进近航迹偏差的判断

五边进近航迹偏差的判断与航线飞行相同，即将飞机所在的无线电方位线的 QDM 和五边进近航迹 $CA_{M入}$ 比较，具体如下：

QDM > $CA_{M入}$，飞机偏左；

QDM = $CA_{M入}$，飞机不偏；

QDM < $CA_{M入}$，飞机偏右。

5.5.1.2　五边进近航迹偏差的修正

判明偏差后，需要选择适当的切入角切入五边进近航迹，修正偏流沿五边进近。在选择切入方法时，主要从切入五边的快慢、切入位置到电台的距离远近、操纵的复杂程度等方面考虑。常用的方法有 3 种，即倍角切入法、固定角切入法和变换角切入法。

1）倍角切入法

倍角切入法就是取切入角等于 2 倍偏离角，即 $\alpha = 2TKD$，保持切航向切入五边向台航迹，如图 5.25 所示。倍角切入法能够较快地切入五边向台航迹，但不容易掌握转弯提前量。所以,这种方法常用于偏离角较大或飞机处于下风面的情形。

2) 固定角切入法

固定角切入法就是不论偏离角大小,都采用固定的切入角,通常采用的切入角是 10°,因而又称 10°切入法。固定角切入法实施简单,修正量较小,常用在偏离角不大或飞机处于上风面的情况。如图 5.26 所示,$CA_{M入} = 127°$,飞机 $QDM = 124°$,判明飞机偏航后,采用 10°进行切入,$MH_{切} = 117°$。

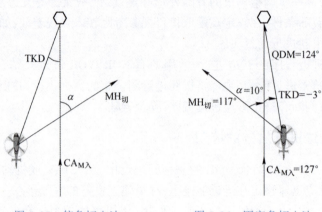

图 5.25　倍角切入法　　图 5.26　固定角切入法

3) 变换角切入法

变换角切入法就是在偏离角较大的情况下,根据偏离采取先大后小地选取不同的切入角,分段切入五边向台航迹,如图 5.27 所示。变换角切入法能迅速修正较大的偏差,便于掌握转弯提前量,准确切入五边向台航迹,但切入过程中切入航向改变次数多,计算较繁琐,应当防止判断错误。

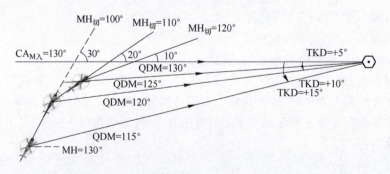

图 5.27　变换角切入法

5.5.2 五边进近高度的控制

仪表进近过程中,必须按仪表进近图公布的数据,严格控制飞越各定位点的高度,特别是最后进近航段下降梯度的控制,对于安全着陆具有十分重要的意义。

非精密进近没有下滑引导,对于最后进近航段下降梯度的控制,可采用根据测距仪(DME)距离控制五边进近高度和根据飞机的地速调整下降率等方法。

5.5.2.1 根据 DME 距离控制五边进近高度

有 DME 的仪表跑道,可以根据所测出的 DME 距离和与之对应的高度来控制最后进近的各点高度。在仪表进近程序图中,根据最后进近和下降梯度,按每海里 DME 测距计算出相对应的高度,以表格形式公布,如图 5.28 所示。实际飞行中,根据测距机和高度表的指示,按表列的数据,就可以判断出飞机的垂直偏差,即飞机飞越每一定位点时是否在规定的下滑线。如果判断出高了,应适当增大下降率;如果低了就应适当减小下降率,将飞机修正到正常的下滑线上下降。其中,计算 DME 距离对应高度(h)的公式为

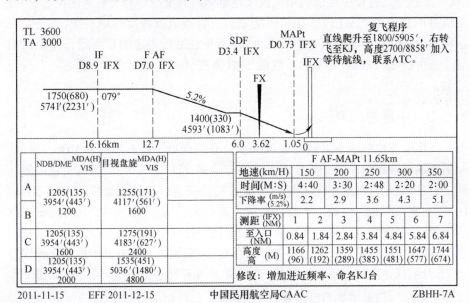

图 5.28 仪表进近图的程序图

$$h = (D_{测} - D_{内移}) \cdot Gr + 15 \tag{5.54}$$

式中：$D_{测}$ 为 DME 的测量距离；$D_{内移}$ 为 DME 测距台到跑道头的距离；15 为飞机成功进近时到跑道入口的高度（单位：m）。

5.5.2.2 根据飞机的地速调整下降率

仪表进近图的剖面图公布有最后进近航段的下降梯度 Gr 和最后进近定位点到复飞点的距离 D，还以表格形式公布由不同地速飞过这一距离的时间和下降率 RD，如图 5.28 所示。实际飞行中，根据进近地速，从表中查出对应的下降率和飞行时间，操纵飞机保持该下降率下降，同时根据地速的增减，适当增减下降率，从而控制飞机能够按照规定的下降梯度下降。其中，最后进近航段的下降率和飞过 FAF 到 MAPt 的飞行时间的计算式为

$$RD = Gr \cdot GS \tag{5.55}$$

$$T = \frac{D}{GS} \tag{5.56}$$

另外，在实际飞行中，对于在五边进近航迹上安装有导航台、指点标台的机场，在五边进近过程中可以利用飞机飞越电台的高度指示与规定高度比较，控制飞机沿正常的下滑线下降。如果机场安装有目视进近坡度指示系统，飞行员可以利用目视灯光来控制五边进近高度，特别是在最后进近的后半段作用更加明显。它可以提供能增大安全系数的下滑轨迹，引导飞机继续下降，完成进近着陆。

5.5.3 中断进近复飞

飞机沿五边航迹下降到仪表进近图公布的最低下降高度/高（MDA/H）时，如果能够目视跑道并处于正常进入着陆的位置，可以继续下降，转入目视进近着陆，按空中交通管制员指令进行直线着陆或目视盘旋着陆。如果下降到 MDA/H 时，不能目视跑道或处于不能正常进入着陆的位置，飞机应中断进近，不得继续下降，应当改平飞保持平飞至复飞点，在这一过程中可继续判断能否转入目视进近，如飞机已到达复飞点还不能转入目视，应当按进近图上公布的复飞程序复飞，上升至规定高度或规定点转弯，重新进近或者到等待航线等待，根据情况也可以沿航线飞行返航或备降。

在非精密进近程序中规定的复飞点有 3 种，即电台上空、交叉定位点、距离 FAF 的一个点。在我国公布的非精密进近程序中，复飞点通常是电台上空或交叉定位点，图中标注有"MAPt"或"复飞点"的位置。

5.6 精密进近程序的五边进近

精密进近程序是在最后进近航段,能为飞机提供航向道和下滑道信息,引导飞机沿预定的下滑道下降着陆。精密进近可采用 ILS 和 PAR,GNSS 采用一些增强方式(如广域增强 WAAS、本地增强 LAAS),也能满足精密进近的要求。当前在我国各大机场主要采用 ILS 实施精密进近。

仪表着陆系统的功用就是为进场着陆飞机提供航向道和下滑道信息,并在飞行仪表上显示出来,供飞行员操纵飞机沿下滑道完成进场着陆。

根据仪表着陆系统地面台的精度和机载接收设备的分辨能力以及机场的净空条件、跑道视程等因素,国际民航组织将仪表着陆系统分为 3 类,用跑道视程(RVR)和决断高度/高(DA/H)两个量来表示,如表 5.3 所列。RVR 是在跑道中线,航空器上的飞行员能看到跑道面上的标志或跑道边界灯或中线灯的距离,RVR 一般使用部署于跑道边的自动化设备来测量。决断高度/高(DA/H)是指飞行员对飞机着陆或复飞做出判断的最低高度,飞机下降到这一高度时,飞行员必须目视跑道并处于正常的着陆位置,才能转入目视下降着陆;否则应当立即复飞。

表 5.3 精密进近着陆标准的分类

类别	VIS 或 RVR/m	DH/m
Ⅰ	VIS≥800 或 RVR≥550	DH≥60
Ⅱ	RVR≥300	30≤DH<60
Ⅲa	RVR≥175	DH<30 或 DH=0
Ⅲb	50≤RVR<175	DH<15 或 DH=0
Ⅲc	0	0

近年来,我国民航引进的现代化客机的机载设备,一般都能达到Ⅲb 类。而我国装有仪表着陆系统的机场,大多开放的是Ⅰ类仪表着陆系统,只有北京、上海、成都等少数机场可以开放Ⅱ类仪表着陆系统。

5.6.1 按 ILS 做最后进近

5.6.1.1 ILS 的组成

1) 地面设备

地面设备由以下三部分组成。

(1) 航向信标台。安装于跑道入口的另一端,距跑道头 200~400m 的跑道中心延长线上。通过入口端两侧各 105m 处的地方,向入口方向发射用来指示航向面的电磁波,为着陆飞机提供方向驾驶信号,引导飞机对正跑道。

(2) 下滑信标台。安装于跑道中心线侧方 120m、距入口端跑道头约 300m 处。用来发射指示下滑道的电磁波;为着陆飞机在着陆方向上提供下滑信号,以引导飞机沿标准的下滑道下滑着陆。

航向信标台和下滑信标台联合工作时,便可为着陆飞机提供一条由航向面和下滑面相交成的下滑线,以保证进近飞机的安全。该下滑线在垂直面内与地平面的夹角一般为 3°,在水平面上的投影与跑道中心线重合,称为标准下滑线。

(3) 指点信标台(指点标)。根据机场净空条件和天气标准的要求,通常配置 3 个指点标台,以一定的距离间隔安装在标准下滑线的正下方,称远指点标、中指点标和近指点标。它们工作时,从地面向指点标所在位置的上空发射一个方向圈很窄的电波,作为进近着陆飞机的距离检查点,而且标准下滑线经过各指点标上空的高度是固定的。在有 NDB 的地方,指点信标台与 NDB 安装在同一位置。

这样,当飞临不同的指点信标台上空时,机上的接收机即时发出如表 5.4 所列的不同的声响和灯光信号,提示飞行员检查判断飞机距跑道入口距离和对应的高度是否正确,以便调整下降梯度或下降率。

表 5.4 ILS 指点信标音响和灯光信号

信标台名称	音频调幅频率/Hz	音响编码	灯光颜色
远指点信标/台	400	每秒打一次"− −"	蓝色
中指点信标/台	1300	每 2s 打一次"· −"	琥珀色
近指点信标台	3000	每秒打一次"······"	白色

2) 机载设备

IIS 的机上设备主要由航向接收机、下滑接收机、航道指示器和控制盒等组件组成,还有指点信标接收系统的接收机、信号装置(铃、灯)等配套设备。

(1) 航向接收机。在 ILS 工作时,用来接收地面航向信标台的信号,并输出航向 LOC 信号和鉴别信号,鉴别音频信号输至耳机用来识别电台。

(2) 下滑接收机。用来接收地面下滑台的信号,并输出下滑偏离和下滑监视信号,下滑偏离信号经无线电转换组件输入航道罗盘,由下滑指示杆指示飞机与标准下滑道的相关位置。

(3) 航道指示器。用来指示着陆航向道和标准下滑道。为了便于使用,通常都与航向系统的指示器组装在一起,称为航道罗盘。

当 ILS 工作时,航道罗盘上用来指示航向道的航向杆代表着陆航道,其偏离情况是航道杆在左、飞机偏右。航道杆在右、飞机偏左,偏离量用刻度表示。航道指示器上左、右各有 5 个刻度,一个刻度的偏离量约代表 1.25°。

下滑道指示杆,当下滑信标系统正常工作时,代表标准下滑道,下滑道指示杆与下滑道偏离刻度的相对位移,表示飞机与下滑道的相关位置。下滑道杆在零点上方,表明飞机的下滑线低于标准下滑道;反之则高于标准下滑道,偏离一个刻度,一般需要改变 0.75° 的下滑角。

(4) 控制盒。用来给 ILS 提供所需的电源和调谐信标台。

航向信标台的工作频率为 108.10~111.95MHz,频道间隔为 0.05MHz,而且只用 MHz 为单位的小数点后一位为奇数的那些频率点,因此只有 40 个频道。下滑信标台的工作频率为 329.15~335.00MHz,频道间隔为 0.15MHz,也有 40 个频道与航向信标台的频道成固定分配,因此调谐时只需调到航向信标台的频率,下滑信标台的频率也就同时调到,而导航频率窗只显示航向信标台的频率即可。

5.6.1.2 ILS 的工作原理

1) 航向信标系统

航向启标系统的构成包括地面航向信标台和机载的航向信标接收机。航向信标台天线一般由 7 对水平极化偶极子,以跑道中心线为对称轴,直线排列组成天线阵。于是天线阵中心线与跑道中心线重合,天线阵以两种方式保持辐射电波的相位差不变,一种以同相电流对所有偶极子馈电,产生最大值沿跑道中心线的单瓣波束作为载波,飞机在此波束范围内任何位置接收到的信号相位都是相同的,也称为"和"信号;另一种称为"差"信号,即旁频信号,也给各天线偶极子馈电。但是,跑道中心线两侧的相位始终相反,产生对称于跑道中心线相位相差 180° 的两个旁瓣。其零位辐射点恰好指向跑道中心线,这样"和""差"电波的合成场的方向图也是交叠的两个波瓣。

跑道中心线左侧的波瓣由 90Hz 调幅,右侧的波瓣由 150Hz 调幅,波瓣的调幅度约 20%。其调幅度差值(ddm)随这两个波瓣的场强差值而变化。

当两个波瓣相交且场强相等时,两个信号的差值为 0,调幅度差值也为 0,差值为 0 的各点与航向信标台的连线正好与跑道中心线重合,这就是着陆航向道,即着陆航向道的 ddm = 0。

当飞机位于着陆航向道时(图 5.29),90Hz 和 150Hz 信号电流大小相等、方向相反,互相抵消,电流差为 0,ddm 也为 0,航道杆即在中间。当飞机偏在着陆航道左边时,90Hz 直流信号大于 150Hz 直流信号,航道罗盘上的航道杆则偏向右侧;反之,则偏向左侧。

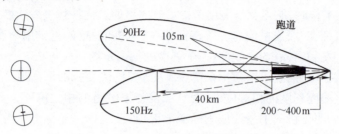

图 5.29　航向信标台工作原理示意图

航向信标台的作用距离一般为 40km,作用范围为以发射台为起点,以跑道入口端两侧各 105m 处为两个波瓣中心通过点的扇区范围。因此,跑道越长,航向道宽度作用范围越小;跑道越短,航向道宽度作用范围越大。

2) 下滑信标系统的工作原理

下滑信标系统包括地面下滑台和机上下滑信号接收机两部分。

下滑信标台上有上、下两个发射天线,上天线辐射相位始终相反的两个旁频"差"信号,用于在垂直面上产生方向图零值方向对正标准下滑道的两个波瓣,并且上波瓣为 90Hz 调幅,下波瓣为 150Hz 调幅。下天线辐射"和"信号电波,用于产生最大值对准上天线零值方向的载波。这样,"和"与"差"信号的合成场在垂直的方向图,也分别是由 90Hz 和 150Hz 调幅的两个叠波瓣组成,其调幅度约为 40%。

调幅度差值也是随着合成场的相对场强变化而变化的,当飞机所处位置的高度相对地面下滑发射台实际构成的仰角等于规定的仰角 θ 时,说明飞机在标准下滑道上,此时 90Hz 和 150Hz 信号等强,ddm = 0。当飞机高出或低于标准下滑面时,即 $\theta > \theta_0$ 或 $\theta < \theta_0$ 时,ddm 随着 $|\theta - \theta_0|$ 差值而增加,而且标准下滑面上下对称位置数值相等,相位相反,即不同的下滑面对应着不同的 ddm。

飞机上的航道指示器,就是根据这个 ddm 信号来指示下滑道的,其接收原理与航向道的接收指示基本相同,当飞机沿标准下滑道飞行时,ddm = 0,电流差也为 0,航道指示器的下滑道杆不偏移中间位置,如图 5.30 所示。如飞机在标准下滑道的上方或下方飞行时,ddm 信号将使下滑道指示杆偏下或偏上。因此,只要始终保持下滑道指示杆在中间不偏的位置下滑,梯度和高度就是合适的。

综上所述,航向信标系统能够指示着陆航向,下滑信标系统可以指示标准下滑道,这样,根据航道罗盘的指示判断飞机偏离跑道的情况和所下降的高度是否合适飞机按仪表进近着陆的任务。

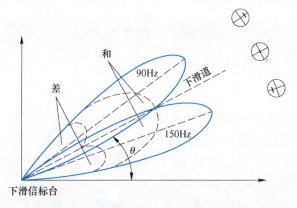

图 5.30　下滑信标台工作原理示意图

5.6.1.3　按 ILS 做最后进近的实施

按 ILS 做最后进近的实施时,主要按照以下几个步骤进行。

(1) 进场调整好航向台频率并收听鉴别信号,下滑信标系统打开无线电高度表。

(2) 按资料规定完成最后进近之前的所有进近阶段。

(3) 以截获航向道为目的进入转弯,并在转弯中以坡度修正进入误差。

(4) 当航道杆指示在满刻度的 1/2 处时,方可按航道杆指示修正航向。

(5) 按规定高度平飞从下滑道下方截获下滑道,严禁从下滑道上方截获。

(6) 当下滑道(杆)指示在满刻度的 1/2 处时,建立盲降成功。

(7) 按要领操纵飞机沿航向道和下滑道做最后进近,并收听信标机信号以检查高度。

(8) 在下降到决断高度前建立目视(能见不少于 6 个纵向进近灯),并按目视着陆。

(9) 当下降到决断高度时,仍未建立目视着陆应果断复飞,按下一程序实施。

5.6.2　按 PAR 做最后进近

PAR 由降落场雷达引导员操作,通过超短波电台向空中做最后进近的飞行器提供方向和高度的偏差信息,飞行员按照接收到的信息操纵飞机进行修正,直至建立目视着陆。当下降到最低下降高度仍不能建立目视着陆时,应果断复飞,按下一程序实施。

按 PAR 做最后进近是一种被动进近形式,实施时应参照 NDB 或其他设备所提供的信息。

5.7 仪表进近着陆的准备与实施

5.7.1 准备内容

5.7.1.1 综合研究确定进近方法

研究着陆机场、备降机场的机场平面图、标准仪表进场图、仪表进近图,根据本机设备和进场方向,确定仪表进近着陆方法。研究的主要内容如下。

(1) 机场附近的地形、障碍物。

(2) 机场的标高、跑道号、跑道磁方向和跑道的长宽、质料等。

(3) 机场导航台或其他导航设备的位置、距入口的距离和相关的频率、呼号。

(4) 机场着陆最低标准和着陆灯光系统等助航设备。

(5) 根据进场方向、着陆方向以及标准仪表进场图、仪表进近图的规定,确定应采取的仪表进近着陆方法。并且根据所要采取的方法,进行必要的补充计算;以图形的方式,画在记录表上,并标记各边航向、夹角、高度、距离以及不同航段的飞行时间及下降率等。同时要熟悉进场最低安全高度和通过各进近定位点的高度。

5.7.1.2 进行空勤组协同、统一实施步骤

空勤组协同。除了航线工作外,进场和进近着陆方法是协同的主要内容,具体有:进场方法;加入起始进近航线的方法;各航段主要飞行数据的校对;中间进近和最后进近的注意事项以及空勤组成员的分工等。

5.7.2 仪表进近的实施

5.7.2.1 仪表进场前

仪表进行开始实施前,需要根据飞行进程,提前做好一系列的准备,具体如下。

(1) 预计开始下降高度的时机,并提前向地面管制员报告,申请下降时机;或听指挥下降高度。

(2) 调谐好降落机场远(近)距导航台,打开测距仪,定好全向信标系统、仪表着陆系统等机上设备的频率。

(3) 进场前 15~20min,向机场管制员询问降落资料,如着陆方向、场压、水平能见度、云底高、地面风向风速等,并在高度表上定上场压;如果最后进近中掌

握最低下降高度或决断高度时,高度表应修正海压。

（4）根据着陆方向把仪表进近着陆方法最后确定下来,并根据空中风查算各航段的应飞数据。

（5）下降时按计算的空速、下降率下降高度,在下降过程中注意掌握飞机的位置,并控制准时到达。

（6）进场前再次检查降落机场导航设备和机载设备的工作情况,到达航线终点后,按准备的进场方法加入进场航线。

5.7.2.2　仪表进场后

以反向程序作为起始阶段,按 NDB/DME 进近着陆为例。

（1）操纵直升机以规定的高度通过无线电导航台,或起始进近定位点。

（2）在导航台上空开秒表计时,并使直升机按规定保持应飞的反向程序航向飞行。

（3）飞过一定的背航时间或 DME 距离时,向着陆方向进入转弯。

（4）在转弯过程中,用剩余磁航向和电台相对方位角或电台方位角的对应值,检查转弯航迹,如有偏差用坡度修正。

（5）改出转弯或 DME 距离时,应下降到规定高度。在向台边飞行过程中进行方向修正,并注意检查高度和下滑率的保持情况。

（6）向导航台飞行过程中,继续下降高度并进行方向修正,到达导航台上空应下降到规定的高度。

（7）如果具备所需的目视参考,搜索跑道进行着陆;如果不具备所需的目视参考,做好复飞。

5.7.3　仪表离场和等待

飞机按仪表的指示脱离起飞机场的航线,称为仪表离场航线。飞机沿仪表离场航线的飞行称为仪表离场。等待航线是飞机等待进一步飞行指令时保持在指定空域内的机动飞行航线。飞机沿等待航线的飞行称为等待。

5.7.3.1　仪表离场

1）仪表离场种类

（1）直线离场。

符合以下条件之一的离场航线,均属直线离场航线。

① 起始离场航线与跑道中线方向相差在 15°以内。

② 离场航线与跑道中线延长线的交点离起飞端在 3.5km 以内。

③ 离场航线偏于跑道中线一侧而在起飞端的横向距离不大于 300m。

但是,只要实际条件允许,离场航线就应与跑道中线延长线一致,如图 5.31

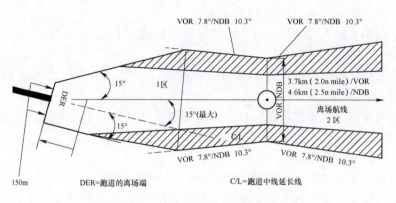

图 5.31 直线离场航线

所示。

直线离场航线应在距起飞端 20km 以内有方位引导,在离场需要转弯时,则在完成转弯后 10km 以内有方位引导。

(2) 转弯离场航线。

离场航线的转弯大于 15°时为转弯离场航线。离场航线的转弯规定直升机直线上升至比起飞端标高高出 90m 以上(其他飞机在 120m 以上)方可进行。在飞机起飞后,如果由于障碍物的位置或高度不能满足这一点,就不能进行转弯离场。

离场航线的转弯点,可以是上升至某一高度的一点或定位点,如图 5.32 所示。

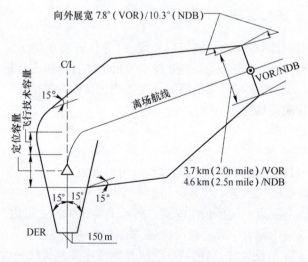

图 5.32 转弯离场(在一个定位点转弯)

(3) 应急离场。

为适应起飞过程中,V1(一台发动机故障)以后发动机故障或其他紧急情况而制定的离场程序。如果地形及障碍物允许,此程序也应遵循正常的离场航线,需要转弯避开障碍物时必须在资料中详细注明。

(4) 全向离场。

如果离场时不提供航迹引导,则使用全向离场,由于起飞离地点的不同,高出机场标高120m以上时,开始转弯不早于起始端600m。全向离场的实施应严格按照机场的有关规定和本机型的性能实施,如图5.33和图5.34所示。

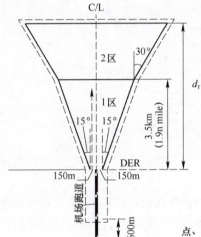

d_r 为飞机按最小梯度(3.3%或程序规定的梯度,取较高值)上升,到达规定的转弯高度的距离。如果转弯高为120m用3.3%上升梯度,这个距离为3.5km(1.9n mile)。

点、线包围的区域为转弯起始区

图 5.33 全向离场图 1 区、2 区和转弯起始区

2) 仪表离场的方法

根据仪表离场航线的不同,不论是哪种离场方法,只要是公布的应为标准仪表离场,未公布的就是非标准仪表离场。

(1) 标准仪表离场加入航线的方法。

在制定了标准仪表离场图的机场,起飞前,飞行人员应认真研究标准仪表离场航线图,起飞后必须按图中规定方法加入航线。

(2) 非标准仪表离场加入航线的方法。

在没有制定标准仪表离场航线的机场,应根据机场使用细则中仪表飞行的规定、地面和机载设备、起飞方向与航线去向的夹角等条件,确定离场航线和加入航线的方法。下面介绍两种常用的方法。

① 通过电台加入航线向导航台起飞时,可直接飞到导航台上空后加入航线飞行。背导航台起飞时,上升到一定高度后向航线方向转弯,切入航线反方向延

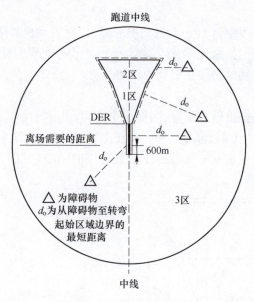

图 5.34　全向离场的 3 个区域

长线向电台飞行,过台后加入航线。这种方法适用于需要在机场爬高或导航设备差的机场。

② 45°或 30°切入航线。在机场净空条件较好的机场,没有加入航线高度规定时,根据起飞方向与航线去向的夹角,而且航线起点为本机场导航台时,可以采用 45°或 30°切入预定航线。

起飞方向与航线去向夹角小于 90°时,采用 45°切入航线(图 5.35),直升机起飞上升到一转弯高度时记下时刻作为通过起点的时刻,并向航线方向转弯,保持航向等于航线角加(减)45°飞行,当直升机方位角和航线角相等时,直升机的位置在航线上。

起飞方向与航线去向夹角大于 90°时,采用 30°切入航线(图 5.36),直升机起飞上升到一转弯高度时向航线方向转弯,保持航向加(减)30°背台切入航线。当电台相对方位角为 75°或 285°时,记下时刻作为通过起点的时刻;当直升机方位角和航线角相等时,直升机的位置在航线上。

5.7.3.2　等待

等待的目的是当直升机不能即刻加入仪表进近航线,并具备留空条件时,在指定空域按规定的方法做耗时机动飞行,如图 5.37 所示。下面主要介绍等待航线的组成、加入和脱离等待航线的方法及等待航线的有关标准。

第 5 章 仪表进近着陆飞行的领航

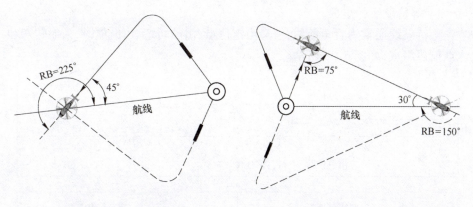

图 5.35　45°切入航线　　　　　图 5.36　30°切入航线

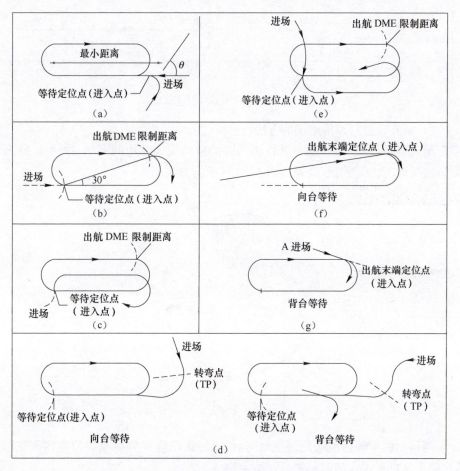

图 5.37　VOR/DME 等待的进入程序

201

1) 等待航线的组成

等待航线通常为直角航线，一般由定位点、出航转弯、出航航段、入航转弯和入航航段组成，如图5.38所示。

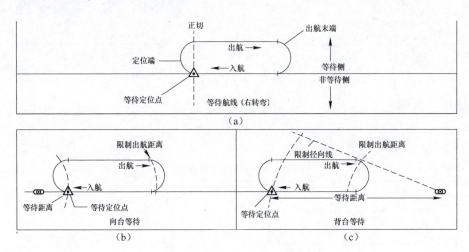

图 5.38　VOR/DEM 等待航线的组成

2) 加入和脱离等待航线的方法

加入等待航线，应根据直升机进入时的航向与入航边的夹角，按图5.39所划分的扇区①、②、③，分别采用图5.39所示的方法加入。

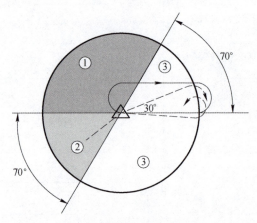

图 5.39　进入扇区

当得到脱离等待航线的规定时间后，飞行人员应在等待航线限度内调整航线，使直升机在指定的时刻离开等待定位点。

3) 等待航线的有关标准

（1）出航航段飞行时间的规定。

按照国际民航组织的规定，出航航段飞行时间在静风条件下，高度在4250m以下为1min；高度在4250m以上为1.5min。如果有测距仪测距，可以规定以测距仪所测距离代替时间。

（2）等待速度和转弯坡度的规定。

按照国际民航组织的规定，进入等待航线和在等待航线飞行最大表速应不大于表5.5所列数值。直升机速度均小于表5.5规定的数值，因此按各机型手册规定的速度飞行。

表5.5 等待飞行最大表速

高　度	正常条件	颠簸条件
4250m(14000ft)及以下	A、B类： 315km/h(170n mile/h)	A、B类： 315km/h(170n mile/h)

等待飞行的转弯，采用与转弯角速度3(°)/s相应的坡度，最大坡度不得超过30°。若转弯方向无特殊说明均为右转。

在等待航线的飞行过程中，风对等待航线影响的修正方法，与沿直角航线做起始进近对风的修正方法相同。

第6章 现代导航设备

近些年来，导航系统已经有了很大的改进，导航系统最重大的改进发生在第二次世界大战以后，微型电子部件和线路使得一件件极其复杂的设备能够装在航空器上。这些设备能够测量偏流、地速、确定航空器位置，以及计算飞往预定地点的应飞诸元。它们的出现，不仅简化了领航工作，减轻了飞行人员的负担，而且减小了天气和地区条件对航行的限制，为迅速、准确地实施领航创造了有利的条件。本章分别介绍无线电导航系统、多普勒导航系统、惯性导航系统、卫星导航系统、地形辅助导航系统以及组合导航系统的工作原理及使用方法。

6.1 惯性导航系统

惯性导航系统由于以下两个原因，被认为是最后的导航系统。

（1）惯性导航系统既不发射又不接收任何信号，所以不受敌人对抗措施的影响。

（2）惯性导航系统的精度在理论上是不受限制的。技术和工艺的精度可以认为是影响精确性的因素。

惯性导航系统是根据牛顿力学定律建立起来的一种导航系统。它是利用惯性敏感元件测量直升机相对地面运动的水平加速度，在给定初始条件下，自动计算和显示直升机地速向量、位置及其他航行数据的领航设备。20世纪70年代以来，已成为现代化的领航工具，被广泛应用于舰船、直升机、导弹、宇宙航行器等。它现存的主要缺点是定位误差随时间而积累。

6.1.1 惯性导航的基本原理

6.1.1.1 加速度与速度、距离的关系

从力学的基本原理可知，当直升机由静止状态以一定的加速度运动时，随着

时间的增长,其速度不断增大。飞行速度的大小取决于加速度的大小和加速运动的时间。设 v 为速度,a 为加速度,t 为加速度运动的时间,则速度就等于加速度对时间的积分,即

$$v = \int_0^t a \mathrm{d}t + v_0 \tag{6.1}$$

式中:v_0 为初始速度。

如果对式(6.1)中速度 v 再进行积分,就得到直升机飞过的距离 D,即

$$D = \int_0^t v \mathrm{d}t + D_0 \tag{6.2}$$

式中,D_0 取决于坐标原点的选择。

由式(6.1)、式(6.2)可知,知道了直升机的加速度就能求出直升机飞过的距离。当直升机进入等速飞行时,加速度等于零,这时的飞行距离就是时间的线性函数。

以上所述的是直升机沿其运动方向飞行时的简单情况。实际上,要确定直升机位置,在不考虑高度的情况下,还应当考虑两个方向上的坐标,如向北和向东的坐标,如图6.1所示。

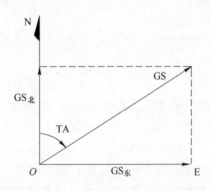

图 6.1 计算地速向量的原理

为此,首先,在直升机上装两个互相垂直的测量直升机加速度的仪器(加速度计)。其中一个测量南北方向上的加速度(a_1),另一个测量东西方向上的加速度(a_2)。然后,分别进行积分,就得到南北方向和东西方向的速度分别为

$$GS_{东西} = \int_0^t a_2 \mathrm{d}t \tag{6.3}$$

$$GS_{南北} = \int_0^t a_1 \mathrm{d}t \tag{6.4}$$

最后,再对速度进行积分,便得到确定直升机位置的南北方向和东西方向的

距离,即

$$D_{南北} = \int_0^t GS_{南北} dt \tag{6.5}$$

$$D_{东西} = \int_0^t GS_{东西} dt \tag{6.6}$$

利用两个速度值 $GS_{南北}$ 和 $GS_{东西}$ 还可求出直升机的航迹角,即

$$TA = \arctan \frac{GS_{东西}}{GS_{南北}} \tag{6.7}$$

一般情况下,如用经纬度表示直升机位置,还需要将坐标进行转换,因而便能得到直升机地理坐标为

$$\varphi = \frac{1}{R}\int_0^t GS_{南北} dt + \varphi_0 \tag{6.8}$$

$$\lambda = \frac{1}{R\cos\varphi}\int_0^t GS_{东西} dt + \lambda_0 \tag{6.9}$$

式中:φ_0、λ_0 分别为初始纬度和经度;R 为地球半径。

知道了直升机的位置、地速和航迹角,再与预定地点的坐标和航线角相比较,就可以实现自动领航了。

6.1.1.2　测量加速度的原理

直升机相对地面运动的加速度是通过测量直升机上某一物体所感受到的惯性力来实现的。

如图 6.2 所示,在直升机上安装一个由重物 M、平衡弹簧和外壳组成的加速度计,它的纵轴同直升机纵轴平行。当直升机加速运动时,由于惯性的影响,重物就要向后偏移。当重物向后偏移离开原有的零位时,感测其偏移的信号器就会有信号输出,经过放大再馈送到产生恢复力的装置——力发生器,它所产生的力又使重物返回零位。这样,加速度越大,要产生平衡它的力所需的电流也就越大。很显然,测量流入力发生器的电流值,就可以知道加速度的大小。在实际的惯性导航系统中,把这个信号同时送到第一积分器,求出地速,再经过第二积分

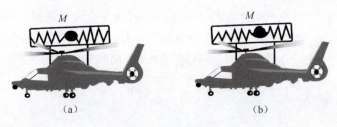

图 6.2　加速度计

(a)加速度计向前偏移;(b)加速度计向后偏移。

器,就可求出直升机飞过的距离,这是一个方向工作的情形,与其相垂直的另一个方向的加速度计的工作情形也是与上述类似的。

但是,上面所讲的加速度计都是固定地安装在直升机上,而且加速度完全同地面平行的情形。事实上,直升机不可能始终保持水平飞行。在飞行中,直升机经常要产生倾斜和俯仰姿态。这样,加速度计就会随着倾斜,且在重力作用下重物就会离开零位,加速度计就会有错误信号输出,从而积分器会输出错误的速度和距离。为了解决这一问题,通常是把加速度计装在一个准确性很高的稳定平台上,无论直升机处于任何姿态,它始终保持水平状态。

6.1.1.3 惯性平台的工作原理

惯性稳定平台是一个由万向环组件构成的机械装置,它由两个双自由度的陀螺组成。飞行中,陀螺系统根据直升机对地面的运动和地球自转的角速度,不断地给陀螺加一力矩,使陀螺自转轴进动的角速度 ω ,同地垂线随直升机运动和随地球自转而变化的角速度 $\omega_{地垂}$ 相等,以跟踪地垂线,如图 6.3 所示,保持平台始终处于水平。同时,陀螺系统还能不断地修正稳定平台的方向,以跟踪地理经线,使两个加速度计始终保持在南北和东西方向上。这样,就能使加速度计准确测量出直升机沿东西和南北两个方向上运动的加速度。

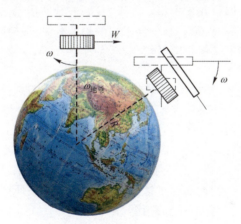

图 6.3　稳定平台保持水平的原理

6.1.2　惯性导航系统的组成

惯性导航系统由惯性稳定平台、加速度计、电子计算机和控制显示器等组成,工作原理如图 6.4 所示。图中,稳定在南北和东西方向上的两个加速度计,所测出的南北和东西方向上的加速度分量,分别输入第一积分器进行积分,积分后求得的南北和东西方向上的两个地速分量,同时输入地速向量计算机,计算出的地速和航迹角自动在地速向量显示器上显示出来。

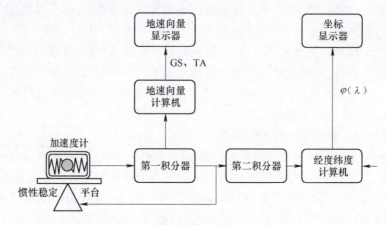

图 6.4　惯性导航系统的工作原理

南北和东西方向上的两个地速分量,还分别输入第二积分器。积分后,求得纬度变化量和经度变化量,再输入经纬度计算机。经纬度计算机根据预先定好的起始点的经纬度,即可在坐标指示器上自动、连续地指示出直升机所在位置的经/纬度数值。与此同时,第一积分器求得的地速分量还转换成直升机绕地球飞行的角速度信号,加上陀螺跟踪补偿信号,使平台偏转,补偿由于地球自转和直升机运动造成的误差。

控制显示部分包括操作按键和直升机坐标、飞过距离(或剩余距离)、偏航距离、应飞航向、地速、航迹角显示器等。直升机坐标通常与活动地图显示器组合在一起,通过输出经纬度的信号,直接在地图上显示出直升机位置。

为了进一步提高系统的精度和可靠性,目前有些设备采用激光陀螺等新式陀螺来代替固体转子陀螺。有的加速度计直接安装在壳体上,不用惯性平台支承。当直升机姿态改变时,加速度计的方向也随之改变,所产生的测量误差由电子计算机控制,大大提高了系统的精度。

6.2　路基无线电导航系统

6.2.1　路基无线电导航系统概述

6.2.1.1　无线电导航系统的定义及构成

利用无线电技术对飞机飞行的全部(或部分)过程实施导航,称为无线电导航。能够完成全部或部分无线电导航功能(或任务)的技术装备组合称为无线电导航系统或设备。

无线电导航系统一般由装在飞机上的导航设备和设在地面或卫星上的导航台(站)组成,通过在导航设备和导航台(站)之间的无线电信号传播和通信获得导航信息,给飞机指示出它们的实时位置或方位。陆基无线电导航系统是以设置在陆地上的导航台为基础,通过无线电信号向飞机提供导航信息的系统。

无线电导航系统由3个基本部分构成,即数理模型、信号格式和实现技术。数理模型指的是系统基本数学物理基础及原理。信号格式指的是系统自身规定的信号传递格式和标准。实现技术指的是系统功能得以实现的电子技术基础。故实用无线电导航系统的基本构成为:系统构成=数理模型+信号格式+实现技术。

6.2.1.2 无线电导航系统的任务及分类

无线电导航信号场的建立是无线电导航系统的最基本任务之一。在飞机的整个飞行环境中有了信号场,并且发射端可以实现对相应信号进行传递,接收端可以识别/检测,同时可以测量飞机位置、航行参数等,而引导飞机安全着陆是无线电导航系统的另一个重要任务。

无线电导航的任务一般包括以下5个方面。

(1) 导引飞机沿既定航线飞行。

(2) 确定飞机当前所处的位置及飞行参数,包括航向、速度、姿态等实时运动状态。

(3) 导引飞机在夜间和复杂气象条件下的安全着陆或进港。

(4) 为空中交通管制和飞机防撞提供有关信息。

(5) 保证飞机准确、安全地完成飞行任务所需的其他导引任务。

无线电导航技术发展到今天,已经形成了比较完备的理论体系和十分广泛的应用领域,诸多无线电导航系统凝聚了多种理论,是多项技术的综合结晶,从系统分类中就可看出其严格的科学体系结构。

无线电导航系统的分类可按不同原则进行,一般有以下几种分类方法。

1) 按所测量的电气参量划分

(1) 振幅式无线电导航系统。

(2) 相位式无线电导航系统。

(3) 频率式无线电导航系统。

(4) 脉冲式无线电导航系统。

(5) 复合无线电导航系统,可同时测量两个或两个以上相同或不同电气参量的系统。

2)按所测量的几何参量(或位置线的几何形状)划分

(1)测角无线电导航系统:位置线是与通过导航台的指北线有一定角度的一簇半射线。

(2)测距无线电导航系统:位置线是以导航台为中心的一簇同心圆。

(3)测距差无线电导航系统:位置线是飞机与两个地面台成恒定距离差的一簇双曲线。

3)按系统的组成情况划分

(1)自主式无线电导航系统:仅包括飞机上的无线电导航设备,可独立产生或得到导航信息。

(2)非自主式无线电导航系统:包括飞机上的无线电导航设备和飞机以外的无线电导航台(站),两者利用无线电波配合工作得到导航信息。

4)按非自主式无线电导航系统按无线电导航台(站)的安装地点划分

(1)陆基无线电导航系统:导航台(站)安装在地面(或海上)。

(2)空基无线电导航系统:导航台(站)安装在飞机上。

(3)星基无线电导航系统:导航台(站)安装在人造地球卫星上,也称为卫星导航系统。

5)按有效作用距离划分

(1)近程导航系统:其有效作用距离在500km之内。

(2)远程导航系统:其有效作用距离大于500km。

6)按工作方式划分

(1)有源工作方式导航系统:用户设备工作时需要发射信号,导航台站与用户设备配合工作得到用户的定位信息。

(2)无源工作方式导航系统:导航台发射信号,飞机上只需载有导航接收机就可实现定位或定向,用户设备不须发射信号。

6.2.1.3　无线电导航系统的性能要求

性能是系统性质与效用的度量,是系统优劣的标志。设计或衡量一个无线电导航系统,其精度、覆盖范围及系统容量是首先需要考虑的技术指标,它们反映了导航系统所能提供的导航信息的准确性、可服务区域、用户数量方面的性能。

1)精度

导航系统的精度是指系统为飞机所提供的位置与飞机当时的真实位置之间误差的大小。无线电导航由于受到各种因素的影响,如发射信号的不稳定、接收设备的测量误差、气候及其他物理变化对电磁传播媒介、用户与导航台(站)的相对几何位置关系以及所产生的误差会时好时坏。因此,导航误差是一个随机变化的量,只能用概率统计的方法来描述。

均方误差(root mean square error,RMSE)描述定位精度所对应的置信椭圆(二维定位)或置信椭球(三维定位)的大小。置信椭圆的长、短半轴分别表示了二维位置坐标分量的标准差(如经度的 m 和纬度的 ‰),1 倍标准差(1σ)的概率值是 68.3%,2σ、3σ 的概率值分别为 95.5%、99.7%。

圆概率误差(circular error probable,CEP)是以真实位置为圆心,偏离圆心概率为 50% 的二维离散点分布的度量。

2) 覆盖范围

覆盖范围是指一个平面或立体空间的导航信号能够使导航用户以规定的精度定位。一般情况下,一旦进入导航台(站)的覆盖区域,飞机的(单个或多个)导航设备应能输出可用的导航信息。

发射信号的功率电平、接收机灵敏度、大气噪声条件、地理地形分布以及其他影响信号使用的因素都会影响覆盖范围的大小和形状。

当运载体与导航台之间的相对几何关系(距离、方位等)变化时,许多无线电导航系统的导航精度将有所不同,因此对于给定的某一精度要求,覆盖范围会随系统几何因子的变化而改变。

3) 系统容量

系统容量是指在导航系统的覆盖范围内系统可同时提供定位服务的用户数量。由于交通运输的发展和任务的需要,希望在一定的空间内能为更多的运载体提供导航服务,或者能在其覆盖区内同时为所有的用户提供服务。

系统容量首先取决于导航系统的工作方式。采用无源工作方式的导航系统由于只需接收导航台的信号,因此无论多少用户都没有关系,理论上可以为无限多的用户提供导航服务;而采用有源工作方式的系统其容量会受到限制,与系统本身的结构体系、通道数量、通信速度、数据处理能力等性能密切相关。但是,在实现相同定位功能的前提下,无源工作方式需要导航台(站)提供更加复杂的导航信号,或需要更多的导航台同时工作才能实现。

4) 导航信息更新率

导航信息更新率是指导航系统在单位时间内可为运载体提供定位或其他导航数据的次数。一般来说,对更新率的要求与运载体本身的航行速度和执行的任务有关。如对着陆阶段的飞机而言,需要提供每秒几十次的高精度定位信息。对于高动态用户而言,由于飞机的速度足够快,如果导航信息的更新率不够,在两次定位数据之间的时间内,飞机的当前位置与上一次的指示位置有可能已相差很远,这就会使导航服务的实际精度大打折扣,难以满足实时导航引导的目的,严重时还会影响飞行安全,因此对更新率有较高要求。

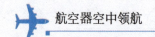

5) 连续性、可用性和可靠性

（1）连续性是指飞机在某特定的运行阶段，导航系统能够提供规定的定位引导功能而不发生中断的能力，表明了系统可连续提供导航服务的性能。

（2）可用性是指当导航系统和用户设备都正常工作时，系统为飞机提供可用的导航服务时间与该航行阶段时间的百分比。它是设计、选用导航系统的指标之一。航空用户对可用性的要求极高，在某些航段会达到 99.99% 的要求。另外，还有信号可用性的说法，是指从导航台发射的导航信号可以使用的时间百分比，它与发射台性能、相互距离及电磁波传播环境等因素有关。

（3）另一项与可用性相关联的指标是可靠性，它是指系统在给定使用条件下，在规定的时间内以规定的性能完成其功能的概率，它标志的是系统发生故障的频度。

6) 完好性

完好性也称为完善性或完备性、完整性等，是指当导航系统发生故障或误差变化超出了允许的范围，不能提供可用的导航服务时，系统能够及时向用户发出告警的能力，它对保障飞机安全、可靠地使用导航信息提出了要求。如在引导飞机下滑着陆的阶段，如果着陆系统发生了故障或误差超过允许的范围而未及时报警，驾驶员继续按着陆仪表来引导飞机下滑，便有可能使飞机偏离或滑出跑道甚至撞地，酿成重大的安全事故。

7) 导航信息的多值性

多值性是指有些无线电导航系统所给出的定位数据对应多个可能的位置点（或位置线、位置面），如果不采用辅助手段，就无法确定哪个正确。此时，具有解决多值性的手段成为对导航系统的基本要求之一。

8) 导航定位信息的维数

维数是指导航系统为用户所提供的是一维、二维还是三维的空间位置信息。导航系统从导航信号中导出的第四维信息（如时间）也可以归属于这个参数。一般早期的导航系统大多提供的是一维的定位数据（如方位或距离），多个系统进行复合以后可以得到二维或三维信息。为了提高飞机飞行的准时性，要求导航系统不但要给出飞机的实时三维位置，而且要提供准确的时间信息，因此提出了四维导航要求。

6.2.1.4 无线电导航系统的应用及趋势

无线电导航的发展历程经历 3 个典型的发展阶段：从以定向为主的早期阶段到全面发展、日趋完善的发展阶段，再到现在卫星导航应用普及、多导航手段并举的成熟阶段。无线电导航的应用范围也经历了从单功能引导到全方位引导、从单领域应用到多领域普及的发展过程。

综观无线电导航的发明和发展史,一般都是通过单独或相互搭配地应用,实现为飞机提供实时方位或定位信息。目前,所使用陆基无线电导航系统,主要包括甚高频全向信标(very high frequency omni directional range,VOR)、测距仪(distance measuring equipment,DME)、塔康(tactical navigation system,TACAN)、航空无线电信标(augmented reality,AR)、仪表着陆系统(instrument landing system,ILS)、微波着陆系统(microwave landing system,MLS)、精密进近雷达(precision approach radar,PAR)等。

陆基无线电导航系统把整个系统的复杂性集中在地面导航台上,使机载用户设备比较简单,并且价格低廉、可靠性高,易于推广应用。但是导航信号覆盖范围较大的陆基系统,其导航精度一般较低,导航数据的更新率也不高,而具有高导航精度的陆基系统往往只有有限的覆盖范围。

卫星导航系统的出现改变了这种情况。第一,它把导航台设在了外层空间的卫星上,解决了导航信号大范围覆盖的问题;第二,它所发射的无线电波频率很高,可以顺利地穿过电离层等大气层,并且提供很高的导航精度;第三,它可以通过多颗卫星组成导航星座,使用户不必发射无线电信号就可以实现二维、三维甚至四维定位。

卫星导航系统在覆盖范围和精度等方面的性能远远超过陆基无线电导航系统,但卫星导航系统的完好性、可用性和连续性等指标还不能满足某些用户要求,尤其是飞机飞行的需要。对卫星导航系统做增强处理可进一步改善系统性能,并在某些应用场合如飞机着陆阶段提高系统的引导定位精度,达到精密进近的目的。对卫星导航系统的增强主要包括自主增强、辅助增强、局域增强和广域增强等几种途径。

卫星导航代表了未来无线电导航的发展方向,克服了传统导航的缺陷和不足,使导航领域呈现出崭新的面貌,具有无比广阔和美好的发展前景。卫星导航系统能够在任何气候条件下,实时、便捷地提供连续的、高精度的位置、速度和时间信息,卫星导航方式提供全球准确一致的导航信息。

由于卫星导航系统覆盖范围、精度、所提供的导航信息种类及操作使用方面的优点,对陆基无线电导航系统的应用造成了巨大的影响。整个20世纪90年代,美国的无线电导航政策是在交通运输中要较快地用GPS及其增强系统取代所有陆基无线电导航系统。然而90年代末情况发生了变化,这主要是下面3个因素造成的。

(1) 现在的卫星导航系统,如GPS和GLONASS,是由一国控制和运行的系统,而且是以国家安全作为首要服务目标的系统。为保证导航信息的连续提供,世界交通运输不能完全依赖于这种系统。

（2）覆盖全球或大范围虽然是卫星导航系统的优点，然而如果系统出现故障或受到破坏，将使众多用户的航行安全受到影响，所以也不能单纯地依靠卫星导航。

（3）卫星导航抗干扰能力比较差，对有意干扰，尤其对恐怖分子攻击的承受能力差。另外，陆基无线电导航系统仍然有以下几方面存在和使用下去的理由。

① 陆基无线电导航已建有成熟的基础设施，覆盖了世界交通运输的主要航路，是人们熟悉而且已建立起了高信任度的导航手段。

② 陆基无线电导航系统是由各国分头建立和运行，并按国际协议和标准而建设的系统，因而在国家主权和国际通航方面实现了良好的平衡。

③ 陆基无线电导航系统由于信号功率大、作用距离近，故不易受到干扰。

现在美国、欧洲和世界许多国家都把无线电导航政策进行了修改，交通运输逐步过渡到以卫星导航作为主要导航系统，而以陆基无线电导航作为冗余和备用系统。这就意味着陆基无线电导航系统还要长期使用下去。美国、欧洲及世界其他一些国家或区域都已制定了关于测距仪、甚高频全向信标、塔康、仪表着陆系统、微波着陆系统和无方向信标保留一定数量且继续运行的规划。

6.2.2 无线电罗盘测向系统

无线电罗盘测向系统是一种地基定向系统，由机载定向仪自动测定地面发射台的无线电波的来波方向，从而获得飞机相对信标台的角坐标方位数据，如图 6.5 所示。

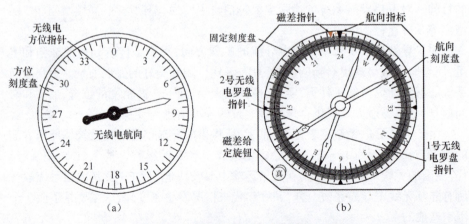

图 6.5　无线电罗盘测向系统的指示器

系统由机载设备和地面设备两部分组成，机载无线电自动测向仪（automatic direction finder，ADF）是一种 M 型最小值法测向设备，称为无线电罗盘，地面导航台也称为无方向性信标，其台站识别信号采用 1020Hz 调制的两个英文字符的莫尔斯码格式。

系统工作频率一般在 190～1750kHz 范围内，功率为 500W 左右。在此波段内，可靠的方位信息只能从地波或直达波得到，其作用距离由地面导航台发射功率及机上接收机灵敏度决定，一般可达几百千米，典型的为 250～350km。

另外，地面台发射的信号常常会受到天波的影响，在夜间会更加恶劣。只有当飞机离地面导航台较近，地波信号覆盖良好时，方位读数才可靠。当接收点的信号强度较大，且忽略飞机结构的影响时，系统的测向精度可达到 2°左右。

无线电罗盘测向系统的基本功能包括以下几个。

（1）可以连续自动地对准地面导航台，引导飞机沿给定航线飞行，在给定方向上完成从一个台站至另一个台站的飞行。

（2）通过测出飞机对两个以上地面导航台的方位角数值，利用所得到的直线位置线的交点，实现对飞机的水平位置定位。

（3）引导飞机进入空中走廊的出口和入口。

（4）引导飞机完成着陆前的进场飞行和下降飞行，使飞机对准跑道中心线，配合仪表着陆系统引导飞机着陆。

机载无线电自动定向仪的种类和型号较多，以旋转调制式和伺服指针式最为普遍。旋转调制式自动定向仪包括以下 3 种主要工作状态。

（1）ADF（自动测向）。由垂直天线和环形天线联合接收信号进行自动测向。

（2）ANT（天线）。由垂直天线接收信号作为普通接收机使用。

（3）TEST（测试）。定向仪自检，按下测试按钮时，指示器应指示一规定的数值，以确定定向仪的工作是否正常。

6.2.3 甚高频全向信标

甚高频全向信标系统是一种由机载设备直接输出导航参量的近程无线电相位测角系统。VOR 系统利用的是相位式测角原理，其导航参量是飞机相对于 VOR 台的磁方位角，如图 6.6 所示。该系统于 1949 年被 ICAO 采纳为国际标准的航空近程导航系统。

VOR 地面天线具有以每秒 30 周旋转的心形方向图，使空中的飞机接收到的信号受到 30Hz 的正弦幅度调制。这个调制信号的相位角正好与飞机相对于地面台的空间磁北方位角相等，因此机载接收设备测量 30Hz 正弦信号的相位角，便能指示出飞机的方位。VOR 地面台还将发射调频信号作为相位角测量的基准。

VOR 系统包括地面设备和机载设备,地面设备称为 VOR 发射台,机载设备称为 VOR 接收机。VOR 系统的功能是通过安装在飞机上的 VOR 接收机接收地面 VOR 发射台发射出的信号,得到飞机相对于 VOR 发射台的磁方位角,以此给飞机提示相应的飞行方向,帮助飞机沿既定航线飞行。

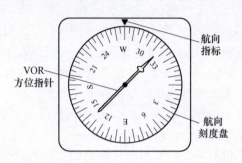

图 6.6　VOR 方位指示器

在民航应用上,一般把航行过程中需要用到的各个 VOR 发射台的信息如位置坐标、发射频率等存储在飞机飞行管理系统的导航数据库中,使用时可方便调用。VOR 发射台工作的频段为 108~118MHz,这个频段是与 ILS 航向信标共同占用,总计 200 个频道,频道间隔为 50kHz,其中 VOR 发射台占 160 个。VOR 系统既可用于航路导航,也可用于非精密的进近着陆引导,其测角准确度一般为 ±1.4°,一个地面台可覆盖 200n mile 的半径范围(当飞机高度在 10000m 时),工作容量不受限制。

VOR 分为两种:一种是常规 VOR;另一种是多普勒 VOR(DVOR)。DVOR 是 20 世纪 60 年代为了改善 VOR 的精度而研制的,两者的区别只是地面台不同,机载接收机是通用的。

6.2.4　测距仪

测距仪属于近程无线电导航系统。DME 是在第二次世界大战中随着雷达的发展应用而出现的,它通过测量无线电脉冲在空中的传播时间获得飞机到地面导航台(站)的距离,包括普通测距仪(DME/N)和精密测距仪(DME/P)两种。N 是窄频带的意思,P 是精密的意思。普通 DME 经常与 VOR 配套用于对飞机进行定位,1959 年,国际民航组织(ICAO)将其与 VOR 同时列为标准导航系统使用,一般安装在机场和航路上。精密 DME 是微波着陆系统的组成设备,用于在飞机精密进近和着陆的引导中提供距着陆点的精确距离信息。

DME 系统是询问-回答脉冲式测距系统,由地面设备和机载设备组成

(图 6.7),工作频段为 960~1215MHz,采用脉冲信号体制,即机载设备和地面台所发射的都是脉冲信号,天线为垂直极化。航路导航时,一个地面台可覆盖 200n mile 的半径范围,在终端区和精密进近时,覆盖 25n mile 的半径范围。一个地面台可服务的飞机数为 100~110 架。按国际民航组织(ICAO)的规定,13ME 的系统精度为±370m(95%),其中地面台的误差不大于 75m。

机载设备(又称询问器)发出成对的询问脉冲,地面台(又称应答器或地面信标)接收以后,经过一定的时延(一般为 50μs)发出成对应答脉冲。应答信号被机载设备接收到后,如图 6.7 所示,将发出询问和收到应答信号之间所经过的时间 t 减去地面台的时延 t_0,便可算出飞机与地面台的直线距离 D。

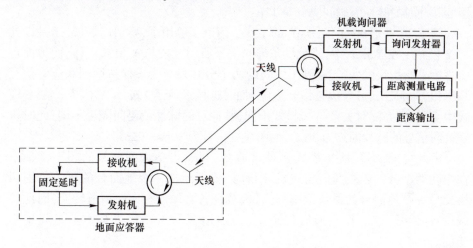

图 6.7 DME 系统工作原理示意图

DME 机载设备和地面台之所以发射的都是脉冲对,是为了减小由其他脉冲系统所造成的干扰。DME 的询问器和应答器不仅发射的都是成对脉冲;而且每个脉冲采用高斯形状,其半幅度点宽度为 3.5μs。采用这种形状可使信号频谱局限在 1MHz 的带宽之内。

DME 系统共有 252 个工作信道,一部地面台和所有与之配合的飞机都工作在同一信道上。工作信道由询问器与应答信号的频率配对关系,以及脉冲对的编码关系两者共同形成。机载设备所发射的询问信号和地面台所发射的应答信号频率不同,总是相差 63MHz。DME 将 962~1213MHz 频段划分为 4 个分频段,每个分频段宽 63MHz。机载设备的询问信号频率集中在中间的两个分频段内,共 126MHz,每 1MHz 一个频道,形成 126 频道。而地面台应答信号频率则分布在 4 个分频段内。

DME 系统有两种工作模式,即 X 模式和 Y 模式。

1959年，国际民航组织决定采用这种DME作为标准导航系统时，只有X模式。在X模式下，机载询问和地面应答信号存在配对关系，机载设备发射信号在1025~1157MHz频段，相配对的地面台发射信号频率处于962~1024MHz和1151~1213MHz的两个互不相连的分频段上。此时在第一信道（即1X信道）上，机载设备的发射频率是1025MHz，2X信道为1026MHz，…，63X信道为1087MHz，与之配对的地面设备与应答信号频率分别是962MHz，963MHz，…，1024MHz；在64X，65X，…，126X信道上，机载询问信号的频率分别是1088MHz，1089MHz，…，1150MHz，而与之配对的地面台发射信号分别是1151MHz，1152MHz，…，1213MHz。在X模式下，无论机载询问信号还是地面应答信号，所用的脉冲对的脉冲编码间隔都是12μs。

到了20世纪60年代，DME的126个信道不够用了，要加以扩展，于是设计了Y模式。在Y模式中，机载设备询问信号所用频段与X模式一样，而地面台应答信号所用频段变了，移到了中间的两个分频段。为了保持询问和应答信号频率相差63MHz，分频段是错开来配对的，这样形成了126个Y信道。在Y模式中，不仅频率配对关系与X模式不同，脉冲对的脉冲编码间隔也不同，此时机载询问信号的脉冲间隔为36μs，地面应答信号为30μs。

由此可见，不管是X模式还是Y模式，机载设备询问信号的频率都集中在中间两个分频段之间。当飞机飞行时，要不断从一个地面台的覆盖范围切换到另一个地面台的覆盖范围，此时机载设备必须做相应的信道转换，因此机载设备必须能够工作在所有信道上，而地面台的工作信道基本上是固定不变的。

6.2.5　VOR/DME与DME/DME导航原理

国际民航组织8168文件中明确表示，DME/DME的最大水平距离为370.4km/200.0n mile，VOR/DME的最大水平距离为92.6km/50n mile。

除了要考虑到VOR和DME导航台的最远适用距离外，由于导航台地面天线的工作特性，还需要考虑导航台顶空的盲区。

如果飞机处于导航台的顶空盲区内，飞机将无法接收到来自导航台的无线电信号，或者接收到的信号很弱。盲区的大小与导航频率、天线高度和机载接收机的灵敏度相关。盲区半径一般取30°。

6.2.6　仪表着陆系统

ILS在1946年被国际民航组织定为标准着陆引导设备。到目前为止，仪表着陆系统还是最主要的引导飞机着陆的手段，它使飞机着陆成为一个单独的空中航行阶段,但在一般机场只能达到 CAT Ⅰ 类的着陆标准。ILS 是在综合利用电波传播的定向性和信号调制技术的基础上构成的。

仪表着陆系统的地面设备包括航向台(LOC)、下滑台(GS)和信标台(MB)三大部分。航向台和下滑台都是利用在空间相交的双针状方向性图天线,以等信号区的形式分别提供与水平面成一定角度的下滑面引导、与水平面垂直的航向面引导。下滑面和航向面相交形成一条位于跑道中心线上方、与跑道面有一定角度的固定下滑航道。信标台为 2 个或 3 个,在跑道中心线的延长线上,向天空辐射方向性图为窄圆锥形的无线电波束,提供飞机距离跑道入口的位置坐标信息。

机上设备分别包括航向、下滑和信标接收机,前两者常装在一个机盒内。相应地,机上需要 3 种天线,即水平极化的 VOR/LOC 共用天线、下滑接收机的折叠式偶极天线、信标接收机的环形天线。飞机的航向和下滑信息可在几种不同类型的仪表上显示,其相对于给定航向面和下滑面的偏差位置由位置指示器显示,供驾驶员调整下滑路线。ILS 机载设备的控制一般通过甚高频导航(VHF-NAV)控制盒来实现,可以同时选择航向接收机频率及相应的下滑接收机频率。另外,当飞机飞过不同信标台的上空时,信标接收机会发出相应的音响和灯光信号,来表示飞机的当前位置。

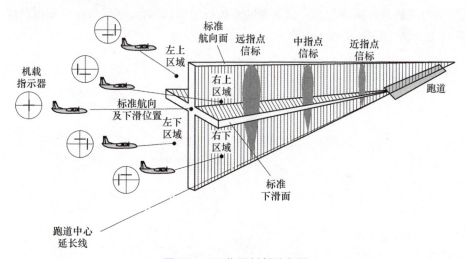

图 6.8　ILS 位置判断示意图

在正常飞行中,飞机在巡航高度上到达目的地后开始下降,这时如果云高超过 800m,水平能见度超过 4.8km 时,允许飞机按照目视飞行规则着陆。但在恶劣气候条件下,着陆必须按照仪表飞行规则进行。

国际民航组织根据着陆系统的引导性能,并考虑到跑道上水平能见度的气象条件,把着陆级别分为Ⅰ、Ⅱ、Ⅲ类,规定了相应的决策高度(表6.1)。在此高度上,飞行员根据能否清晰地看到跑道,对继续着陆或拉升复飞做出决断。

飞机在跑道延伸线上方30~500m的高度范围内飞行,将由ILS产生的无线电波束引导,要求从仪表飞行过渡到目视着陆必须很平稳,并且保证可以立刻进行复飞。当飞机到达Ⅰ类或Ⅱ类最低决策高度时,规定飞行员必须能够看到跑道;否则放弃着陆。

表6.1 国际民航组织全天候仪表着陆条件划分

类别	Ⅰ类	Ⅱ类	Ⅲ类		
			A	B	C
决断高度或云底高/m	60	30	0	0	0
跑道水平能见度或视程/m	800	400	200	50	0

6.2.6.1 工作原理

ILS的作用是向处于着陆过程中的飞机提供着陆引导信息,包括航向道信息、下滑道信息和距离信息。仪表着陆系统由航向信标台、下滑信标台和指点信标台3个部分组成,如图6.9所示。

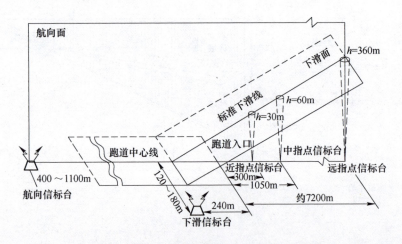

图6.9 ILS地面设备

航向台工作在108~112MHz频段,它向着陆飞机提供一个对准跑道中心线的引导信息。航向天线一般位于距跑道终端300m的跑道中心延长线上,航向台机房在跑道中心延长线的一侧,距中心延长线60m。

下滑台工作在329~335MHz频段,向着陆飞机提供沿着一定下滑角度下降的下滑道信息。下滑天线一般在跑道入口的一侧,距中心线120m左右,到入口的后撤距离要根据下滑角、下滑反射面坡度和入口高度计算确定。

指点信标台工作在75MHz,可分为外指点信标、中指点信标和内指点信标,内指点信标一般不用。它给着陆飞机提供到达跑道入口的距离信息。中指点信标距离跑道入口1km左右。也可以用测距仪代替指点信标,从而使飞机得到连续的、到达着陆点的距离引导,在这种配置情况下,测距仪一般装置在下滑台处。

根据性能,ILS可以分为Ⅰ类、Ⅱ类和Ⅲ类。Ⅰ类ILS是从覆盖区边缘开始到航道和下滑道的高度不低于60m的范围提供引导信息的设备;Ⅱ类ILS能引导飞机到30m高度的设备;Ⅲ类ILS能引导飞机降落到跑道的设备。

我国现在装备的绝大多数ILS只能达到Ⅰ类标准,只有少数ILS性能可以达到Ⅱ类标准。主要原因除设备性能之外,很大的因素取决于场地。场地达不到标准,障碍物多,地面不平,造成航道、下滑道弯曲,超出类别标准。

航向台和下滑台的基本工作原理是航向台(或下滑台)向空间发射两种信号:一种是调幅信号,由载波和调幅边带波组成,称为载波加边带(carrier and sideband,CSB)信号;另一种是载波被抑制掉的调幅信号,仅由调幅边带波组成,称为纯边带(sideband only,SBO)信号。调幅波的频率为90Hz和150Hz。航向台发射的CSB信号在跑道中心线方向上最强,两边逐渐减弱,而航向台发射的SBO信号在跑道中心线方向上为"0",在偏离中心线的两边逐渐增强,当这两种信号在空中叠加起来时,将会造成在跑道中心线方向上SBO信号为0,只剩下CSB信号,CSB信号的90Hz和150Hz调制信号的幅度相等,如果将这两个调制信号相减,其结果为0。即在跑道中心线,90Hz和150Hz调制信号的差为0。在跑道中心线左边:这时CBS信号存在,SBO信号也存在,这两种信号叠加在一起,由于SBO信号的90Hz调制波与CSB信号的90Hz调制波相位相反,被抵消而减小,而150Hz调制波相位相同被加强,因此在跑道中心线左边,90Hz调制信号幅度和150Hz调制信号幅度不等,即150Hz调制信号幅度大于90Hz调制信号幅度,其差不为0。

同理。在跑道中心线右边,90Hz调制信号幅度和150Hz调制信号幅度也不相等。90Hz调制信号幅度大于150Hz调制信号幅度,其差也不为0。

如果飞机进入航向台作用区,机载接收机接收到航向台发射的信号,解出90Hz和150Hz调制波,并将其相减,若等于0,则表明飞机在跑道中心线方向上;若不等于0,150Hz调制信号幅度大于90Hz调制信号幅度时,偏向中心线左边;若90Hz调制信号幅度大于150Hz调制信号幅度,则偏向中心线右边。

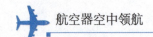

下滑台的工作原理与航向台基本相同(把下滑道看成航向道),下滑道下方是 150Hz 调制信号幅度大于 90Hz 调制信号幅度。

跑道中心线方向上,SBO 的 90Hz 及 150Hz 信号相位相反,用相反方向的箭头表示,互相抵消而为 0,所以合成信号就只剩下 CSB 信号,90Hz 和 150Hz 时信号相等。在跑道中心线左边,SBO 和 CSB 的 90Hz 信号箭头方向相反,表示相位相反,而 150Hz 信号箭头方向相同,表示相位相同,叠加结果 90Hz 信号减小,150Hz 信号增大,因此,150Hz 调制信号幅度大于 90Hz 调制信号幅度。而在跑道中心线右边,90Hz 调制信号幅度大于 150Hz 调制信号幅度。

6.2.6.2 航向台的组成及作用

航向台由航向发射机、转换单元、天线分配单元、航向天线阵、监控器、控制单元、电源等组成。

1) 航向发射机

航向发射机是航向台的射频信号源。它产生航向台所需要的 CSB 和 SBO 信号,航向发射机为双套制,可任选一个为主用。另一个为备用。

2) 转换单元

航向发射机 1 和航向发射机 2 产生的 CSB 和 SBO 信号都送到转换单元,它取一路信号送到天线,在一般情况下,如果航向发射机 1 为主用,则转换单元将航向发射机 1 产生的 CSB 和 SBO 信号反馈给天线,航向发射机 2 为备用。如果需要在航向发射机 2 上进行维护工作,也可以通过控制单元启动航向发射机 2,这时转换单元将航向发射机 2 产生的信号反馈给假负载。

转换单元是将航向发射机 1 还是将航向发射机 2 发来的信号反馈给天线,取决于来自控制单元的信号。

转换单元中安装有通过式功率计,可以测量 CSB 和 SBO 信号的输出功率,并由面板的电表指示。

3) 天线分配单元和航向天线阵

来自转换单元的 CSB 和 SBO 信号,从机房通过长约 60m 的低损耗电缆,输出到航向天线阵的分配单元,分配单元按照要得到的 CSB 和 SBO 场型,以一定的相位和幅度将射频能量反馈给每一对天线,从而得到理想的空间发射场。

航向天线阵分为 8 单元和 14 单元两种,每个单元是一个对数周期天线,它具有良好的前后辐射比、相互干扰小、天线高度低等优点。

4) 监控器

在每个发射天线中都有一个监控的耦合环,对发射信号进行取样。来自每个天线的监控取样信号又经过混合、合成而产生航道和宽度检测信号,并把它送到监控器。

监控器也是双套制,两个监控器同时监视正在发射的航向发射机。它对检测信号进行逐个性能分析,当某个参数超出预先置定的阈值时,产生告警信号给控制单元,在监控器的面板上以告警红灯来显示参数告警。

监控器面板上的显示器显示各个参数的现时值和告警上、下限,以便维护人员及时了解设备的性能,采取必要的维护措施。

5) 控制单元

控制单元对航向台各部分进行控制,它可以用来选择主机、启动备用机维护、关机、选择本地或遥控等。

当来自监控器的告警信号到达时,控制单元产生转换或关台的控制,从而使主机切换到备用机或将双机关掉。

电源在机柜最底部,也是双机制,它将市电 220V、50Hz 转换为 27V 直流,供给机柜的每个部分,并对电池充电。当市电停电时,由电池对设备供电。

6.2.6.3 下滑台的组成及作用

下滑台由下滑发射机、转换单元、下滑天线阵、监控器、近场监控器、控制单元、电源等组成。

1) 下滑发射机

下滑发射机产生 328~336MHz 频段的射频信号,它的输出为 CSB 和 SBO,发射机为双套制,可任选一个为主用,另一个为备用。

2) 转换单元

作用同航向台转换单元。

3) 下滑天线阵

下滑天线阵由上、下天线或由上、中、下天线组成,来自转化单元的 SBO 信号反馈给上天线,而 CSB 信号反馈给下天线,从而得到应有的辐射场。

在边带基准和捕获效应下滑台中,转换单元的输出要经过一个幅度和相位控制单元(APCU)再到天线,APCU 的作用和航向的天线分配单元相似,按一定的相位和幅度关系,将 CSB 和 SBO 信号反馈给上、下天线或上、中、下天线,以形成需要的场型。

下滑天线塔有一个塔斜监视器,用以监视天线塔是否垂直,当发生倾斜时它会给控制单元发出信号。

4) 监控器

在下滑发射天线中,都有一个监视取样环,来自取样环的取样信号经监控器混合单元产生宽度和下滑道信号,送到监控器。

监控器的作用和电路同航向监控器。

下滑监控器除从发射天线取样监视外,还在下滑发射天线的正前方装有一个近场监测天线,监视下滑天线辐射的下滑道。

5) 控制单元和电源

同航向台。

6.2.6.4 指点信标

指点信标配合 ILS 架设在飞机进近方向的跑道中心线延长线上,在距跑道始端的几个特定位置点上垂直向上发射锥形波束,为飞机提供距离信息。

国际民航组织规定,大、中型机场应设置 3 个指点信标台,即远指点、信标台、中指点信标台、近指台信标台,小型机场一般只有远指点信标台和中指点信标台。3 个信标台分别装设在距离跑道入口端约 7200m、1050m 和 75m 的地方,具体安装位置根据机场条件可做适当调整。它们的发射功率都为 12W,载频频率为 75MHz,采用莫尔斯码幅度调制方式。

远指点信标台的音频调幅频率为 400Hz,识别电码为每秒打一次"--"(蓝色灯);中指点信标台音频调幅频率为 1300Hz,识别电码为每 2s 打一次"·-"(琥珀色灯);近指点信标台音频调制频率为 3000Hz,识别电码为每秒打一次"……"(白色灯),如表 5.4 所列。

只有当飞机飞过信标台上空时,机上信标接收机才能收到信号,接收机的指示灯和音响设备将提醒飞行员进行决断。随着距离机场越来越近,报警声音和灯光的闪烁会逐级地越来越短促。

6.2.7 微波着陆系统

微波着陆系统(microwave landing system,MLS)是一种全天候精密进近着陆系统,采用时间基准波束扫描的原理工作,1978 年国际民航组织批准将时间基准波束扫描体制的 MLS 作为新型的飞机着陆引导的标准设备。它通过测量微波波束往复扫描时经过飞机的时间间隔,得到飞机相对于跑道终点的方位角和俯仰角,来引导飞机进近和着陆,可以满足高等级的 CATⅡ、Ⅲ类着陆标准。

飞机相对于跑道的位置信息由空中导出,这一点与 ILM 完全相同。在空中导出数据系统中,地面设备在其覆盖区内发射时间基准波束扫描的空中信号,在覆盖区内任何一架装有机载设备的飞机,都能收到引导信息以便确定该机的角位置,MLS 发射的空中信号采用时分多路传输(TDM)的信号格式,角引导信息和各种数据信息都在同一频率上发射,不同功能的信号占有自己的发射时间,以时间分割的方式按顺序向空中发射。MLS 地面设备的配置如图 6.10 所示。

时间基准波束扫描技术的原理,简单地说,MLS 地面设备向空中辐射一个很窄的扇形波束,在相应的覆盖区内往返扫描。对方位而言是在水平方向上左、右往返扫描,对仰角而言是在垂直方向上上、下往返扫描,机载接收机收到往和

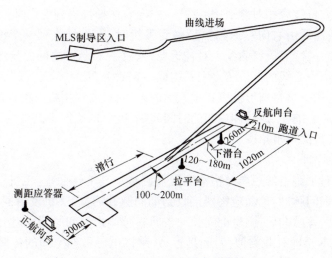

图 6.10 MLS 地面设备的配置

返两次扫描的脉冲信号,通过测量往和返脉冲的时间间隔而获得飞机在空中的角位置。

MLS 引导精度高,可用性和完善性强,可大大提高飞机执行任务的全天候能力,并且覆盖区域广,可用于对各类飞机的着陆引导,便于实现曲线或折线进近。

MLS 的工作覆盖区要求正向方位和仰角的制导区域能覆盖到以跑道为中心线±60°的扇形区域,其垂向覆盖区为 0~20°,径向作用距离为 30n mile。要求方位制导和仰角制导的数据更新率分别为 13.3Hz 和 40Hz。反向制导区域(失误进场)应能覆盖以跑道为中心±40°的扇形区域,径向作用距离不小于 50n mile,数据更新率为 6.67Hz。

MLS 可采用的工作频段包括 C 波段中的 5000~5250MHz 和 Ku 波段中的 15400~17500MHz。机上接收到的"往"和"返"脉冲的脉冲宽度,与扇形波束在水平面内的宽度及波束扫描速度有关。

6.2.7.1 测角和测距原理

MLS 通过测定飞机在空间的角位置来导引飞机着陆。波束以很高的角速度在既定的工作区域内来回扫描,利用来回扫过着陆飞机时所形成的两个脉冲之间的时间间隔作为测定飞机空间角位置的基本数据,MLS 基于测量时间来得到角度值,因此属于脉冲/时间无线电导航系统。

1) 测角原理

MLS 的方位波束左右往返扫描,而仰角波束是上下往返扫描,但其原理是相同的。当方位波束相对跑道中心线,由左向右往扫描碰到飞机时,飞机接收到一个往脉冲;然后由右向左返扫描又碰到飞机时,飞机接收到一个返脉冲。这样,往返扫描一次,飞机将收到一对往返脉冲,这一对脉冲之间的持续时间与飞机相对于跑道中心线的方位角之间就构成一定的关系。

同理,利用下滑台扇形波束在垂直面内来回扫描,根据机载接收机收到这一辐射波束所产生的往、返脉冲之间的时间间隔,就可以确定飞机在地平面上的仰角,即着陆飞机的下滑角度。

2) 测距原理

飞机相对于跑道的距离由精密测距器测量。其工作原理:飞机上的询问器向地面发射询问脉冲,地面应答器接收到询问脉冲后,向飞机发射回答脉冲,当飞机接收到回答脉冲后,测量询问脉冲与回答脉冲之间的时间延迟 Δt。这与雷达测距的基本原理有些类似,时间延迟 Δt 乘以电磁波在空间的传播速度 v,就等于询问器与应答器之间的距离 $s = v \cdot \Delta t$,于是得到飞机相对于跑道的距离。

6.2.7.2 MLS 地面设备

MLS 地面设备由方位台、仰角台、远地监测控制设备组成。为了测试地面设备性能,还配有便携式测试接收机。

方位台一般架设在跑道终端外 300m 的跑道中心延长线上,仰角台装在从跑道入口后侧约 250m、跑道中心线的一侧,远地监测控制设备一般安装在塔台机房内。方位台、仰角台与远地监控设备之间用有线电缆连接,传输同步信号、监测信号和控制信号。方位台和仰角台各有一个外场监测器,置于两台站天线前方一定角度上,外场监测器与台站用有线电缆连接,传输监测信号。

6.2.7.3 MLS 地面设备的组成

MLS 地面设备由方位台和仰角台组成。方位台由天线、发射机、本地控制器、监测器、不间断电源、远地监测控制设备、便携式测试接收机组成。

1) 天线

MLS 方位台天线包括数据天线、两个 OCI 天线和波束扫描天线,它们分别向空中辐射数据信号(包括前导码)、OCI 信号和波束扫描信号。接在天线输入端的开关按时分多路的方法分别接通发射机,保证发射的信号格式符合要求。

波束扫描天线向空中辐射很窄的扇形波束,并让扇形波束在水平方向上快速而平稳地往返扫描,其扫描速率为 20000(°)/s,扫描范围为 ±40°(或 ±60°)。波束扫描天线是一维相控阵扫描天线。

在方位相控阵扫描天线旁边安装一个开槽波导管,来自各个辐射单元的信号耦合到波导管内,当扫描波束通过某个特定方向时,在波导管末端形成一对脉冲,脉冲的幅度和时间间隔用于监测辐射信号的质量,称为完好性检测器。

相扫天线用一个特制的天线罩保护起来,这个天线罩不会妨碍微波信号的辐射。

2) 发射机

发射机由频率合成器、差分移相键控(DPSK)调制器、电平控制器、功率放大器、天线开关等组成。

(1) 频率合成器产生 MLS 工作频段 5031~5090.7MHz 中 200 个波道的任何一个波道频率,其准确度和稳定度都非常高。

(2) DPSK 调制器在发射机中完成小信号的差分移相键控调制,产生前导码等数字数据信号。数据的准确性由执行监测器检查。

(3) 电平控制器对载频信号进行电控,以补偿功率放大器的增益变化,稳定输出功率,同时也可对台站辐射功率进行编程控制,达到减小多路径反射造成的误差。

(4) 功率放大器是由砷化镓场效应管做成的固态放大器,为了输出 40W 连续波功率,采用功率合成的方法。

(5) 天线开关将发射信号在数据天线、OCI 天线和相控阵扫描天线之间进行快速转换,它是由大功率 PIN 二极管做成的电子开关,由数字信号控制。

3) 本地控制器

本地控制器是在台站内部完成信息和状态的控制和显示的单元,包括发射机的控制、天线波束扫描的控制、射频信号的控制以及完成双机转换、天线开关控制、人工和自动开关机等。控制由操作面板上的按钮实现,各种状态信息通过面板上的指示灯显示出来。

本地控制器通过通信接口与远地监测控制设备相连,实现远距控制,并将本台站监测信号向远地监测控制设备传送。它还可以通过一个便携式计算机终端在台站本地进行操作,检查台站工作状态和维修本台站设备。

4) 监测器

MLS 地面台站配有一个复杂的监测系统,按其任务分为执行监测与维修监测两大类监测。执行监测是指系统的工作能否继续进行下去的一种监测,这种监测使一切关键性的信号特征得到保证。对于无多余度的单套配置的 MLS 地面台,当执行参数超过允许值时,系统将执行停机动作;对于有余度的双套配置的 MLS 地面台,执行参数超过允许值时,系统由主机转向备用机。

还有许多参数直接与系统有关,这些参数不具备执行参数的关键性质,把它们称为维修参数,并用来预测即将到来的故障,做预防性维修;维修参数还用来进行故障定位,从而缩短维修时间。

5）不间断电源

由交流/直流变换器蓄电池组以及控制转换电路构成不间断电源，保证市电断开时，蓄电池组供电 4h。

6）远地监测控制设备

远地监测控制设备包括远地控制状态单元、远地状态单元和远地电子设备单元。

远地电子设备单元是一个工业级的带显示器和键盘的微型计算机，置于空中交通管制塔的机房内，用于远距离监测 MLS 地面设备工作状态和性能参数、外部环境参数和台站安全性，改变台站工作状态和启动完好性检测和诊断。它还提供方位或仰角台站、远地控制状态单元及远地状态单元之间的通信接口。远地电子设备单元能对台站各种参数的确定、修改进行操作。

7）便携式测试接收机

便携式测试接收机是 MLS 地面台站配套使用的专用设备，用于机场校准测试和定期检查 MLS 远地检测控制设备的性能。

6.2.7.4　MLS 机载设备

MLS 机载设备由接收机、处理器、天线机馈线、控制显示器、电源和显示仪组成。为了能使飞机在覆盖区内接收信号，需要安装一副或者两副天线。前向天线是主天线，后向天线在飞机复飞时使用。接收机的作用是接收、放大 MLS 地面台发射的信号，它是一个超外差接收机，在 MLS 工作的 200 个信道中任选一个通道工作，当飞机装有两副天线时，接收机的天线开关用来选择前向或后向天线。MLS 数据信号由一路解调器输出，往返扫描脉冲对信号由另一路检波输出。数据信号经 DPSK 解调、译码，取出同步信号作为全机的定时信号。往返扫描脉冲对信号在处理器中要进行包络处理、角度处理、时间闸门跟踪、置信水平判决等。

最后输出的信号分为模拟和数字两部分：模拟输出是相对于选择的下滑线的偏差值，它送往偏差指示器；数字输出符合 ARINCO429 标准格式，送往导航计算机或飞行管理计算机。还有用于告警的模拟信号，包括方位告警信号和下滑告警信号。

控制显示器用于控制接收机/处理器选择频道，选择下滑角和航向角，还用来控制微波着陆系统机载设备的开/关机和自检测。

电源部分是将飞机电源变换为 MLS 机载设备所需的电源的变换器。

1）包络处理

MLS 测角原理是由机载设备测量飞机接收机收到的往返扫描脉冲之间的时间间隔来确定飞机当前的角度。接收机测量这一对脉冲的时间间隔，就是测量这一对脉冲中心点的时间间隔。如果将这一对脉冲进行预处理,先找出其中心点,再求两个中心点的时间间隔,寻找中心点就是包络处理的目标。

往或返扫描脉冲的中心点是通过测定脉冲到达和离去的前、后沿与-3dB门限电平交叉点的方法求得的。用接收机收到的往或返脉冲峰值电平产生一个-3dB的门限电平(此门限电平比包络脉冲低3dB),再用此门电平对脉冲包络限幅,得到一个时间闸门脉冲。这一对时间闸门脉冲,就可以用来测量往、返扫描脉冲的时间间隔,将这一对时间闸门脉冲称为锁住闸门脉冲。

每个锁住闸门脉冲都有一定的持续时间,关键是如何求得每个时间闸门脉冲的中点时刻,在 MLS 接收机处理器中并不去直接测量闸门脉冲的中点时刻,而是间接地求得中点的时间间隔。

一对时间闸门脉冲也已经过包络处理器产生,这一对闸门脉冲中心的时间间隔与飞机的角度成正比,关键是如何计算两个脉冲包络中心的时间间隔。如果用往扫描锁住闸门的起始时刻,打开一个计数器,并以 $f_0/2$ 钟频计数,到往扫描锁住闸门结束时停止 $f_0/2$ 钟频计数,同时又令计数器以 $f_0/2$ 钟频继续计数直到返扫描锁住闸门起始时刻为止,在返扫描起始时刻开始又以 $f_0/2$ 钟频计数,直到返扫描锁住闸门结束时刻而结束计数,那么,计数器累积的钟频脉冲数目 N 与钟频脉冲时间间隔 ΔT 的乘积就等于往返闸门脉冲中心的时间间隔。

2)置信水平验证

当飞机进入 MLS 工作区以后,在理想情况下,接收机接收到扫描天线的一对往返脉冲,处理器进行包络处理,产生锁住闸门,然后进行计数算出角度。但是,如果飞机处在覆盖的边缘,信号很弱,接收机噪声、外部各种干扰、多路径反射信号等可能干扰那一对脉冲,甚至在幅度上可与之比拟或超过它。这时处理器必须进行识别,保证不处理这些干扰信号,不受其干扰而正常工作,这就是置信水平验证要解决的问题。置信水平验证工作包括以下几点。

(1)幅度鉴别。保证跟踪的脉冲是扫描中的最大值。

(2)脉冲对鉴别。处理器保证在一次扫描中只跟踪一对脉冲,多于或少于一对都认为是虚假的信号而放弃。

(3)脉冲对位置鉴别。处理器跟踪的一对脉冲必须相对于往返扫描中点时刻是对称的;否则认为是虚假脉冲而放弃它。

(4)置信水平计数。经过鉴别认可的信号增加置信水平,放弃的信号可以减少置信水平,置信水平的判据是超过 50% 有效信号时才认为是可置信的;否则认为角数据不可信,而发出告警信号。

6.2.8 雷达着陆系统

雷达着陆系统是一种地面引导飞机的着陆系统。在复杂气象条件下,当飞机飞到雷达探测范围内时,着陆领航员在雷达显示器上测量飞机的航向角、下滑角和相对着陆点的距离,并且和理想下滑线比较,得出偏差值,引导飞行员操纵飞机沿着理想下滑线下降到 30~50m,然后转入目视着陆。这种着陆方法也称为地向控制进近(ground controlled approach,GCA)。

雷达着陆系统精度较高,抗雨雪干扰,机动性好,不需专用机载设备,可对各种类型飞机实施引导,不必专门训练飞行员,所以一直受到各方的重视,自 20 世纪 40 年代开始沿用至今。

雷达着陆系统的核心是一部着陆雷达,工作在 X 波段(9370MHz),按天线扫描方式可分为机械扫描体制、机电扫描体制(压缩波导)和相控阵扫描体制。

野战机场和航空母舰上使用一种放在地面上或甲板上的精密进近雷达,它通过测量下滑中的飞机方位、仰角、距离等信息,指示飞机左右或上下调整来实现着陆,其缺点是飞行员处于被动引导状态。

6.2.8.1 雷达测距和测角原理

1) 雷达测距原理

着陆雷达是采用脉冲工作方式的雷达。脉冲雷达由天线将发射机产生的强功率射频脉冲辐射到空中,遇到飞机后产生反射,反射的射频脉冲信号虽然很微弱,但仍然被天线接收,这个微弱的反射回波信号经过接收机放大和检波变成视频脉冲,将视频脉冲送到显示器上显示出回波信号。

雷达测距的基本原理就是测量无线电波在空间的往返时间。在雷达中,同步脉冲是全机的时间基准,通过显示器可以观察到时间基准脉冲与回波脉冲,从而可以测量回波脉冲相对时间基准脉冲的延迟时间 ΔT,然后由距离、速度、时间的基本关系式,可以计算出距离这就是雷达测距的基本原理。

2) 雷达测角原理

雷达由天线波束在空中扫描而测角。雷达天线在空中形成一个无线电波束,这一波束在空中自上而下扫过上、中、下三点,当天线波束最大值对准上面的点时,该点受到最强的照射,那么由上面的点返回的回波也最强;中间的点受到次强照射,回波次之;下面的点照射最弱,所以回波最弱。用最大值代表方向,实现测角,称为最大值测向法。

6.2.8.2 着陆雷达工作原理

着陆雷达由天线(航向天线与下滑天线)、传动机构和同步器、收/发信机(发射机、接收机和控制器)、显示器(操纵员显示器和领航员显示器)、对空电台等几部分组成。

雷达天线可分为航向天线和下滑天线,航向天线波束的水平方向宽度为 0.8°,垂直方向为 2.5°;下滑天线波束的水平方向宽度为 3°,垂直方向为 0.7°。两副天线的波束形状类似扁平状。航向天线在水平方向上左、右扫描,下滑天线在垂直方向为上、下扫描,分别测量飞机的航向角和下滑角。为了使雷达具有一定的覆盖区域,除自动扫描外,还可以人工手动控制扫描。

航向天线自动左右扫描范围为 ±10°,但是由于航向天线波束垂直宽度为 2.5°,因此在垂直方向只能覆盖 2.5°的范围。为了能扩大覆盖范围,增加手控扫描功能,使航向天线在垂直方向上扩大到 −1°~8°。同理,把下滑天线波束手控扫描扩大到 ±10°的范围,如图 6.11 所示。

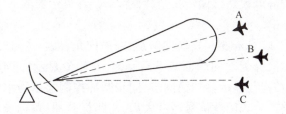

图 6.11 雷达天线波束扫描原理

传动机构是驱动天线方位扫描(航向)和俯仰扫描(下滑)的关键器件,它还担负着保证雷达整机机电同步的主要任务。天线驱动电动机经减速箱减速后,以 34r/min 的转速旋转,并分别带动两套偏心轮-曲柄连杆机构使航向天线和下滑天线分别做方位扫描和俯仰扫描。30r/min 的主轴经过 1:2 的锥齿轮,带动天线转换开关,以 60r/min 的速度转动,借助天线转换开关轮流启闭天线波导口,实现每间隔 0.5s 给航向天线或下滑天线馈电一次。这样,只要一套收/发信机,采用时分的方法每间隔 0.5s 分别接通航向天线或下滑天线。

在减速机构的主输出轴上还有 4 个凸轮簧片组,随着主轴旋转周期性地接通断开相应的簧片触点,分别产生门波信号、闭塞信号、航向角标信号和下滑角标信号。门波信号用来打开航向通道或下滑通道,闭塞信号用来保证航向和下滑显增示器稳定地工作在各自的探测区,角标信号用来在显示器上分别显示出对应的角度线。为了保证空间波束扫描与显示器扫描同步、航向同步机与下滑同步机分别以 2:3 和 1:3 的齿轮与航向和下滑主轴啮合,并分别输出与天线扫描角度成正比的方位信号与俯仰信号,在接收机主控器中形成扫描角电压,用来控制显示器扫描。

由接收机主控器产生的重复频率为 2000Hz 的同步脉冲作为全机的时间基

准。此同步脉冲经发射机的预调制器,调制器产生宽度为 0.6μs、幅度为 13kV 的负脉冲,加到磁控管阴极,使磁控管发生振荡,产生宽度为 0.5μs 的射频脉冲,其载频为 9375MHz,这个大功率射频脉冲经隔离器、收/发开关和主波导至天线。当发射机发射时,收/发开关的气体放电管点火,将接收机断开,使发射的高频能量不进入接收机。

接收到的微弱反射回波信号经收/发开关到接收机,在接收机里经过混频、中频放大器、检波产生视频脉冲,视频脉冲送至显示器。为了保持不同距离回波的强度大致相同和抗雨雪干扰,采用了对数式中频放大器和时间增益自动控制。着陆雷达有操纵员显示器和领航员显示器两套显示器。两套显示器完全相同,可互为备份。

显示器采用静电聚焦磁偏转长余辉显像管。在显示器的下滑画面上有距离标志线(1km、5km)、下滑航迹线、角度标志线(0°、3°、6°)。在显示航向的画面上也有距离标志线(1km、5km),航向航道线,航向角标线(左5°、0°、右5°)。由门波信号将显示区分为航向画面或下滑画面,并轮流显示,角电压控制垂直扫描,以保证空间扫描与显示器扫描同步,同步脉冲控制显示器水平扫描,航迹线由航迹计算电路产生。回波信号经放大后,与距标脉冲、角标脉冲、航迹脉冲等在混合器中混合,一起加到显像管的栅极,得以在显示器的显像管屏幕上显示出来。

人工手控扫描可在控制台上选择不同的航迹线、画面调整等控制功能。在无线电台可实施领航员的对空指挥。电源可以用市电或柴油机发电。

6.3　卫星导航系统

人造地球卫星的发射成功,给无线电导航技术的发展提供了巨大的可能性,并开辟了广阔的前景。以卫星为基地、活动台站的空间导航系统——卫星导航系统,满足了更高的航行要求。了解卫星导航的原理,有助于学习和掌握导航系统的技术理论及使用方法。

6.3.1　卫星导航的基本原理

以人造地球卫星作为空间导航台的卫星导航系统,是现代空间技术与无线电电子技术等相结合而产生的重大科技成果。卫星导航综合了天体导航和传统的无线电导航的优点,实现了全球、全天候和高精度的导航定位,从而给全球导航定位技术的发展开辟了一条新的途径。30多年来的应用表明,卫星导航定位技术有着重要的意义,在民用方面也有巨大的经济效益和社会效益。

卫星导航系统由卫星、地面站和用户设备三部分组成,如图 6.12 所示。

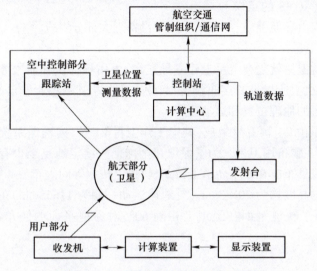

图 6.12 卫星导航系统地面设备的配置

(1) 卫星。它是将地面导航发射台放到卫星上的空间导航台,它接收和储存地面站的导航信号,再依次向用户发射。同时它还接收来自地面站的控制指令并向地面站发射卫星遥测数据。

(2) 地面站。由多种地面站和计算中心组成。它收集来自卫星及与系统工作有关的信息源数据,并对数据进行处理计算,产生导航信号和控制指令,然后再发送给卫星。

(3) 用户设备。用于接收和处理导航信号,进行定位计算,对用户进行导航。

卫星导航系统最基本的任务是确定用户在地球表面上的位置(定位),用户和地面站的位置常用地理坐标来表示,卫星在空间的位置则用轨道参量来表示。用户通过测定自身与卫星的相对位置来确定自身的地理坐标,相对位置用测得的定位参量来表示。

6.3.2 全球定位系统

全球定位系统(global positioning system,GPS),是美国 20 世纪 70 年代初开始研制,用了 20 多年的时间,花费 200 多亿美元才研制出来的新一代卫星导航系统。它广泛地应用于导航定位和船舶定位等,在飞机导航上彻底地解决了空中领航的基本问题。GPS 作为一种先进的全球导航设备,必将成为今后导航定位领域的一个发展方向。

6.3.2.1 GPS 的组成

整个系统由导航卫星、地面站和用户设备三大部分组成。

1) 导航卫星

所谓导航卫星就是在卫星上建立导航台,为用户提供导航服务。它发出导航基准信号,机上所携带的接收设备(终站)接收导航卫星所发出的导航信息,即可确定自身的地理位置和运动速度。

导航卫星由 24 颗卫星组成,其中工作卫星 21 颗,为确保系统的高度可靠性,还增设了 3 颗备用卫星。为了保证在全球任一给定地点至少有 4 颗卫星可见,将 24 颗卫星布放在 6 个轨道上,每个轨道上按相等间隔布放 4 颗卫星,所有卫星距地面的高度均为 20183km,绕地球运动一圈为 11h58min,在 6 个轨道平面中,相邻两个轨道平面在经度上相隔 60°,对赤道平面的倾角都为 55°,如图 6.13 所示。

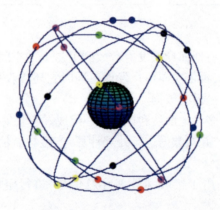

图 6.13 GPS 卫星轨道模型

2) 地面站

地面站由一个主控站、3 个注入站和 5 个监控站组成。用于对卫星进行连续监控获得各项信息并进行分析处理,以完成卫星轨道和时钟校正参数的计算,向每个卫星注入导航信息和其他控制参数。每隔 12h 将数据注入一次,以刷新卫星上的旧数据。监控站是无人的数据收集中心。在主控站的控制下,跟踪、接收导航卫星发射的 I 波段双频导航信号。主控站控制整个地面站的工作。注入站,当导航卫星通过其视界时,注入站用 S 波段(2350~4175MHz)载频将其储存的导航信息注入给卫星,并负责监测注入卫星的导航信息是否正确。

3) 用户设备

用户设备由天线、接收机、带软件的数据处理机和控制显示设备组成。它是用户的心脏。它可显示用户所在位置的三维坐标和其他导航信息,用于执行捕获卫星信息、数据解算、坐标变换、定位及导航信息的显示和输入/输出任务。

6.3.2.2 GPS 导航工作过程

GPS 用户设备的工作过程如下。

1) 卫星选择

用户设备开始运转后的首要工作是选择在导航定位中要使用的卫星。为了从若干颗星中选取 4 颗定位用的卫星,用户必须预先知道所有导航卫星的粗略星历。若用户设备投入使用而没有这些数据,用户就必须搜捕卫星信号,只要捕捉并跟踪到一颗卫星的信号,便可取得所有卫星的粗略星历。一旦有了这些数据,再根据用户自身的估计位置,处理机即可按照卫星仰角大于 $5°$,各卫星与用户连线之间张角都较大的原则选出定位用的 4 颗卫星。

2) 搜捕并跟踪被选卫星的信号

根据所选卫星和用户本身的概略位置,在大概的距离范围内搜索信号,当卫星信号被捕捉并进入跟踪后,就可以解调出导航定位所需的卫星星历、卫星时钟校正参量、大气校正参量等数据。

3) 测量伪距并进行修正

测量用户和卫星之间的伪距离,修正其电离层延时误差。

4) 定位计算

数据(信息)处理机根据星历、时钟校正参量、修正后的伪距离以及输入的初始数据等,由 4 颗卫星获得用户位置的三维解。

6.3.2.3 GPS 在导航上的应用

GPS 在直升机导航上彻底解决了空中领航的基本问题,GPS 导航仪可以为现行航线显示下列信息。

(1) 到目的地的距离和方位。

(2) 到备用航路点的距离和方位。

(3) 航迹角。

(4) 地速。

(5) 预计航线角。

(6) 偏航距离及航线偏离指示。

(7) 到达航路点的预计飞行时间。

(8) 到达航路点的预计到达时刻。

(9) 最小航线飞行安全高度。

(10) 垂直导航信息等。

6.3.3 全球导航卫星系统

6.3.3.1 全球导航卫星系统简介

全球导航卫星系统(global navigation satellite system,GLONASS)是苏联从20世纪80年代初开始建设的与美国GPS相类似的卫星导航系统,由卫星星座、地面监控站和用户设备三部分组成。GLONASS现在由俄罗斯空间局管理(表6.2)。

表6.2 GLONASS原有的控制中心与指令跟踪站

站 名	概略纬度/(°)	概略经度/(°)	备 注
彼得堡	60	30	
莫斯科	56	38	控制中心
瓦拉库塔	67	64	
彼得罗巴罗夫斯克	58	93	
叶尼塞斯克	72	105	
乌兰乌德	51	108	
乌苏里斯克	44	132	激光站并置站
雅库茨克	53	158	

GLONASS的卫星星座由24颗卫星组成,均匀分布在3个近圆形的轨道平面上,每个轨道面8颗卫星,轨道高度19100km,运行周期11h15min,轨道倾角64.8°。俄罗斯对GLONASS采用了不加密的开放政策。GLONASS单点定位精度水平方向为16m,垂直方向为25m。

GLONASS卫星由质子号运载火箭一箭三星发射入轨,卫星采用三轴稳定体制,质量1400kg,设计轨道寿命5年。所有GLONASS卫星均使用精密铯钟作为其频率基准。第一颗GLONASS卫星于1982年10月12日发射升空。到目前为止,共发射了80余颗GLONAS卫星,截至2004年12月,尚有14颗GLONASS卫星正在运行。

为进一步提高GLONASS的定位能力,开拓广大的民用市场,俄罗斯政府计划用4年时间将其更新为GLONASS-M。内容有:改进一些地面测控站设施;延长卫星的在轨寿命到8年;实现高的系统定位精度;位置精度提高到10~15m,定时精度提高到20~30ns,速度精度达到0.01m/s。

另外,俄罗斯计划将系统发射频率改为GPS的频率,并得到美国罗克威尔公司的技术支援。GLONASS 的主要用途是导航定位,当然与 GPS 一样,也可以广泛应用于各种等级和种类的测量应用、GIS 应用和时频应用等。

6.3.3.2 GPS 和 GLONASS 同时使用的优势

GLONASS 与 GPS 的工作原理类似,都是通过测量伪距来实现定位,但它们之间也存在一定的差异。如果两者结合起来可以取长补短,实现定位效果更佳。

(1) GLONASS 卫星星座组网完成后,可用于导航定位的卫星总数将增加 1 倍。单纯使用 GPS 时,在地平线以上的可见卫星数一般为 7~11 颗;GPS+GLONASS 则可达到 14~20 颗。在山区或城市中,有时因障碍物遮挡,纯 GPS 可能无法工作,GPS+GLONASS 则可以工作。

(2) 提高观测结果的可靠性。用卫星系统进行测量定位的观测结果的可靠性主要决定于用定位计算的卫星颗数,因此,GPS+GLONASS 将大大提高观测结果的可靠性。

(3) 提高观测结果的精度。观测卫星相对于测站的几何分布直接影响观测结果的精度。可观测到的卫星越多,则可以大大改善观测卫星相对于测站的几何分布,从而提高观测结果的精度。

6.3.4 北斗卫星导航系统

北斗卫星导航系统(BeiDou navigation satellite system,BDS)是我国自主研发、独立运行的全球导航卫星系统,其发展经过了三个阶段。

6.3.4.1 "北斗一号"卫星导航系统发展历程

2003 年 5 月 25 日零时 34 分,我国在西昌卫星发射中心用"长征三号甲"运载火箭,成功地将第三颗"北斗一号"卫星送入太空,前两颗"北斗一号"卫星分别于 2000 年 10 月 31 日和 12 月 21 日发射升空,运行至今导航系统工作稳定,状态良好。这次发射的是"北斗一号"卫星导航系统的备份星,它与前两颗工作星组成了完整的卫星导航系统,确保全天候、全天时提供卫星导航信息。这标志着我国成为继美国的 GPS 和俄罗斯的 GLONASS 后,在世界上第三个建立了完善的卫星导航系统的国家,该系统的建立对我国国防和经济建设将起到积极作用。

我国早在 20 世纪 60 年代末就开始进行卫星导航系统的研制工作,但由于多种原因而夭折。在自行研制"子午仪"定位设备方面起步较晚,以致后来使用的大量设备中,基本上依赖进口。70 年代后期以来,国内开始探讨适合国情的卫星导航系统的体制研究,先后提出过单星、双星、三星和 3~5 星的区域性系统方案,以及多星的全球系统的设想,并考虑到导航定位与通信等综合运用问题,但由于种种原因,这些方案和设想都没能得到实现。1982 年 7 月由美国 3 位科学家提出并于12月定名的GEOSTAR系统,就是这种两颗卫星的主动式卫星定位系统。他们在实施的过程中,由于更优越的GPS的兴起且发展相当迅速,使GEOSTAR系统不得不在1991年9月撤走资金,导致正在实施中的GEOSTAR系统宣告失败。而我国的"北斗一号"卫星导航系统正是80年代提出的"双星快速定位系统"的发展计划。北斗卫星导航系统的方案于1983年提出,其突出特点是构成系统的空间卫星数目少、用户终端设备简单、一切复杂性问题均集中于地面中心处理站。"北斗一号"卫星导航系统是利用地球同步卫星为用户提供快速定位、简短数字报文通信和精密授时服务的一种全天候、区域性的卫星导航系统。系统的主要功能如下。

(1) 定位:快速确定用户所在地的地理位置,向用户及主管部门提供导航信息。

(2) 通信:用户与用户、用户与中心控制系统间均可实现双向简短数字报文通信。

(3) 授时:中心控制系统定时播发授时信息,为定时用户提供时延修正值。

6.3.4.2 "北斗一号"卫星导航系统工作原理

"北斗一号"卫星导航系统由两颗地球静止卫星(800°E和1400°E)、一颗在轨备份卫星(110.50°E)、中心控制系统、标校系统和各类用户机等部分组成。系统的工作原理:首先由中心控制系统向两颗地球同步定位卫星同时发送询问信号,经卫星发射机向服务区内用户广播,用户响应其中一颗卫星的询问信号,并同时向两颗卫星发送响应信号,经卫星转发回中心控制系统。中心控制系统根据用户应答信号的时间延迟就可以计算出用户星距离,这样,以两颗定位卫星为中心,以两个用户星距离为半径,即可做出两个定位球,而两个定位球又和地面交出两个定位圆,用户必定位于两个定位圆相交的两个点上(这两个交点一定是以赤道为对称轴南北对称的)。由于中心控制系统和两颗卫星的位置均是已知的,而中心控制系统从存储在计算机内的数字地形图中可确定出用户高程值,这又可以知道用户位于某一与地球基准椭球面平行的椭球面上,中心控制系统最终计算出用户所在点的三维坐标,这个坐标信号经加密后发送给用户。

"北斗一号"卫星导航系统的覆盖范围是北纬5°~55°、东经70°~140°之间的心脏地区,上大下小,最宽处在北纬35°左右。其定位精度为水平精度100m,设立标校站之后为20m(类似差分状态)。工作频率为2491.75MHz。系统能容纳的用户数为每小时540000户。

6.3.4.3 "北斗二号"卫星导航系统发展历程

由于北斗卫星导航系统是区域性的,采用有源定位体制不能完全满足我国武器装备建设和国民经济发展日益增长的需求，因此，我国于2004年开始建设"北斗二号"卫星导航系统。2007年4月14日，我国成功发射了第5颗北斗卫星，这颗代号为Compass M-1的北斗卫星是我国发射的第1颗地球中圆轨道卫星，入轨不久后开始发射3个频点的导航信号。截至2012年底，在轨工作卫星有5颗地球静止轨道卫星、4颗地球中圆轨道卫星和5颗倾斜地球同步轨道卫星。

2012年12月26日，我国宣布"北斗二号"卫星导航系统面向亚太区域提供正式运行服务，覆盖包括南纬55°～北纬55°、东经55°～180°的大部分区域。覆盖亚太地区的服务信号监测评估表明，该系统服务性能满足定位精度10m的指标要求，部分地区性能略优于指标要求。例如，在北京、郑州、西安、乌鲁木齐等地区，定位精度可达7m左右；东盟国家等低纬度地区，定位精度可达5m左右。随着"北斗三号"卫星导航系统的成熟稳定，"北斗二号"卫星导航系统也将在平稳过渡后光荣退役。

6.3.4.4 "北斗三号"卫星导航系统发展历程

2015年3月底，我国首颗新一代北斗导航卫星成功发射，标志着北斗卫星导航系统已由区域运行向全球运行拓展。新一代北斗导航卫星瞄准北斗卫星导航系统全球组网需求，卫星寿命由8年延长到10～12年，卫星空间环境防护和抗干扰能力进一步提高。2017年11月5日，实施了首次组网卫星发射任务。2018年11月19日，以"一箭双星"的方式成功发射"北斗三号"卫星导航系统第18、19颗组网卫星，标志着我国"北斗三号"基本系统星座部署圆满完成。2018年12月27日，"北斗三号"基本系统正式开通服务。2019年，我国发射了10颗"北斗三号"卫星；2020年6月22日，发射了最后一颗"北斗三号"卫星，组成了有30颗卫星的"北斗三号"卫星导航系统，服务覆盖全球。

对比"北斗二号"卫星导航系统，"北斗三号"卫星导航系统在系统建设方面的改进之处主要体现在以下两个方面。

(1) 空间段实现全球组网。2018年底，"北斗一号"卫星导航系统已退役；"北斗二号"卫星导航系统15颗卫星连续稳定运行。2020年7月31日，"北斗三号"卫星导航系统正式开通并提供全球服务，运行稳定，持续为全球用户提供优质服务，系统服务能力步入世界一流行列。经全球连续监测评估系统实时测试表明，"北斗三号"卫星导航系统的定位、测速、授时精度，以及服务的可用性、连续性等，均满足指标要求。

(2) 地面段实施了升级改造。"北斗三号"卫星导航系统建立了高精度时间和空间基准，增加了星间链路运行管理设施，实现了基于星地和星间链路联合观测的卫星轨道与钟差测定业务处理，具备定位、测速、授时等全球基本导航服务能力。同时，开展了短报文通信、星基增强、国际搜索、精密单点定位等服务的地面设施建设。

6.3.4.5 "北斗三号"卫星导航系统与GPS的比较

北斗卫星导航系统于2020年全球组网成功，服务能力步入世界一流行列，我国成为第三个单独掌握该项技术的国家。虽然都属于卫星导航系统，但由于组建初始目的和研发历程的不同，北斗卫星导航系统与全球多年推广使用的GPS相比存在一些差别。

(1) 覆盖范围。"北斗一号"卫星导航系统的覆盖范围为北纬5°~55°、东经70°~140°的区域；"北斗二号"卫星导航系统的覆盖范围为南纬55°~北纬55°、东经70°~150°的大部分区域；"北斗三号"卫星导航系统的覆盖范围则是全球范围，能够确保任何时间、任何地点能同时观测到至少4颗卫星。GPS也是覆盖全球的全天候导航系统，能确保观测到4颗卫星。

(2) 卫星数量和轨道特性。北斗卫星导航系统采用地球静止轨道(GEO)卫星、倾斜地球同步轨道(IGSO)卫星和地球中圆轨道(MEO)卫星3种轨道卫星，共30颗，组成基本卫星导航星座。其中，3颗GEO卫星轨道高度为35786km，3颗IGSO卫星轨道高度为35786km，24颗MEO卫星轨道高度为21528km。GPS系统由24颗均匀分布在6个轨道平面的MEO卫星组成基本卫星导航星座，轨道倾角为55°，轨道高度为20183km。

(3) 定位原理。"北斗一号"卫星导航系统采用的是有源定位方式，属于主动式双向测距二维导航，需要地面中心控制系统解算，供用户三维定位数据，不利于无线电数据隐蔽。"北斗二号"卫星导航系统和"北斗三号"卫星导航系统与GPS的定位原理相同，都采用无源定位，属于被动式伪码单向测距三维导航，由用户设备独立解算自己的三维定位数据。

(4) 定位精度。"北斗三号"卫星导航系统的定位精度由水平25m、高程30m，提高至水平10m、高程10m，测速精度由0.4m/s提高至0.2m/s，授时精度优于20ns，目前布置在中国及周边地区，性能与GPS相当。GPS三维精度P码由16m提高至6m，C/A码由25m提高至10m，授时精度约25ns。GPS的水平精度略优于北斗卫星导航系统，但北斗卫星导航系统的高程精度优于GPS。

(5) 导航通信服务。北斗卫星导航系统从"北斗一号"开始就采用导航与通信一体化设计，既可以实现导航定位功能，又支持用户之间的短报文通信。用户进行定位后，可以将定位结果发送给相关单位或其他用户。不仅解决了"我在哪"的问题，还可以"告诉别人我在哪"。GPS仅关注导航功能。

6.3.5 Galileo 卫星导航系统

6.3.5.1 Galileo 卫星导航系统简介

1999 年,欧盟决定发展自己的全球导航卫星系统——Galileo(伽利略)卫星导航系统,其工作原理与 GPS 类似。欧盟发展 Galileo 卫星导航系统的目的有两个:一是为了保护欧洲的主权不受制于美国;二是要与 GPS 争夺在全世界的经济利益。中国已正式加入 Galieo 计划,并为此投资 2 亿欧元,对该系统有 20% 的拥有权和 100% 的使用权。该计划分两步实施:第一步建立一个与美国 GPS、俄罗斯的 GLONASS 相兼容的第一代全球导航卫星系统 GNSS-1;第二步建立一个完全独立的第二代全球导航卫星系统 GNSS-2。为建立一个独立的第二代全球导航卫星系统 GNSS-2,欧盟投入了大量的经费进行方案论证和相关技术的开发。1999 年,欧洲航天局公布了有关第二代卫星导航计划的报告,提出将开始研制部署欧洲下一代全球导航卫星系统——Galileo 卫星导航系统,该计划的提出,使 GNSS-2 又有了新的进展。2002 年 3 月 26 日,欧盟一致决定正式启动 Galileo 卫星导航计划,这标志着欧洲即将拥有自己的卫星导航系统,结束美国 GPS 独占鳌头的局面。该系统由欧洲航天局和欧洲工业界等联合投资,经费预算为 32 亿~36 亿欧元。Galileo 计划分为 4 个阶段逐步实施:第一阶段是系统可行性评估;第二阶段是开发测试阶段;第三阶段是系统部署阶段;第四阶段是商业运行阶段,Galileo 卫星导航系统于 2008 年完成投入商业运行。该系统主要服务于民用,在提供民用信号的同时,还可用于欧洲的防务体系,具有非常重要的意义。

6.3.5.2 Galileo 卫星导航系统的组成

Galileo 卫星导航系统由卫星星座、地面监控系统和用户设备三部分组成。

1) 卫星星座

由 30 颗中等高度轨道卫星组成,平均分布在 3 个独立的圆形轨道上,每个轨道面 10 颗卫星(9 颗工作星,1 颗在轨备份星),轨道倾角 56°,轨道高度 23616km,运行周期 14h 23min 14s 恒星时,卫星寿命 15 年,电量供应 1.5kW、射电频率 1202.025MHz、1278.750MHz、1561.098MHz、1589.742MHz。

2) 地面监控系统

Galileo 卫星导航系统由 29 个地面接收站和 2 个控制中心组成,在全球构建监控网。地面监控系统主要完成两项任务,即导航控制和星座管理功能以及完好性数据检测和分发功能。

3) 用户设备

主要完成定位及导航信息的显示和输入输出任务。

6.3.5.3　Galileo 卫星导航系统与 GPS 比较

基于民用效益的 Galileo 卫星导航系统与 GPS 相比，虽有许多相同之处，但也有一定特色。

（1）覆盖范围。与 GPS 相同，可以提供全球、全天候和高精度的导航定位。

（2）卫星数量和轨道特性。Galileo 卫星导航系统的卫星数量多，达到 30 颗，目前 GPS 还只有 24 颗；Galileo 卫星导航系统的轨道位置也比 GPS 高，轨道面少；Galileo 卫星导航系统更多用于民用，可为用户提供 3 种信号：一是免费使用的信号；二是加密且需交费使用的信号；三是加密且需满足更高要求的信号，且定位精度优于 GPS。

（3）定位原理。与 GPS 相同。美国和欧盟已经达成合作协议：美国的 GPS 与未来的 Galileo 卫星导航系统将实现系统联网。这样，美欧原本各自拥有约 30 颗卫星的定位系统，联合后将组成一个有近 60 颗卫星的大系统，其优势不言而喻。

（4）定位精度。Galileo 卫星导航系统定位精度优于 GPS，比 GPS 高 10 倍左右，Galileo 卫星导航系统定位精度可达 1m 以内，即使使用免费的信号，定位精度也可达到 6m。

（5）生存能力。Galileo 卫星导航系统采用两种频段工作，拥有很强的抗干扰能力；而且 Galileo 卫星导航系统在设计时比较全面地考虑了民用的需要，设置了比较完整的完好性监测能力，减小了障碍物对卫星信号的遮挡。因此，Galileo 卫星导航系统比 GPS 更先进，也更可靠。

（6）经济效益。Galileo 卫星导航系统是一种由民用部门控制的系统，主要投入商业运营；而 GPS 和 GLONASS 则由国家控制；而且 Galileo 卫星导航系统导航卫星比 GPS 导航卫星重量轻、寿命长，每颗卫星仅重 625kg，1 枚"阿利亚娜"火箭一次性可将 8 颗导航卫星同时送入轨道，大大降低了发射成本。

总之，Galileo 卫星导航系统是一个以民用为主的导航系统，它的建立和发展将满足欧洲经济、科学和战略的需要，为整个欧洲安全体系的建立提供基础，同时也将打破世界上卫星导航领域被美、俄垄断的格局。

此外，日本、印度也正在研发自己的卫星导航定位系统。

6.4　基于性能的导航

6.4.1　概述

随着航空器机载设备能力的提高以及卫星导航等先进技术的不断发展，国际民航组织提出了"基于性能的导航(performance based navigation,PBN),"概念。PBN 的引入体现了航行方式从基于传感器导航到基于性能导航的转变。

PBN 程序具有以下优势。

(1) 精确地引导航空器,提高飞行运行安全性。

(2) 提供垂直引导,实施连续稳定的下降程序,减少可控撞地的风险。

(3) 改善全天候运行,提高航班正常性,保障地形复杂机场运行的安全。

(4) 实现灵活和优化的飞行航径,增加飞机业载,减少飞行时间,节省燃油。

(5) 避开噪声敏感区,减少排放,提高环保水平。

(6) 通过实施平行航路和增加终端区内进、离场航线定位点,提高交通流量。

(7) 缩小航空器间横向和纵向间隔,增大空域容量。

(8) 减少地空通信和雷达引导需求,便于指挥,减轻飞行员和管制员的工作负荷。

(9) 减少导航基础设施投资和运行成本,提高运行的整体经济效益。

PBN 是国际民航组织在整合各国区域导航(area navigation,RNAV)和所需导航性能(required navigation performance,RNP)运行实践和技术标准的基础上,提出的一种新型运行概念,是在相应的导航基础设施条件下,航空器在指定的空域内或者沿航路、仪表飞行程序飞行时,对导航系统精度、完好性、可用性、连续性以及功能等方面的性能要求。PBN 是飞行运行方式的重大变革,是建设新一代航空运输系统的核心技术,国际民航组织已经将 PBN 作为未来全球导航技术的主要发展方向(图 6.14)。中国民航局已决定按照国际民航组织的有关要求和亚太地区的实施规划,加快这项技术的建设与应用,并在 2017—2025 年航路、终端区和进近等所有飞行阶段逐步从传统运行过渡到完全的 PBN 运行。航路运行中,将根据导航能力分隔交通流,对导航性能较好的航空器提供优先航路权;使用 PBN 技术重新规划整体航路结构,将传统航路全面过渡到 PBN 航路;终端区将全面推广 PBN 运行,预计卫星导航(GNSS 和北斗卫星导航系统)及其增强系统将具备精密进近能力,中国民航计划根据运行价值和商业效益推广使用卫星导航着陆系统(GLS)进近,卫星导航系统将成为 PBN 运行的主要导航设施。

然而,尽管卫星导航系统具有导航定位精度高、使用范围广等优点,但由于其自身传输信号弱、易受干扰、传输可视要求和卫星寿命不长(或故障)的特点,单一的卫星导航在今后较长时期内还很难满足 PBN 运行的完好性、连续性和可用性的要求,而机载惯性导航系统(IRS 或 INS)具有短期导航定位性能稳定且输出导航信息齐全的显著特点,因此通过导航信息的融合技术将惯性/卫星组合

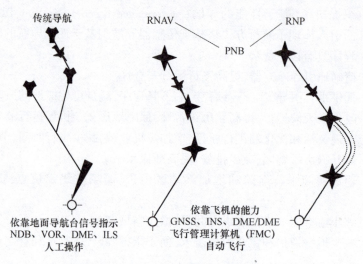

图 6.14　PBN 概念示意图

可实现优势互补,是一种理想的机载唯一导航系统。PBN 自由飞行的导航是导航系统的发展方向,而惯性/卫星组合导航系统是实现这一目标的理想途径。随着卫星导航技术的深入发展,特别是我国惯性技术能力的大幅提升和"北斗二号"卫星导航系统的实施与使用,PBN 的机载惯性/卫星作为唯一导航系统必将有效促进飞行持续安全,增加空域容量,减少地面导航设施的投入,节省维护成本,提高节能减排效果。

PBN 包含 3 个方面,即导航设施、导航规范和导航应用。其中,导航规范规定了导航系统的功能、性能、传感器等方面的要求,是 PBN 实施的关键,它包括所需导航性能(RNP)规范和 RNAV 规范。

6.4.2　区域导航系统

RNAV 是一种导航方式,它可以使航空器在导航系统信号覆盖范围之内,或在机载导航设备的工作能力范围之内,或两者的组合,沿任意期望的路径飞行。RNAV 不必飞越地基导航台,可应用于航路、终端、仪表进近程序。

RNAV 与传统导航的主要区别如下。

(1) 传统的导航方式是采用导航台对导航台的方式,即飞行路线只能是在以导航台为中心的辐射线或弧线上,向台或背台飞行;RNAV 则可以在信号覆盖范围内沿任意路线飞行。

(2) 传统导航确定航空器相对于导航台的相对位置;RNAV 是用无线电定位或其他定位方法可以定出飞机的绝对位置(以地理坐标表示)。

(3) 传统导航的导航精度远远低于 RNAV。

(4) 传统导航由地面导航台和机载接收机即可完成；而 RNAV 除了接收机还必须依靠飞行管理系统，RNAV 接收多种导航源，由飞行管理系统(简称"飞管系统")自动选择合适的导航源。

(5) RNAV 利用多个导航源的信号，通过机载计算机连续计算航空器的地理位置，从而得到实时的导航信息。目前可用于 RNAV 的信号源主要有以下几种。

① VOR/DME(甚高频全向信标台和测距仪)。

② DME/DME(测距仪/测距仪)。

③ GNSS 包括美国的宽区域增强型系统(WAAS)、欧洲的欧洲全球导航卫星覆盖业务(WBSA)、日本的多功能传输卫星(MFSAT)、苏联的 GLONASS 以及由 70 多个签约国组成的条约组织操纵的通信卫星。

④ LORAN C(远程导航设备)。

⑤ INS/IRS(惯性导航系统/惯性基准系统)。

GNSS 是目前导航精度最高的导航源，DME/DME 信号源导航精度低于 GNSS，高于 VOR/DME，实施条件是空域内必须合理分布足够的 DME 台(至少为两个或以上的 DME)。在 DME 台分布不理想的地区，可以考虑采用 VOR/DME 方式。惯性导航不依赖任何外界导航信号，缺点是必须定时校正积累误差。导航信号源的选择由飞行管理系统(FMS)自动进行，系统优先选择精度较高的信号源。

RNAV 的基本原理：传统的飞行航线都是在 VOR/DME 或 VOR/TAC 地面导航台之间的连线上。两机场之间的航线通过的区域和航线的条数都取决于 VOR/DME 等地面导航台的配置情况及其配置数目。而 RNAV 与之不同，在 RNVA 中，所希望的飞行航路是任意设定的航路点(waypoint)，而航路点的设置可根据地面助航设备的信号覆盖范围设定，从而可以根据预订的飞行计划选取最短的航线，虚线为传统航线，实线则为 RNAV 航线。

RNAV 有以下主要优点。

(1) RNAV 可以灵活设置飞行路线，可以更加有效地利用空域，可设计更加直接的、较短的飞行路线，解决复杂地形的飞行程序设计，回避混杂空域的航线，设定减少噪声影响的回避航路。利用这一特点，可以将雷达管制中最常用的飞行路线用飞行程序的方式固定下来，减少陆空通话，减轻管制员、飞行员的工作负荷，同时也使管制工作更加规范。

(2) 优化导航台的布局，RNAV 的导航台布局只需要考虑信号的覆盖，不需要考虑航线设置情况，可以大大减少导航台数量。

（3）RNAV 的导航精度高，飞行轨迹精确，使飞行轨迹比传统导航更接近标称航迹。

（4）除公布的固定航路外，还可以采用非公布的随机航路，即在指定区域内由飞行计划自行确定的航路，增大了选择航路的灵活性。

（5）允许建立平行或双线航路，提高空域利用率和交通流量；结合提高导航精度和飞行自动化，可以缩减飞行中飞机间的纵向间隔和侧向间隔，提高空域利用率和航路上的飞机交通流量。

（6）在没有 ILS 的跑道上，或者在 ILS 不工作的情况下使用垂直制导的新进近程序，有计划的或临时性的替代航路或应急航路。

（7）简化驾驶员操作，通过飞行管理系统，飞行员只需要选择航线，由自动驾驶仪即可完成飞行，需要改变行线时只要在通过飞行管理系统增加或减去航路点即可，简化操作。

6.4.3　RNP 导航

鉴于国际民航组织认识到对现存的空中导航系统大幅度改善的需求，国际民航组织未来空中导航系统（future air navigation system，FANS）特别委员会提出了关于通信、导航、监视和空中交通管理（communication，navigation，and surveillance/air traffic management CNS/ATM）的新概念，以作为促进、改善全球空中导航系统的革命性途径，最终实现自由导航。为了实现 CNS/ATM 的价值，要求飞机必须具备精确、可重复和可预估的导航性能，即所需导航性能（required navigation performance，RNP）。

RNP 是近年来国际民航组织规定的关于在规定空域内必须具备的导航性能，RTCADO-236B 针对 RNAV 的 RNP 规定了航空系统最低性能标准。规定 RNP 的目的在于使空域中的每架飞机的导航性能与空域要求相一致。在 RNP 规范中，使用了隧道概念来定量描述飞机自起飞、爬升、巡航、下降、进场和着陆的所有飞行阶段的具体要求，即每个飞行阶段都有一个虚设的隧道，它规定了该飞行阶段飞行路径周界的包容面，飞机及其导航性能、飞行技术必须满足该飞行阶段所需的导航性能。

RNP 概念是定义航空器在一定空域内运行的导航性能需求，因此，RNP 对航空器和空域都有相应的要求。RNP 是通过对导航精度的描述来确定在某一空域内运行需要的导航性能精度值（RNP 类型）。因此，RNP 不仅对航空器机载导航设备有相关要求，对支持相应 RNP 类型空域的导航设施的精度也有一定的要求。RNP 类型是用相应的精度值来表示的。

从航空器方面来看，精度值是基于导航源误差、机载接收误差、显示误差，而对于侧向导航，还有飞行技术误差（flight technical error，FTE），任何一个飞行在其 95% 的飞行时间内在各个侧向和纵向两维空间内允许的总的系统误差（total system error，TSE）必须小于规定的 RNP 精度值。

从空域方面来看，一定空域为达到导航性能精度值（RNP 类型）要求提供相应的导航设施。虽然 RNP 值本身不能作为确定间隔标准的基础，但空域规划人员可以使用 RNP 值帮助确定空域的使用规定、航路宽度和间隔要求。在实际应用中，航空器导航精度不符合某空域 RNP 精度值要求时，通常不允许在空域内飞行，或者会对其提供较大间隔标准才能允许其运行。对于导航性能精度比某一空域的 RNP 值高的航空器，通常可以允许其在该空域内运行。例如，RNP1 许可的航空器可以在 RNP4 的空域内运行，但也有例外。若航空器的导航性能精度是基于某些导航设施而言的，那么该航空器可能并不符合精度值相对较差的空域要求，因为该空域可能不一定提供同样的导航设施。RNP 的概念是 1991—1992 年间由 FANS 委员会向国际民航组织提出的，1994 年，国际民航组织正式颁布《RNP 手册》。其中给出其定义：RNP 为飞机在一个确定的航路、空域或区域运行时所需的导航性能水平。RNP 规定了给定区域、空域、航路、飞行程序对导航的精度、完好性、连续性和可用性的要求。

不同的 RNP 要求可用 RNP-X 的形式来表示，其中 X 表示一个以海里为单位的包容距离。含义为要求飞机在 95% 的概率下跟踪预期航迹的侧向和纵向误差不超过 X 海里。目前国际民航组织针对具体的飞行阶段和程序的导航性能要求定义了一些 RNP 类型，即 RNP10、RNP5、RNP2、RNP1、RNP APCH 和 RNP AR APCH。

6.4.3.1 RNP 导航特点

传统航路、RNAV 和 RNP RNAV 的区别。传统航路和程序的设计受地面导航台的限制，航路只能局限于台到台的形式；而 RNAV 在 GNSS 的辅助下可不受地面导航台的位置限制，可设定固定经纬度作为航路点，提高航路的自由度和空域实验的效率；RNP RNAV 则可进一步提供机载的导航性能监控和告警，减小保护区，并给飞机提供垂直引导。RNP RNAV 利用机载导航系统对导航性能进行监控，并在不能满足运行要求时向机组发出预警，具备了偏航告警能力，RNAV 则由管制员提供偏航告警，不包含监视及报警要求。

RNP 对空域和航空器均有相应的运行要求。在空域方面，要求为航路设置合适的所需导航性能精度，必须提供相应的导航设施。在航空器方面要求导航系统精度在总飞行时间的至少 95% 的概率内不会出现飞机偏离预期航迹的距离超过某一特定数值的情况；具有沿预定航迹（包括曲线航迹）飞行的能力；具有机载性能检测和告警功能。由此可知，机载的导航性能监控和告警是 RNP 导航所特有的。

6.4.3.2 RNP 参数

导航性能主要包含 4 个方面:导航精度、完整性、连续性和可用性。导航精度表示定位和真实位置的偏差;完整性表示当系统不适用于导航时,及时向用户报警的能力;连续性表示在预期的运行中,系统连续不间断地提供满足精度、完整性要求的能力;可用性表示预期运行时,系统提供满足精度、完整性和连续性要求的能力。

6.4.4 水平导航

飞机的水平导航(LNAV)通过使用由导航功能得到的位置数据和由水平引导功能得到的一条引导路径来完成。水平操纵功能产生一个基于以上数据的横滚指令,引导飞机沿着输入的航路点之间的航段和航段相交处的过渡路径飞行。生成的横滚指令要满足 ATC 提出的限制、飞行计划、自动飞行控制系统和飞机的飞行特性。飞机自动地沿着特殊程序的路径,如等待模式、程序等待、程序转弯、错失进近程序和水平偏置以及进入和退出这些程序的过渡路径飞行。

要连续监视飞机沿着每段航段的飞行进程,以便决定何时初始化过渡路径,并且提供直飞引导,将飞机按照切入方位从即时位置引导到任一航路点,以满足 ATC 修改的许可要求。

LNAV 引导提供了航线、终端区和进近区域的操作,包括 SID、STAR、进近、等待模式、水平偏置、程序转弯、直飞到一个航路点和错失进近等。

1) 水平基准路径构建

水平功能为所有已生成的飞行计划计算独立的、连续的水平路径。因为转弯曲线应该基于航段过渡时的预测速度,所以这个计算要综合考虑垂直航迹。系统要生成并飞行所有 ARINC 424 定义的航路点/航段类型和它们之间相应的过渡路径。

注:高度终止航段的特殊性在于它的终止判断基于高度而不是水平位置,这表示在构建这些航段类型的路径时,和垂直剖面有更深的关联。

2) 水平航段过渡

应该提供航段到航段的过渡,这样在航段之间就有一个连续的路径,一般它是根据航段间的航向变化、下一个航段的类型、过点飞越与否、坡度角的限制和过渡段的速度来计算的。为了在 RNP 空域内飞行,航段过渡路径的构建必须在 RNP MASPS 规定的空域限制值之内。在 RNP MASPS 中有以下 3 种转弯。

(1) 非过点转弯:分成两类,即高高度(大于 FL195)和低高度(小于 FL195)。

(2) 过点转弯：NDB 航段定义中的一部分，低高度（小于 FL195）。

(3) 固定半径过渡。

注意，假定 RNP MASPS 在低高度（小于 FL195）时航向改变不会超过 120°，在高高度（大于 FL195）时，航向改变不会超过 70°。虽然对于单个的程序和航线定义这个假定是合理的，但机组进行程序连接和编辑后会造成不满足这个假定。下面是如果出现超过假定的情况下的原则。

① 如果非过点转弯的航迹变化小于 135°，应该构建一个和当前及下一航段相切的圆形过渡路径。航段过渡在等分线那里发生，如果非过点转弯的空域限制要求不能达到，就要告知机组人员。如果非过点转弯的航迹变化大于 135°，则过渡路径与当前航段以及过航路点和当前航段正交的射线相切。这条路径与下一航段有一个 40°~50° 的交角。如果非过点转弯的空域限制要求不能达到，就要告知机组人员。

② 对于过点航路点，下一航段应该定义过渡路径，所有的航段过渡应该在飞越下一航段过渡前的定位点开始。如果过点转弯的空域限制要求不能达到，就要告知机组人员。

③ 只有构建了所有情况下的转弯过渡曲线，飞机才能有可飞行的航行路径。

3) 特殊水平路径构建

所有程序路径如等待模式、程序转弯、程序等待均应该是连续的路径，这样完整的飞行计划就可以有正确的参考路径，这些构建的路径要满足空域限制和 RNP MASPS 中规定的路径地理情况要求。

对于等待模式进入，这些路径包含所有进入的直的和弯曲的航段（包括从前一段开始的过渡），在进入操作前或进行中这些都可以被选择显示到 EFIS 上。在完成进入以后，后续的路径更新会引起空速、风速和飞机高度的变化。等待的进入路径必须满足 RNP MASPS 中规定的空域限制。

对于要求后续等待定位点的等待模式的退出，水平路径的更新应该包括到下一航段的适当非过点过渡，且路径必须满足 RNP MASPS 中规定的等待退出的空域限制。因而对于其他等待模式的退出（如直飞），水平路径的更新应该不用返回等待定位点，还应满足 RNP MASPS 中对于那些操作规定的空域限制。

作为飞行计划一部分的程序转弯和程序等待，使用相似的路径构建和路径预测技术。

4) 自动飞行横滚指令

水平引导根据导航功能提供的飞机当前位置和存储的参考路径，向自动飞行仪发送一个既有大小又有速度限制的横滚操纵指令。这个横滚操作指令用于引导飞机沿着 EFIS 上显示的由直线和曲线航段组成的参考路径飞行。

5) 水平路径基准显示

除了产生横滚指令外,水平引导/水平操纵功能还应该提供和各飞行计划有关的信息,显示到 MCDU 和 EFIS 上。这些输出包括:待飞距离(到当前航路点);在飞航段的指令航向;下面航段的距离和航向;航迹角和航迹角误差;交叉航迹误差;到各航路点的方位;水平航迹变化告警指示。

6) 水平截获路径构建

在接通时,应该构建截获路径,引导飞机飞向当前航段。截获路径应该截获当前的引导航段,这样会获得光滑的路径,而没有过渡的横滚操作或错误方向的转弯。

7) LOC/MLS 截获

假如所选择的进近有 LOC/MLS,水平功能在进近期间应该提供引导,以便获得最好的 LOC/MLS 信号。有时可以提供特殊的截获角引导,便于截获 LOC/MIS。

6.4.5　垂直导航

通信、导航、监视/空中交通管理的运行环境应能支持由飞行高度层/高度约束条件、速度和/或垂直角确定的垂直剖面。应用垂直导航(VNAV)的目的是要给垂直导航性能增加可信度。

国际民航组织全气象飞行专门小组设计了一个运行程序,称为带垂直制导的仪表程序(IPV)。这个程序对垂直性能是这样规定的:125 英尺,95%,垂直保控度 250 英尺,完好性为 10^{-5}。这一点同 MASPS 是有区别的,MASPS 从气压垂直性能角度对飞机系统做出规定,只要求气压垂直性能达到 99.7% 的精度等级。

垂直导航功能应提供对所有飞行阶段计算的飞行轨迹的垂直导航。在飞行沿着飞行计划定义的水平路径飞行时,向机组提供监视和控制飞机垂直飞行必需的信息,且(在选择管理的垂直导航方式时)为飞行控制计算机提供垂直引导控制目标和指令,使飞行控制计算机能控制飞机沿着飞行管理计算机计算的轨迹飞行。

1) 轨迹预测

系统应该计算一个沿着指定水平路径完整的飞机飞行轨迹。轨迹应该包括起飞段、爬升段、巡航段(包括巡航高度变化)和进近到跑道(如果飞行计划中包括了)的下降段。轨迹从起飞机场(或者在空中的即时位置)到目的机场应该是连续的。轨迹应该满足飞行计划中指定的所有的高度限制、速度限制和指定的坡度限制。如果因为飞机性能的原因不能满足这些限制值,或者限制值之间有冲突,应该就此问题向机组提供适当的建议。在轨迹计算中应该遵循这样一条基本原则:在爬升阶段不要试图进行下降操作,在下降阶段不要试图进行上升操作。

计算的上升或下降轨迹应满足飞机包线的要求,所有的轨迹应该考虑飞机性能、选择的速度安排和过渡速度、场压修正、飞机缝翼配置变化、环境因素、控制模式和其他机组垂直飞行计划选择,比如减推力操作等因素。最后得出的轨迹必须是飞机能够飞行的。

垂直轨迹应该和水平路径综合起来,这样用于计算垂直参数的水平航路点间的距离就要对水平航段间的光滑过渡负责。

轨迹应周期更新,当飞行计划或者性能有改变时就要更新。

对于飞行计划中的每个航路点,计算并显示高度、速度、估计到达时间(estimated time of arrival,ETA)和/或端到端时间(end to end,ETE)、机上燃油等垂直轨迹参数。

进一步,显示变化的垂直轨迹点的位置,这些点包括速度变化点、爬升顶点、分段爬升、下降顶点、最后进近段的垂直切入点(滑行着陆或者伪滑行着陆)。

性能预测应该基于以下因素。

(1) 水平和垂直飞行计划元素。

(2) 飞行计划航段,包括航段之间的过渡、等待进入和水平偏置。

(3) 输入的和测量到的风。

(4) 输入的和测量到的温度。

(5) 飞机升力和阻力特性模型。

(6) 发动机推力和燃油流量特性模型。

(7) 飞机速度和高度限制(失速和抖振边界、VMO、MMO 等)。

(8) 飞机重量和重心。

(9) 飞机和发动机模型调整因素(如阻力和燃油流量因素)。

(10) 机组选择的和预选的制导模式。

2) 垂直引导

当选择了垂直引导的管理模式后,飞行管理系统应该提供俯仰指令、俯仰速率指令和相应于目标速度、目标推力、目标高度和目标垂直速度(当选择了垂直引导选择模式时,只提供基于此模式的目标值)的推力控制参数。垂直引导应该为飞行控制计算机和推力管理功能提供方式指令和自动的飞行阶段切换功能。垂直剖面是垂直引导的基础,应该根据上面的定义进行轨迹预测。

在飞行中,垂直引导功能应该提供飞行阶段的自动切换。飞行阶段应用于选择速度和推力目标的基础,应该提供给飞行控制计算机。至少,系统应该提供飞行阶段飞行前、爬升、巡航和下降之间转换的逻辑。飞行前阶段应该用于飞机在地面上的情况,可以访问和输入所有的飞行管理初始化数据。在起飞后,飞行阶段转换为爬升,爬升阶段一直持续到飞机达到爬升顶点,在这个点,飞机应转换到巡航阶段。当飞机到达最高下降点时,巡航阶段转换为下降阶段。飞行的剩余一直保持为下降阶段。

通常,系统会提供更多的阶段,便于为飞机操作的特殊阶段定义特殊功能。一些增加的阶段应该为起飞、进近、复飞和完成飞行。因为转换的条件是应用所特有的,是关于飞行控制系统模式、飞机气动和性能特性以及飞机操作的函数,所以在飞行阶段之间转换的逻辑留待实现时考虑。

3) 爬升阶段操作

系统按所选的适合于爬升轨迹的性能速度模式提供引导,应该提供合适的速度目标和推力指令(或目标),以按照预定的爬升轨迹飞行。另外,还要为垂直轨迹的下一目标高度提供高度指令(或目标)。目标高度是飞行计划高度限制和机组选择(许可)高度的函数。ETA 和到下一飞行计划高度限制的距离作为告知信息显示在显示器上。如果选择了期望到达时间(required time of arrival,RTA)性能模式,还要显示时间差。在地图上显示爬升顶点。剖面受限于由飞行员通过在 AFS 控制器上选择的高度或者航路点上的高度。

4) 巡航阶段操作

系统按飞行的巡航阶段所选的性能速度模式提供引导,应该提供合适的速度目标和高度指令(或目标)。目标高度应该是巡航高度或分段高度。ETA 和到下降顶点的距离作为建议信息显示。如果选择了 RTA 性能模式,会显示一个时间差异进入一个更高或更低的巡航高度,就是指相应的分段爬升或分段下降,系统应提供符合选择操作模式的引导指令。

当 ATC 给了一个障碍高度许可或者在一个没有高度限制的自由飞行环境中飞行时,系统应该为巡航爬升模式提供垂直引导。

5) 下降阶段操作

系统按下降轨迹所选的性能模式速度计划提供引导,应该通过同时使用路径和速度控制模式提供合适的速度目标,推力指令(或目标)、俯仰指令或者垂直速度指令(或目标),使飞机按照相应的飞行轨迹飞行。另外,应该为垂直轨迹的下一个目标高度提供一个高度指令(或目标)。目标高度是飞行计划高度限制值和机组选择(或许可)高度值的函数。对于经济性能模式,垂直轨迹得到优化,是经过计算的路径(高度和速度剖面是到目的地距离的函数),在垂直模式反转逻辑中,应该提供过速保护功能,使得在高度和速度不能同时保持时,引导模式由路径控制切换到速度控制。在预测到过速或者速度/高度限制冲突,进行模式反转前先向机组提供提示信息。

如果机组在到达计划的下降顶点前初始化下降,系统默认它原先的下降方案。一般地,系统引导飞机平缓下降直到切入飞行计划的下降路径,那时就恢复到原来计划的下降剖面。

系统在某个位置应该将目标速度切换到进近速度,这个位置点要么由航迹构建得到并在显示器上显示,要么由机组作为进近配置选择得到。

在整个下降阶段的飞行中都要提供的垂直偏差信息,是计算的垂直下降轨迹和真实的飞机高度之间的差。同样,在三维的进近引导时,系统用适于显示的方式提供垂直偏差,即与伪下滑道之间的偏差。

6) 符合选择高度

处于垂直引导控制下的飞机不允许在爬升或下降阶段穿越一个选定的高度。在进近操作中,可以不遵守此规则,允许机组预选一个高度许可来执行一个错失进近程序。选择高度也可以用来执行下降阶段的自动过渡或者巡航阶段的分阶段爬升和下降。

7) 终端区域操作的气压高度修正

一般地,因为大气系统存在局部气压偏差,所以在终端区域操作中要使用气压高度校准,使得大气压力高度有一个更精确的地面参考值。垂直功能不能因为气压修正值的调整,而产生垂直偏差或者截获相关路径的行为。因此,由于气压参考调整产生的高度参考值不连续性应该在指定的高度限制和极限值范围内得到光滑处理。

此外,局部高度参考可以是修正海平面气压(QNH),也可以是跑道的气压(QFE)(相对于 QNH,海平面气压调整高度表数值为 0;相应于 QFE,跑道高为 0)。垂直引导应该被告知正在使用何种参考信息,以便做适当的调整。

8) 速度和高度限制

垂直功能要一直观察在爬升中遇到的速度和高度限制,直到相关的限制点过去,以免飞机加速或上升时超过这些限制值。从这点开始启用下一个限制。在下降阶段遇到的限制也做同样处理。除了速度限制外,为了在飞越限制点前满足速度限制的要求,还必须提供足够的下降距离。

9) 期望到达时间

系统应该提供控制飞机在一个指定时间到达任意一指定点的控制模式。按照航空无线电技术委员会任务 3(RTCA Task 3)、免费飞行情况最终报告(Final Report on Free Flight Implementation)的要求,这个功能的精确度应该为航路

±30s，终端区域±5s。如果预测发现不能满足 RTA，就要向机组提供有此问题的提示。要连续重新评估制导，以满足 RTA 的需求。在地面上时，系统要计算能满足 RTA 航路点要求的起飞时间窗口，所有的 RTA 计算应该考虑速度包线限制以及飞行计划所有的限制。设计 RTA 控制范围来减少油门的活动。

这个功能必须满足符合 RTCA DO-219 的 ATC 数据链传输的 RTA 限制，包括在、之前、之后和之间(At、Before、After 和 Between)。

系统可以作 RTA 预测，提供飞机到达一个航路点(一个 RTA 窗)最早和最晚的时间。当然在预测 RTA 的可行性时还要考虑燃油备份。

6.5 未来飞机导航系统

实现"自由飞行"是未来民机导航系统的发展目标，空中交通密度和节省燃油的压力将有力推进"自由飞行"的逐步成熟。卫星导航的应用，使得覆盖范围和导航精度这两者不可调和的矛盾有了解决的可能。然而，尽管卫星导航系统具有导航定位精度高、使用范围广等优点，但由于其自身传输信号弱、易受干扰、传输可视要求和卫星寿命不长(或故障)的特点，单一的卫星导航在今后较长时期内还很难满足 PBN 运行的完好性、连续性和可用性的要求，而机载惯性导航系统(IRS 或 INS)具有短期导航定位性能稳定且输出导航信息齐全的显著特点，因此通过导航信息的融合技术使惯性/卫星组合可实现优势互补，是实现自由飞行目标的一种理想机载主导航系统主导航系统是可在大于 99.999% 的时间内提供 ANP 小于 RNP 的导航综合系统。主导航系统的定义等价于 ICAO 的唯一导航系统(对于给定的运行条件或飞行阶段，导航系统的性能应满足精度、完好性、可用性和服务的连续性要求)。

随着广域增强型差分 GPS(WASS，精度可达 7m，满足 I 类进近要求)和局域增强型差分 GPS(LAAS，精度可达到亚米级，满足 II 类和 III 类精密进近要求)的开发与应用，GLONASS 和北斗导航卫星系统的普及，通信、卫星健康及气象雷达与增强型防撞告警等监视技术、驾驶舱导航信息的三维/四维立体显示技术的齐头并进，使卫星导航系统终将成为 PBN 运行的主要导航设施，机载卫星/惯性作为主导航系统必将有效促进飞行持续安全，增加空域容量，实现直飞航路和高精度进近，减少地面导航设施的投入，节省维护成本，显著提高飞行效率和节能减排效果。

附录 A 太阳表

太阳表(主表) 6月2日

纬度	天亮		日出		日出方位角	日没		日没方位角	天黑		白天总时间		纬度
度	时	分	时	分	度	时	分	度	时	分	时	分	度
55	2	34	3	28	47	20	28	313	21	23	18	49	55
54		43		34	49		22	312		14		31	54
53		51		40	50		16	310		05		14	53
52		59		46	51		11	309	20	58	17	59	52
51	3	06		51	52		06	308		50		44	51
50	3	13	3	55	53	20	01	307	20	44	17	31	50
49		19		00	54	19	56	306		38		19	49
48		25		04	55		52	306		32		07	48
47		30		09	55		48	305		26	16	56	47
46		35		13	56		44	304		21		46	46
45	3	40	4	16	57	19	40	303	20	16	16	36	45
44		45		20	57		36	303		12		27	44
43		49		23	58		33	302		07		18	43
42		53		27	59		29	301		03		10	42
41		57		30	59		26	301	19	59		02	41
40	4	01	4	33	60	19	23	300	19	55	16	54	40
39		05		36	60		20	300		52		47	39
38		08		39	61		17	299		48		40	38
37		11		42	61		14	299		45		34	37
36		15		44	62		12	299		41		26	36
35	4	18	4	47	62	19	09	298	19	38	15	20	35
34		21		50	62		06	298		35		14	34
33		24		52	63		04	297		32		08	33
32		27		55	63		01	297		29		02	32
31		30		57	63	18	59	297		26	14	56	31
30	4	32	4	59	64	18	57	296	19	24	14	52	30
29		35	5	02	64		54	296		21		46	29
28		37		04	64		52	296		19		42	28
27		40		06	65		50	296		16		36	27
26		42		08	65		48	295		14		32	26
25	4	45	5	10	65	18	46	295	19	11	14	26	25
24		47		12	65		44	295		09		22	24
23		49		14	65		42	295		07		18	23
22		51		16	66		40	294		05		14	22
21		54		18	66		38	294		02		08	21
20	4	56	5	20	66	18	36	294	19	00	14	04	20
19		58		22	66		34	294	18	58		00	19
18	5	00		24	66		32	294		56	13	56	18
17		02		26	67		30	294		54		52	17
16		04		27	67		29	293		52		48	16
15	5	06	5	29	67	18	27	293	18	50	13	44	15
10		15		38	67		18	293		41		26	10
5		24		46	68		10	292		32		08	5
0		32		54	68		02	292		24	12	52	0

赤纬 = 22.1°

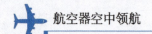

太阳表(主表)8月1日

纬度	天亮		日出		日出方位角	日没		日没方位角	天黑		白天总时间		纬度
度	时	分	时	分	度	时	分	度	时	分	时	分	度
55	3	21	4	08	56	20	04	304	20	50	17	29	55
54		28		12	57	19	59	303		44		16	54
53		34		17	58		55	302		38		04	53
52		39		21	58		51	301		32	16	53	52
51		45		25	59		47	301		27		42	51
50	3	50	4	29	60	19	43	300	20	22	16	32	50
49		54		32	61		40	299		17		23	49
48		59		35	61		37	299		13		14	48
47		403		39	62		33	298		09		06	47
46		07		42	62		30	297		05	15	58	46
45	4	11		445	63	19	27	297	20	01	15	50	45
44		14		47	63		25	296	19	58		44	44
43		18		50	64		22	296		54		36	43
42		21		53	64		19	295		51		30	42
41		24		55	65		17	295		48		24	41
40	4	27	4	58	65	19	14	295	19	45	15	18	40
39		30	5	00	66		12	294		42		12	39
38		33		02	66		10	294		39		06	38
37		36		05	66		08	293		36		00	37
36		39		07	66		05	293		34	14	55	36
35		441	5	09	67	19	03	293	19	31	14	50	35
34		44		11	67		01	292		29		45	34
33		46		13	68	18	59	292		26		40	33
32		48		15	68		57	292		24		36	32
31		50		17	68		56	292		22		32	31
30	4	53	5	19	68	18	54	291	19	20	14	27	30
29		55		20	69		52	291		18		23	29
28		57		22	69		50	291		15		18	28
27		59		24	69		48	291		13		14	27
26	5	01		26	69		47	291		12		11	26
25	5	03	5	27	70	18	45	290	19	10	14	07	25
24		05		29	70		43	290		08		03	24
23		06		31	70		42	290		06		00	23
22		08		32	70		40	290		04	13	56	22
21		10		34	70		39	290		02		52	21
20	5	12	5	35	70	18	37	290	19	01	13	49	20
19		13		37	70		36	289	18	59		46	19
18		15		38	71		34	289		57		42	18
17		17		40	71		33	289		56		39	17
16		18		41	71		31	289		54		36	16
15	5	20	5	43	71	18	30	289	18	53	13	33	15
10		27		50	71		23	288		45		18	10
5		34		56	72		16	288		38		04	5
0		41	6	03	72		10	288		32	12	51	1

赤纬 = 18.2°

附录 B 大圆圈航线和等角航线相关公式的推导

B.1 大圆圈航线的航线角、航线距离和航线中途点地理坐标计算公式的推导

大圆圈航线的航线角和航线距离可根据起点和终点的经纬度计算出来。在图 B.1 中,设 AB 是自点 $A(\varphi_1,\lambda_1)$ 到点 $B(\varphi_2,\lambda_2)$ 的大圆圈航线,S 为航线距离,P 点表示北极,PA、PB 各为通过 A、B 的经线。则 PAB 构成一个球面三角形,其中,$PB = 90° - \varphi_2$,$PA = 90° - \varphi_1$,$\angle APB = \lambda_2 - \lambda_1 = \Delta\lambda$。

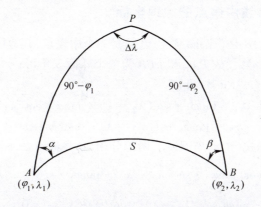

图 B.1　大圆圈航线的航线角和航线距离示意图

从这个球面三角形中可以推导出航线角和航线距离的计算公式。

B.1.1　计算航线角

根据球面三角形四元素公式,有

$$\cos PA \cdot \cos(\Delta\lambda) = \sin PA \cdot \cot PB - \sin\Delta\lambda \cdot \cot\alpha \tag{B.1}$$

式(B.1)移项,得

$$\cot\alpha = \sin PA \cdot \cot PB \cdot \sec\Delta\lambda - \cos PA \cdot \cot\Delta\lambda \tag{B.2}$$

将 PA、PB 的值代入式(B.2),得

$$\cot\alpha = \cos\varphi_1 \cdot \tan\varphi_2 \cdot \sec(\Delta\lambda) - \sin\varphi_1 \cdot \cot\Delta\lambda \quad (0 < \alpha < 180°) \tag{B.3}$$

同理,可得

$$\cot\beta = \cos\varphi_2 \cdot \tan\varphi_1 \cdot \sec\Delta\lambda - \sin\varphi_2 \cdot \cot\Delta\lambda \quad (0 < \beta < 180°) \tag{B.4}$$

计算出 α、β 后,即可根据飞行方向确定飞离起点的航线角和飞到终点的航线角。如自 A 点飞到 B 点,则起点的航线角 $HX_起 = \alpha$,终点的航线角 $HX_终 = 180° - \beta$;反之,则起点的航线角 $HX_起 = 360° - \beta$,终点的航线角 $HX_终 = 180° + \alpha$。

B.1.2　计算航线距离

根据球面三角形余弦公式,有

$$\cos S = \cos PB \cdot \cos PA + \sin PB \cdot \sin PA \cdot \cos\Delta\lambda \tag{B.5}$$

将 PA、PB 的值代入式(B.5),得

$$\cos S = \sin\varphi_1 \cdot \sin\varphi_2 + \cos\varphi_1 \cdot \cos\varphi_2 \cdot \cos\Delta\lambda \tag{B.6}$$

B.1.3　计算航线中途点的地理坐标

在图 B.2 中,AB 是大圆圈航线,点 C 是一个中途点,其地理坐标是(φ,λ);PC 是通过点 C 的经线,故 PAC 和 PCB 为两个球面三角形,γ 是 PC 和 PB 的夹角,根据式(B.3)与式(B.4)可知:

$$\cot\gamma = \cos\varphi \cdot \tan\varphi_2 \cdot \sec(\lambda_2 - \lambda) - \sin\varphi \cdot \cot(\lambda_2 - \lambda) \tag{B.7}$$

$$-\cot\gamma = \cos\varphi \cdot \tan\varphi_1 \cdot \sec(\lambda - \lambda_1) - \sin\varphi \cdot \cot(\lambda - \lambda_1) \tag{B.8}$$

将式(B.7)和式(B.8)等号左右两部分相加,并将 $\sin\varphi$、$\cos\varphi$ 提出,得

$$\cos\varphi[\tan\varphi_2 \cdot \sec(\lambda_2 - \lambda) + \tan\varphi_1 \cdot \sec(\lambda - \lambda_1)] \\ -\sin\varphi[\cot(\lambda_2 - \lambda) + \cot(\lambda - \lambda_1)] = 0 \tag{B.9}$$

移项,整理得

$$\tan\varphi = \frac{\tan\varphi_2 \cdot \sec(\lambda_2 - \lambda) + \tan\varphi_1 \cdot \sec(\lambda - \lambda_1)}{\cot(\lambda_2 - \lambda) + \tan(\lambda - \lambda_1)}$$

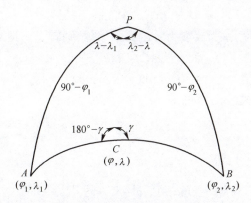

图 B.2 计算中途点的地理坐标

化简,得

$$\tan\varphi = \frac{\tan\varphi_2}{\sin(\lambda_2 - \lambda_1)}\sin(\lambda - \lambda_1) + \frac{\tan\varphi_1}{\sin(\lambda_2 - \lambda_1)}\sin(\lambda_2 - \lambda_1) \quad (B.10)$$

计算时,式(B.3)、式(B.4)、式(B.6)、式(B.10)中的经度差均取正值。

B.2 等角航线的航线角、航线距离和航线中途点地理坐标计算公式的推导

B.2.1 计算航线角

在图 B.3 中,设直升机以角 α 沿等角航线飞行,在无限短的时间内从点 A 飞到点 B,此时纬度的改变量为 $\mathrm{d}\varphi$,经度改变量为 $\mathrm{d}\lambda$。在球面上作一个无限小的 $\triangle ABC$,且将它视为平角三角形,可得

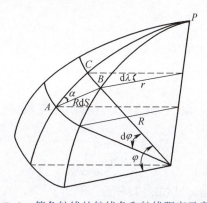

图 B.3 等角航线的航线角和航线距离示意图

$$BC = AC\tan\alpha$$

设 R 为地球半径,r 为纬度为 φ 的纬圈半球,则有

$$AC = R\mathrm{d}\varphi \qquad (\text{B.}11)$$

$$BC = r\mathrm{d}\lambda = R\cos\varphi\mathrm{d}\lambda \qquad (\text{B.}12)$$

由式(B.11)、式(B.12)可得

$$\mathrm{d}\lambda = \tan\alpha\frac{\mathrm{d}\varphi}{\cos\varphi} \qquad (\text{B.}13)$$

将式(B.13)积分,得

$$\lambda = \tan\alpha\ln\left[\tan\left(45° + \frac{\varphi}{2}\right)\right] + C \qquad (\text{B.}14)$$

取 $\varphi = 0$,可得 $c = \lambda$,即等角线与赤道交点的经度,则有

$$\lambda = \tan\alpha\ln\left[\tan\left(45° + \frac{\varphi}{2}\right)\right] + \lambda_0 \qquad (\text{B.}15)$$

在 $[\varphi_1, \varphi_2]$ 区间对式(B.15)积分,得

$$\lambda_2 - \lambda_1 = \tan\alpha\left\{\ln\left[\tan\left(45° + \frac{\varphi_2}{2}\right)\right] - \ln\left[\tan\left(45° + \frac{\varphi_1}{2}\right)\right]\right\}$$

即

$$\tan\alpha = \left|\frac{\lambda_2 - \lambda_1}{\ln\left[\tan\left(45° + \frac{\varphi_2}{2}\right)\right] - \ln\left[\tan\left(45° + \frac{\varphi_1}{2}\right)\right]}\right| \quad (0° < \alpha < 90°)$$

$$(\text{B.}16)$$

为了计算方便,$\tan\alpha$ 取正值,α 取正值。计算航线角时,则需注意航线角所在的象限:一象限,$HX = \alpha$;二象限,$HX = 180° - \alpha$;三象限,$HX = 180° + \alpha$;四象限,$HX = 360° - \alpha$。

B.2.2　计算航线距离

在图 B.3 中,将 $\triangle ABC$ 看作平面三角形,则有

$$AB = \frac{AC}{\cos\alpha}$$

上面已经证明 $AC = R\mathrm{d}\varphi$,而 AB 是直升机在无限短的时间内飞过的距离,即 $R\mathrm{d}S$,故有

$$\mathrm{d}S = \frac{\mathrm{d}\varphi}{\cos\alpha} \qquad (\text{B.}17)$$

在 $[\varphi_1, \varphi_2]$ 区间上对式(B.17)积分,可得

$$S = \frac{\varphi_2 - \varphi_1}{\cos\alpha}$$

即

$$S = (\varphi_2 - \varphi_1)\sec\alpha \qquad (B.18)$$

当 α 近似等于 90°或 270°时，$\varphi_2 - \varphi_1$ 接近于 0，按式(B.18)计算就不能达到所需精度，需要另外的公式。

从图 B.3 可知：

$$BC = AB \cdot \sin\alpha$$

因

$$AB = R\mathrm{d}S$$
$$BC = R\cos\varphi\mathrm{d}\lambda$$

故

$$\cos\varphi\mathrm{d}\lambda = \mathrm{d}S\sin\alpha$$

整理得

$$\mathrm{d}S = \frac{\cos\varphi\mathrm{d}\lambda}{\sin\alpha} \qquad (B.19)$$

在这种情况下，纬度差 $(\varphi_2 - \varphi_1)$ 很小。因此，令 φ 为常数，等于平均纬度 $\varphi_{均}$。在 $[\lambda_1, \lambda_2]$ 区间上对式(B.19)积分，可得

$$S = (\lambda_2 - \lambda_1)\frac{\cos\varphi_{均}}{\sin\alpha} \qquad (B.20)$$

B.2.3 计算航线中途点的地理坐标

将计算航线角公式(B.16)变换为如下形式，即可用来计算等角航线的航线中途点的地理坐标：

$$\tan\alpha = \frac{\lambda - \lambda_1}{\ln\left[\tan\left(45° + \frac{\varphi}{2}\right)\right] - \ln\left[\tan\left(45° + \frac{\varphi_1}{2}\right)\right]}$$

即

$$\ln\left[\tan\left(45° + \frac{\varphi}{2}\right)\right] = \ln\left[\tan\left(45° + \frac{\varphi_1}{2}\right)\right] + \cot\alpha(\lambda - \lambda_1) \qquad (B.21)$$

式(B.21)给定了中途点的经度 (λ)，根据 α、起点的地理坐标 (φ_1, λ_1)，即可计算中途点的纬度 (φ)。

如果计算航线角公式作另外的变换，首先给定中途点的纬度，然后求出对应

的中途点的经度,则有

$$\lambda = \left\{ \ln\left[\tan\left(45° + \frac{\varphi}{2}\right)\right] - \ln\left[\tan\left(45° + \frac{\varphi_1}{2}\right)\right] \right\} \tan\alpha + \lambda_1 \quad (B.22)$$

计算时,式(B.18)、式(B.20)、式(B.22)的经度差、纬度差均取正值。

参考文献

[1] 王东光.领航学[M].成都:西南交通大学出版社,2004.

[2] 赵廷渝.飞行员航空理论教程[M].成都:西南交通大学出版社,2004.

[3] 万志祥.空中领航学[M].北京:中国人民解放军空军司令部,2001.

[4] 程农.民机导航系统[M].上海:上海交通大学出版社,2015.

[5] 柏昕.空中领航学[M].长春:空军航空大学,2006.

[6] 张焕.空中领航学[M].成都:西南交通大学出版社,2004.

[7] 程擎.领航学[M].成都:西南交通大学出版社,2015.

[8] 宣家禄.空中领航学[M].成都:西南交通大学出版社,1993.

[9] 庆锋.基础飞行领航[M].北京:中国民航出版社,2016.

[10] 郭庆叶.安全飞行导航[M].西安:陕西科学技术出版社,2013.

[11] 何光勤.仪表飞行程序[M].北京:中国民航出版社,2016.

[12] 关立欣.直升机飞行指南[M].成都:西南交通大学出版社,2013.

[13] 何永威.仪表飞行指南[M].成都:西南交通大学出版社,2013.

[14] 朱代武.现代飞行程序设计[M].成都:西南交通大学出版社,2019.

[15] 丁兴国.空中领航[M].北京:清华大学出版社,2013.

[16] 吴德伟.导航原理[M].北京:电子工业出版社,2015.

[17] 刘基余.GPS卫星导航定位原理与方法[M].北京:科学出版社,2008.

[18] 秦永元.惯性导航[M].北京:科学出版社,2014.

[19] 吴德伟.无线电导航系统[M].北京:电子工业出版社,2015.

[20] 朱代武.目视和仪表飞行程序设计[M].成都:西南交通大学出版社,2016.

[21] 杜晓凯,郭昕,刘国华.直升机空中领航方法发展展望[J].教育教学论坛,2017(6),202-203.

[22] 孙寅寅.浅析气压式垂直导航仪表飞行程序的应用[J].中国科技博览,2013(37):144-145.

[23] 常波.提高直升机仪表飞行训练质量的意义和方法[J].中国科技博览,2010(19):271-272.

[24] 鄢辉萍,闫惠芳,李伟乐.运输类直升机仪表飞行规则下的设备和系统地适航验证方法研究[J].直升机技术,2013(3):38-42.

[25] 陈汉.飞行学员进近阶段易犯错误分析[J].科技资讯,2012(15):218-220.

[26] 田鹏,金皓,王春雨.机载无线电罗盘定向原理研究[J].科技视界,2014(30):7.

[27] 于耕,宗平,禄韶勇.星基-仪表着陆系统组合进场策略研究[J].科学技术与工程,2016,16(11):104-109.

[28] 王德明,金禹.领航理论中线角概念的特异性[J].现代教育科学:高教研究,2010(S1):173-173.

[29] 陈曦.目视航图的分析与研究[J].黑龙江科技信息,2012(15):13-14.

[30] 王海斌,钱伟.NDB、VOR与GPS导航方式分析比较[J].数字技术与应用,2016(02):226-226.

[31] 钱金山.航向位置指示器的综合应用[J].硅谷,2011(06):36-36.

[32] 郭鹏鹏,魏经堂.利用位置线联合定位[J].现代教育科学:高教研究,2009(S1):391-392.

[33] 曲霞,钱金山.从"两个罗盘"到"航向指示器"——沿跑道延长线穿云下降时位置偏差的发现和修正[J].硅谷,2013,6(22):134-135.

[34] 郭鹏鹏,魏经堂.利用位置线联合定位[J].现代教育科学:高教研究,2009(S1):391-392.

[35] 金禹,郭鹏鹏.转场飞行中的空中领航实施[J].科学与财富,2016(12):123-124.